ABHANDLUNGEN DES METEOROLOGISCHEN DIENSTES
DER DEUTSCHEN DEMOKRATISCHEN REPUBLIK

Nr. 138

Bernd Stark und Lothar Martini

Absorptionsspektroskopische Messungen auf Raketen und Satelliten zur Bestimmung atmosphärischer Gaskonstituenten

Mit 123 Abbildungen und 13 Tabellen

AKADEMIE-VERLAG BERLIN
1987

ISBN 3-05-500255-5
ISSN 0138-5658

Erschienen im Akademie-Verlag Berlin, DDR-1086 Berlin, Leipziger Straße 3—4

Lizenznummer: 202 · 100/444/87
Printed in the German Democratic Republic
Gesamtherstellung: VEB Druckerei „Thomas Müntzer", 5820 Bad Langensalza
Lektor: Dipl.-Met. Heide Deutscher
LSV 1465
Bestellnummer: 7636508 (2023/138)
06500

Inhaltsverzeichnis

1. Einleitung

Die letzten 35 Jahre intensiver Forschung auf dem Gebiet der Physik der Hochatmosphäre haben zu beträchtlichen Fortschritten in der Kenntnis der Eigenschaften der Hochatmosphäre und der Kopplungsvorgänge in der Hochatmosphäre geführt. Daran trägt einmal die Entwicklung der Raumfahrt wesentlichen Anteil, zum anderen kommt aber auch ein nicht zu übersehender Beitrag von der Spektroskopie des Vakuum-Ultraviolett (VUV-Spektroskopie), die, angeregt durch die großen Möglichkeiten der Raumfahrt, besonders auf dem Gebiet der Meßtechnik gewaltige Fortschritte gemacht hat und den Geophysikern ein wertvolles Instrumentarium zur Erforschung der hohen Atmosphäre in die Hände gegeben hat. Die solare UV-Strahlung mit einer Wellenlänge $\lambda < 310$ nm wird je nach Photonenenergie in unterschiedlichen Höhenbereichen der Hochatmosphäre der Erde absorbiert und gestreut. Diese Strahlung bestimmt deshalb wesentlich die physikalischen Prozesse im Höhenbereich zwischen der mittleren Stratosphäre und der oberen Thermosphäre (25 km bis über 250 km). Die solare UV-Strahlung ionisiert die Gaskomponenten der Hochatmosphäre und trägt damit zu einem wesentlichen Teil zur Bildung der verschiedenen Ionosphärenschichten bei (außerdem noch die weiche Röntgenstrahlung und die Korpuskularstrahlung).

Die Photonenenergien, die zur Ionisation der hauptsächlichsten Hochatmosphärenkonstituenten führen, liegen im UV-Spektralbereich:

O_2	N_2	O	CO_2	H_2O
12,06 eV	15,58 eV	13,63 eV	13,79 eV	12,59 eV

NO	O_3
9,25 eV	12,8 eV

Einige atmosphärische Gase wie O und O_3 verdanken ihre Existenz Dissoziationsprozessen, die vorwiegend durch die solare UV-Strahlung hervorgerufen werden. Bei der lebensnotwendigen Ozonschicht kommt als wichtigster Bildungsprozeß eine Reaktion im Dreierstoß hinzu.

Die Dissoziationsenergien der wichtigsten Hochatmosphärenbestandteile sind:

O_2	N_2	O_3	NO	CO_2
5,12 eV	9,9 eV	4,0 eV	6,53 eV	5,45 eV

Die tageszeitlich und jahreszeitlich wechselnden UV-Energiezuführungen bestimmen nicht nur wesentlich den Aufbau der Hochatmosphäre, sondern auch deren Energieinhalt. Zum Beispiel wird das Stratopausentemperaturmaximum in 50 ... 55 km Höhe mit einer Temperatur von 270 ± 5 K durch die starke UV-Absorption innerhalb des Hartley-Kontinuums des Ozons hervorgerufen.

Sowohl für die Ausarbeitung einer allgemeinen Theorie der Energieumwandlung und Dynamik in der Hochatmosphäre als auch für die vollständige Interpretation einiger Prozesse ist die Kenntnis der Energiezuführung in Form von UV- und Röntgenstrahlung (sowie Korpuskularstrahlung und planetaren Wellen) und der Energieabgabe als Fluoreszenz und Infrarotstrahlung nötig.

Weiterhin ist die möglichst örtlich und zeitlich kontinuierliche Messung der physikalischen Grundparameter der Hochatmosphäre mit ausreichender Genauigkeit erforderlich (Temperatur T, Dichte ϱ, Elektronendichte N_e, Ionendichte N_+, Neutralgasdichten n_x etc. als Funktion der geographischen Koordinaten und der Höhe).

Das notwendige, umfangreiche Datenmaterial kann nur durch globale, komplexe Untersuchungen mit Satelliten und Raketen im internationalen Austausch gewonnen werden. Es ist notwendig, neue Meßverfahren zur Bestimmung der Grundparameter auszuarbeiten und die bekannten Methoden sowohl theoretisch als auch experimentell wesentlich zu verbessern, so daß zuverlässiges Datenmaterial gewonnen werden kann.

Messungen der UV-Strahlungsabsorption (im Vakuum-UV- und im mittleren UV-Spektralbereich) in der Hochatmosphäre mit Satelliten und Raketen sind relativ einfache und leistungsfähige Methoden zur Bestimmung von Dichte-Höhenprofilen der atmosphärischen Konstituenten in der unteren Thermosphäre, der Mesosphäre sowie der oberen Stratosphäre. Aus dem Verlauf der Dichte der Neutralgaskomponenten lassen sich dann Neutralgastemperatur T, Druck p und weitere Atmosphärenparameter ableiten.

Im Jahre 1967 wurde dem Vorschlag zugestimmt, daß sich die DDR — in Ergänzung zu der schon sehr lange und sehr intensiv im ZISTP (HHI) mit bodengebundenen Mitteln betriebenen Hochatmosphärenforschung — an aktiven kosmischen Experimenten beteiligt. Von der Abt. UV-Spektrometrie des Instituts für Kosmosforschung (IKF) der AdW der DDR (vormals ZISTP und Institut für Elektronik) wurden in den Jahren 1967—1977 eine Serie von kosmischen Experimenten mit IK-Satelliten und Höhenforschungsraketen vorbereitet und ausgeführt. Die wissenschaftlich-technische Aufgabenstellung lautete dabei:

„Erarbeitung von Meßmethoden, Gerätekonzeptionen und Fertigungsunterlagen, Bau und Einsatz leistungsfähiger UV-Spektralphotometer zur Bestimmung der Intensität der solaren UV-Strahlung und Ableitung von hochaufgelösten O_2- und O_3-Dichteprofilen in der Hochatmosphäre durch Messung der UV-Strahlungsabsorption".

Diese ursprüngliche Aufgabenstellung wurde in den letzten Jahren erweitert durch bereits geleistete oder geplante DDR-Beiträge auf dem Gebiet der komplexen Untersuchung der Hochatmosphäre.

Bisher wurden Messungen in vier speziellen Spektralbereichen ausgeführt:

— im Bereich um die Ly-α-Linie des atomaren Wasserstoffs (105 bzw. 115 ... 135 nm),
— im Bereich des SCHUMANN-RUNGE-Dissoziationskontinuums des molekularen Sauerstoffes (136 bis 158 nm),
— im Quarz-Ultraviolett-Bereich (QUV, 250 ... 270 nm, HARTLEY-Kontinuum des Ozons; langwellige Flanke des HARTLEY-Kontinuums).

Die durchgeführten Experimente haben nicht nur zu einer Verifizierung des international bereits vorhandenen Erkenntnisstandes in bezug auf den Zustand der Verteilung atmosphärischer Haupt- und Minorkonstituenten geführt (das allein würde schon die Durchführung der Experimente rechtfertigen). Es wurden auch international beachtete Ergebnisse erzielt. So wurde z. B. als Ergebnis aus der anomalen Ly-α-Absorption neben NO Wasserdampf als möglicher potentieller Absorber abgeleitet.

Das Datenmaterial zu den Ozonmessungen ist außerdem so umfangreich, daß eine vollständige Bearbeitung noch nicht abgeschlossen ist. Erst nach Abschluß der Bearbeitung des gesamten vorliegenden Datenmaterials lassen sich endgültige Aussagen über den vollen wissenschaftlichen Wert der Ozonmessungen machen. Wegen der großen Bedeutung der Ozonosphäre für das menschliche Leben hat jedoch jede quantitative Ozonbestimmung bei einer entsprechenden Genauigkeitsangabe als Überwachungsmessung ihren eigenen Wert.

2. Die Bedeutung des Neutralgases für die Physik der Hochatmosphäre

Die Hochatmosphäre unterscheidet sich von der unteren Atmosphäre in der Art der Umsetzung der solaren Strahlungsenergie. Der Energieumsatz in der Hochatmosphäre geschieht unmittelbar am Ort der Absorption der Strahlung. Dabei wird die absorbierte ultraviolette Strahlungsenergie zunächst in photochemischen Prozessen wie Dissoziation und Ionisation umgesetzt, wobei sich die Überschußenergie (Differenz zwischen der Photonenenergie und der Dissoziations- bzw. Ionisationsenergie) teilweise schon in einer Erwärmung des Neutralgases äußert. In nachfolgenden Prozessen, wie der Rekombination, wird dann die Restenergie überwiegend in Wärme umgewandelt [1]. Die untere Grenze der Hochatmosphäre sollte man in einer Höhe von 25 km ansetzten, wo das Windminimum [2] eine natürliche Grenze zwischen dem Zirkulationssystem der Troposphäre und der unteren Stratosphäre und dem Bereich der Atmosphäre bildet, der geprägt ist durch die Erwärmung infolge der Ozon-, Sauerstoff- und Stickstoff-Absorption (obere Stratosphäre, Mesosphäre, Thermosphäre). Die obere Grenze der Hochatmosphäre wäre da zu definieren, wo die Gravitationskraft ihren Einfluß auf die Luftteilchen zu verlieren beginnt und die Wirkungen magnetischer und elektrischer Felder der Magnetosphäre überwiegen. Da der Einfluß dieser Kräfte zeitlich und räumlich sehr variabel ist, schwankt diese Grenze zwischen mehreren hundert und einigen tausend Kilometern. Der Hochatmosphäre kommt also im Rahmen des atmosphärischen Gesamtsystems infolge der starken Reaktivität ihrer Gase mit der solaren UV-Strahlung die Rolle eines empfindlichen Indikators der Einwirkungen der Sonnenaktivität zu. Infolge des spezifischen Absorptionsverhaltens der Gasbestandteile der Hochatmosphäre ist für die starke Reaktivität wesentlich nur der solare UV-Strahlungsbereich $\lambda < 350$ nm verantwortlich. In Abb. 1 ist der mittlere, modellmäßige Dichteverlauf der vier wichtigsten Strahlungsabsorber der Hochatmosphäre für die solare UV-Strahlung dargestellt. Die Strahlungsabsorption dieser vier Konstituenten bestimmt in starkem Maße das physikalische Verhalten der Hochatmosphäre im Höhenbereich 25 ... 350 km. Dabei stellen die drei atmosphärischen Hauptkonstituenten O_2, N_2 und O die Hauptabsorber für Strahlung $\lambda < 200$ nm bis in den Bereich der Mesosphäre dar, während das Ozon als Minorkonstituente der wesentliche Absorber im Bereich der Stratosphäre und unteren Mesosphäre ist. Seine starke Absorption im Wellenlängenbereich 200 ... 350 nm ist von außerordentlicher Bedeutung für den Wärmehaushalt der oberen Stratosphäre und die starke konvektive Durchmischung der Atmosphäre bis zu einer Höhe von etwa 100 km [3]. Als Folge der Strahlungsabsorption der solaren UV-Strahlung im Bereich der Hochatmosphäre entstehen also durch die Dissoziation (Photolyse) und Ionisation (Photoionisation) der Konstituenten O_2, O_3, N_2 und O neue Konstituenten wie angeregte Atome und Moleküle, sowie positive Ionen und Elektronen. Diese Produkte der Photoabsorption geben in Wechselwirkung mit den Gasteilchen der Umgebung allmählich ihre Energie an diese ab und tragen so zu ihrer „Erwärmung" bei. Als Folge der Photoabsorption der Solarstrahlung tritt eine Strahlungsdämpfung in den einzelnen Spektralbereichen des UV ein, wie sie in Abb.2 [4] dargestellt ist. Abb. 2 zeigt, daß das gesamte UV-Sonnenspektrum für $\lambda < 290$ nm im Bereich der Hochatmosphäre vollständig absorbiert wird. Dabei absorbiert das Ozon wesentlich im Wellenlängenbereich 195 ... 320 nm, während der molekulare Sauerstoff im

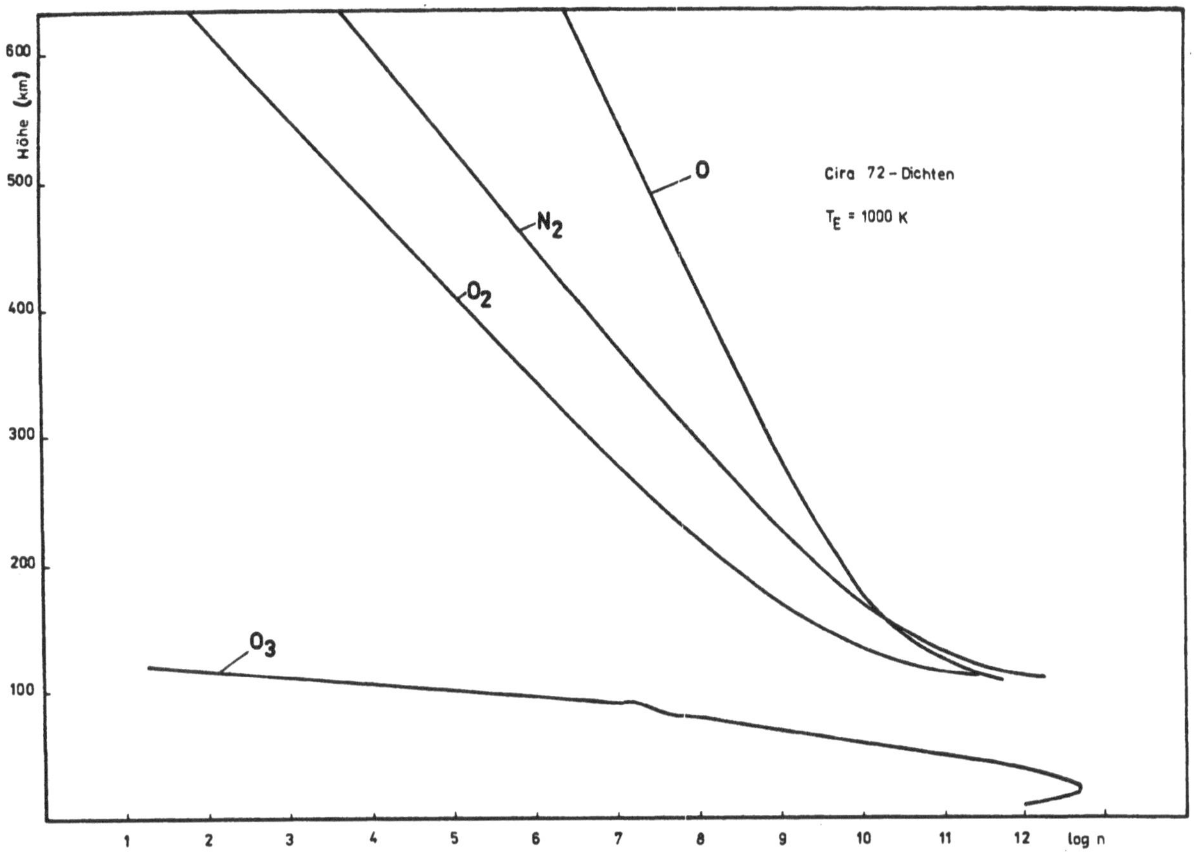

Abb. 1. Modelldichteverläufe

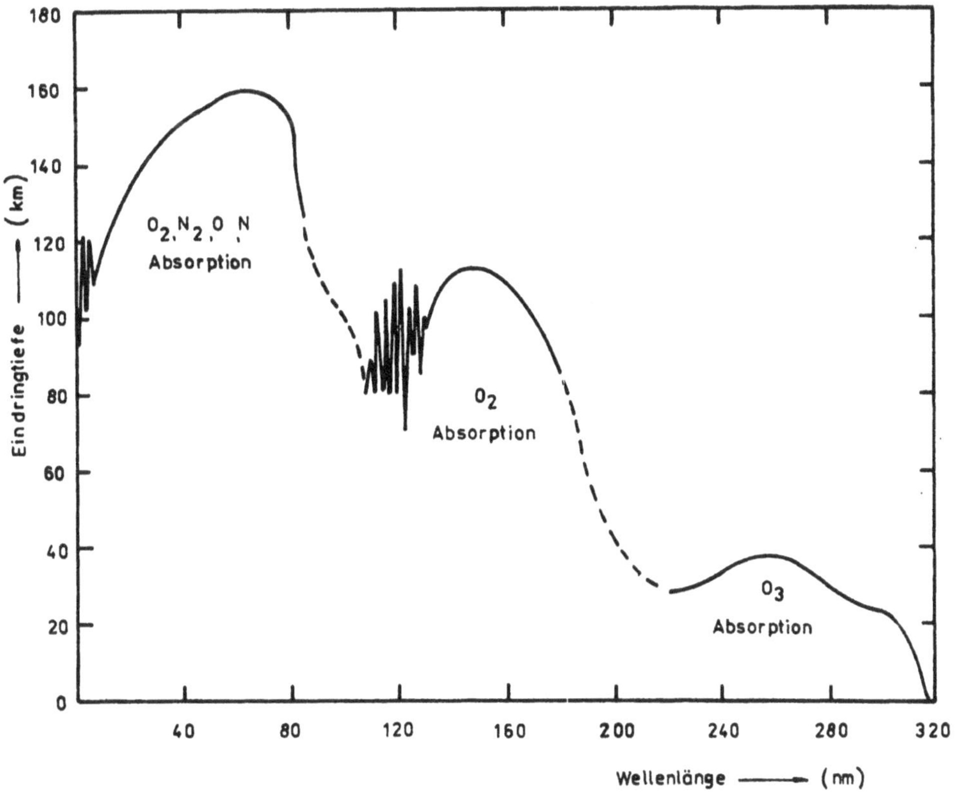

Abb. 2. Eindringtiefe der Solarstrahlung für senkrechten Strahlungseinfall (*e*-ter Teil)

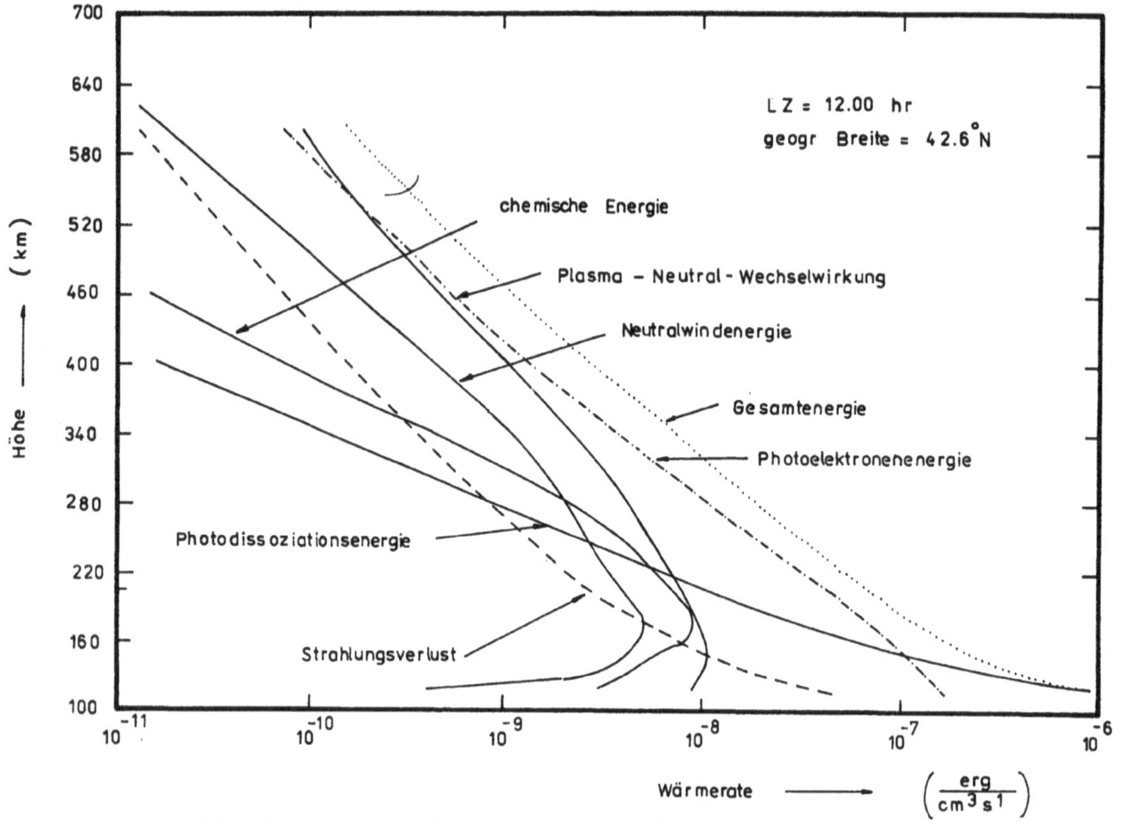

Abb. 3. Erwärmungs- und Abkühlungsraten verschiedener atmosphärischer Prozesse

gesamten Wellenlängenbereich $\lambda < 220$ nm absorbiert [5]. Erst bei Wellenlängen $\lambda < 100$ nm kommt in merklichem Maße die Absorption von atomarem Sauerstoff hinzu. Die Absorption dieses Wellenlängenbereiches bleibt jedoch wesentlich auf den Höhenbereich $h > 100$ km beschränkt. Hier aber führt sie zur Ionisation der Moleküle bzw. Atome und damit zur Bildung der Ionosphäre in diesem Höhenbereich. Oberhalb 160 km Höhe wird nach CHANDRA u. a. [1] und STOLARSKI u. a. [6], wie Abb. 3 zeigt, der Beitrag der durch Photoionisation entstandenen Photoelektronen am Erwärmungsmechanismus dominierend.

Zu den Wärmequellen, die ihre Energie primär aus der Absorption der oben genannten Spektralbereiche beziehen, zählen wir:

— die Strahlungsabsorption im SCHUMANN-RUNGE-Dissoziationskontinuum (125—175 nm) [1, 7, 8, 9, 10],
— die Photoelektronenenergie aus der Photoionisation der neutralen Konstituenten O_2, N_2 und O ($\lambda < 102{,}5$ nm) [6],
— die Elektron-Ion-Rekombination [6],
— die Energie-Übertragung durch Elektronen und Ionen [1, 11, 12],
— die Energie-Übertragung durch den Neutralwind [13].

Zusätzliche Mechanismen wie die Gezeiten-Dissipation [14], die JOULEsche Dissipation der ionosphärischen Ströme [15], das Korpuskularbombardement der Atmosphäre [16], die Wärmeübertragung aus der Magnetosphäre [17], sowie die elektromagnetische Strahlung von Auroras [18] dürfen als Wärmequellen für die Hochatmosphäre nicht vernachlässigt werden.

Neben den atmosphärischen Hauptkonstituenten und dem Ozon spielen eine Reihe von Wasserstoff-, Stickstoff- und Kohlenstoffverbindungen und deren Dissipationsprodukte eine wichtige Rolle in der Physik der Hochatmosphäre. In der Tabelle 1 sind die Photodissoziationsreaktionen der für die Photochemie der Hochatmosphäre wichtigen Konstituenten aufgezählt. Dabei sind diese Verbindungen und die Dissoziationsprodukte wichtig in einer Reihe von chemischen Reaktionen untereinander bei der Bildung vieler Minorkonstituenten, der Verteilung des Ozons und des atomaren Sauerstoffs und bei der Bildung der unteren Ionosphäre [3, 4, 19]. Der letzte Prozeß wird in starkem Maße durch die Ionisation des Stickoxids (NO) bewirkt.

Die Tabelle 2 enthält die wichtigsten chemischen Reaktionen der in der Tabelle 1 aufgezählten atmosphärischen Konstituenten [20]. Die Tabellen deuten an, daß sich die gesamte Photochemie der Hochatmosphäre auf die Photodissoziation ihrer Konstituenten stützt, d. h., Pro-

Tabelle 1
Photodissoziationsreaktionen

$O_2 + h\nu \rightarrow O(^1D) + O(^3P)$	$\lambda < 175$ nm	
$O_2 + h\nu \rightarrow O(^3P) + O(^3P)$	175 nm	240 nm
$O_3 + h\nu \rightarrow O_2(a^1\Delta_g) + O(^1D)$	266 nm	
$O_3 + h\nu \rightarrow O_2(a^1\Delta_g) + O(^1D)$	260 nm	310 nm
$O_3 + h\nu \rightarrow O_2 + O(^3P)$	310 nm	
$NO + h\nu \rightarrow N + O$		
$NO_2 + h\nu \rightarrow NO + O$	397,5 nm	
$N_2O + h\nu \rightarrow N_2 + O(^1D)$	337 nm	
$H_2O + h\nu \rightarrow OH + H$	235 nm	
$CO_2 + h\nu \rightarrow CO + O(^1D)$	170 nm	
$CH_4 + h\nu \rightarrow CH_2 + H_2$		

Tabelle 2
Chemische Reaktionen atmosphärischer Konstituenten

$O + O + M$	$\rightarrow O_2(a^1\Delta_g) + M$
$O + O_2 + M$	$\rightarrow O_3 + M$
$O + O_3$	$\rightarrow O_2 + O_2(a^1\Delta_g)$
$O_2(a^1\Delta_g)$	$\rightarrow O_2 + h\nu$
$O_2(a^1\Delta_g) + O_2$	$\rightarrow O_2 + O_2$
$O(^1D) + O_2$	$\rightarrow O + O_2(a^1\Delta_g)$
$O(^1D) + O_3$	$\rightarrow O_2 + O_2$
$H_2O + O(^1D)$	$\rightarrow OH + OH$
$OH + H + M$	$\rightarrow H_2O + M$
$O(^3P) + OH + M$	$\rightarrow HO_2 + M$
$OH + OH$	$\rightarrow H_2O + O$
$N(^2D) + O_2$	$\rightarrow NO + O$
$NO + N$	$\rightarrow N_2 + N$
$NO + O_3$	$\rightarrow NO_2 + O_2$
$NO + O$	$\rightarrow NO_2 + h\nu$
$CH_4 + O(^3P)$	$\rightarrow CH_3 + OH$
$CH_4 + O(^1D)$	$\rightarrow CH_3 + OH$

duktions- und Verlustraten einzelner Konstituenten werden durch ihre Photodissoziation gesteuert.

Zwischen der Stärke der Photodissoziation und der solaren Strahlungsintensität besteht direkte Proportionalität. Variationen der Solarintensität haben folglich beträchtliche Konsequenzen auf die Vorgänge in der Chemosphäre, speziell auf die Dichteverteilung hochatmosphärischer Konstituenten, auf die Bildung der unteren Ionosphäre und auf den Wärmehaushalt der unteren Thermosphäre [21]. Für die experimentelle Aeronomie bedeutet das in Konsequenz speziell für die Aufdeckung von Zusammenhängen hochatmosphärischer Vorgänge und Erscheinungen die Forderung nach hohen Absolutgenauigkeiten bei der Bestimmung der Solarintensität und der Bestimmung von Dichteprofilen der atmosphärischen Konstituenten.

3. Die Absorption der atmosphärischen Konstituenten

Die Absorption der Solarstrahlung im Wellenlängenbereich 1 ... 350 nm ist einer der wichtigsten Mechanismen bei der Schaffung und Aufrechterhaltung der Charakteristiken der oberen Atmosphäre. Die Struktur der Absorption ist kompliziert. Sie wird bestimmt durch die Variation der Absorption mit der Wellenlänge für jede Konstituente. Quantitativ wird sie durch den Absorptionsquerschnitt $\sigma_i(\lambda)$ beschrieben. Weiterhin hängt sie ab von der Zusammensetzung und der Höhenvariation des atmosphärischen Neutral- und Ionengases und in starkem Maße von der spektralen Intensitätsverteilung der Sonnenstrahlung. Zum Verständnis der Absorptionsprofile ist die Kenntnis des Absorptionsverhaltens in Form des experimentell gewonnenen Absorptionsquerschnittes $\sigma_i(\lambda)$ unbedingte Voraussetzung. Der bekannte Absorptionsquerschnitt gibt dann die Möglichkeit, aus gemessenen Absorptionsprofilen die Höhenverteilung atmosphärischer Konstituenten zu berechnen oder als Fortführung dieses Sachverhaltes Aussagen über Energiefragen in der Hochatmosphäre zu machen.

3.1. Bemerkungen zur Bewertung und Anwendung der Absorptionsquerschnitte

3.1.1. Bandbreitenprobleme

Experimentell gewonnene Absorptionsquerschnitte sind zum Teil entweder mit einem großen Fehler behaftet, oder sie stellen nur einen Mittelwert über einen mehr oder weniger breiten Spektralbereich dar. Bei der Anwendung solcher Absorptionsquerschnitte auf aeronomische Probleme sollte deshalb der Bearbeiter äußerst kritisch sein.

Geht man von dem Ausdruck aus, der die Absorption von Strahlung durch ein Gas unter Verwendung eines Monochromators als Spektralgerät beschreibt:

$$\frac{A_0(\lambda', \Delta\lambda)}{A(\lambda', \Delta\lambda, N)} = \frac{\int_{\lambda'-\Delta\lambda}^{\lambda'+\Delta\lambda} S(\lambda) \cdot G(\lambda) \cdot T(\lambda) \cdot d\lambda}{\int_{\lambda'-\Delta\lambda}^{\lambda'+\Delta\lambda} S(\lambda) \cdot G(\lambda) \cdot T(\lambda) \cdot \exp\left[-N \cdot \sigma(\lambda)\right] d\lambda}, \qquad (1)$$

λ' Wellenlänge im Zentrum der Bandbreite,
$S(\lambda)$ Quellenfunktion,
$G(\lambda)$ Spaltfunktion,
$T(\lambda)$ Transmissionsfunktion des Monochromators,
N Säulendichte,
$\sigma(\lambda)$ Absorptionsquerschnitt,

so zeigt sich, daß nur für den Fall eines konstanten $\sigma(\lambda)$ über die Bandbreite des Gerätes der Ausdruck (1) identisch ist mit der Fundamentalgleichung der Gasabsorption. Dieser Fall ist realisiert in Bereichen kontinuierlicher Absorption, z. B. für O_2 und N_2 bei Wellenlängen $\lambda < 85$ nm oder für O_2 im Bereich des SCHUMANN-RUNGE-Dissoziationskontinuums und für O_3 im Bereich 200 ... 300 nm (Abb. 4). Die Verhältnisse werden jedoch weitaus komplizierter, wenn sich der Absorptionsquerschnitt des absorbierenden Gases entlang der eingestellten Gerätebandbreite stark ändert. Berechnet man das Verhältnis A_0/A nach Gleichung (1) in Abhängigkeit vom Produkt $N \cdot \sigma$ (optische Tiefe) für unterschiedliche Verhältnisse

$$\alpha = \frac{\Delta\lambda}{\Delta L}, \qquad (2)$$

$\Delta\lambda$ eingestellte Bandbreite,
ΔL LORENTZ-Linienbreite,

so zeigt sich für $\alpha > 2$ eine Abweichung der Größe $\log A_0/A$ von einer Geraden (Abb. 5) [22]. Das aber ist

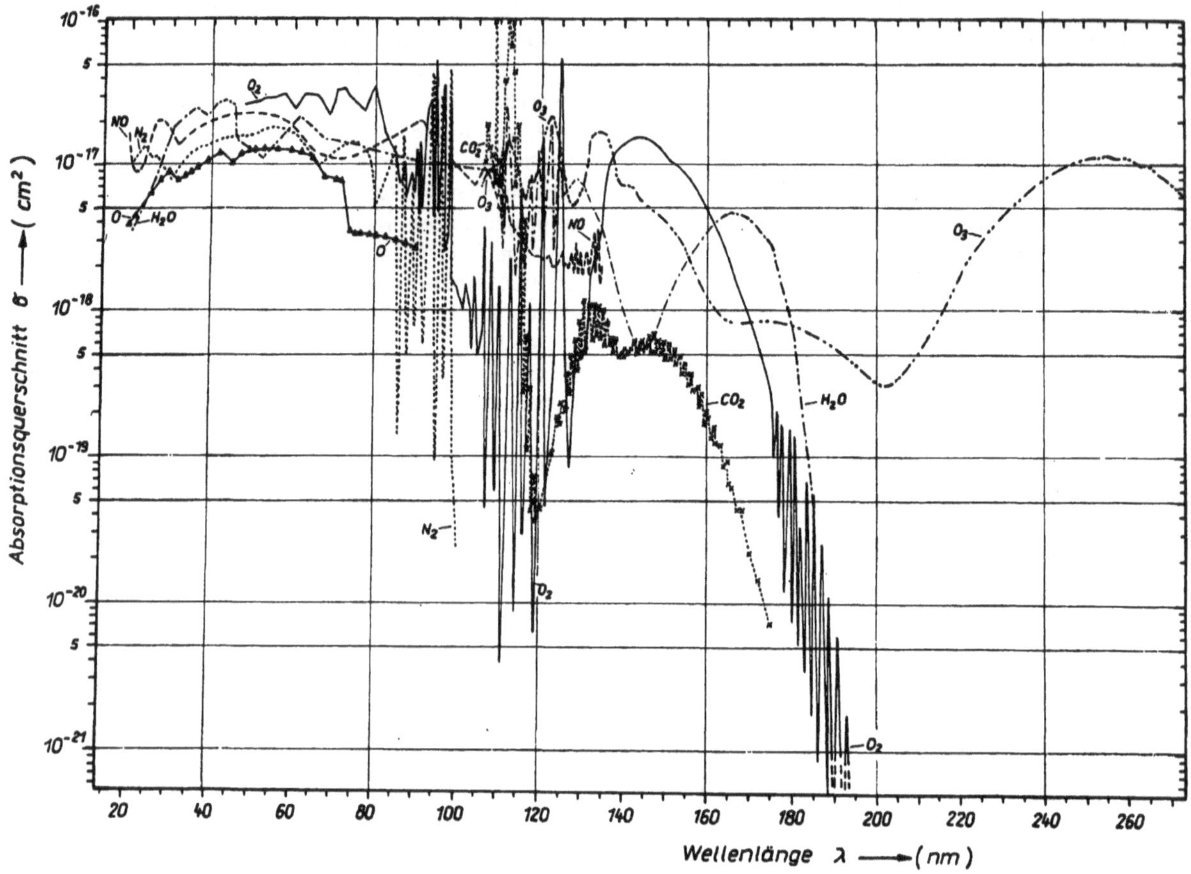

Abb. 4. Absorptionsquerschnitt atmosphärischer Gasbestandteile

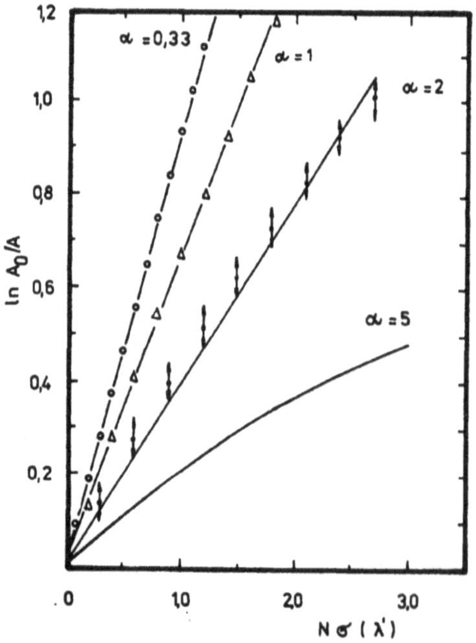

Abb. 5. Geräteabsorptionsprofile in Abhängigkeit von der optischen Tiefe für unterschiedliche Bandbreiten- zu Linienbreitenverhältnisse

identisch mit einer Abnahme des Absorptionsquerschnittes mit wachsender Säulendichte N. Die Negation dieser Tatsache kommt einer Nichtgültigkeit des Grundgesetzes der Absorption (BEER-LAMBERT-Gesetz) gleich. In der Praxis umgeht man diese Schwierigkeiten dadurch, daß man entweder mit einer sehr kleinen Bandbreite mißt, oder aber man führt, falls sich der vorangehende Fall nicht realisieren läßt, einen effektiven Absorptionsquerschnitt ein. Bei der Messung mit sehr kleiner Bandbreite ist jedoch die Annahme eines monochromatischen Absorptionsquerschnittes $\sigma(\lambda')$ nur für ein Bandbreiten- zu Linienbreitenverhältnis

$$\alpha = \frac{\Delta\lambda}{\Delta L} \leqq 0{,}5 \tag{3}$$

berechtigt. Für ein größeres α wird nach Abb. 6 der Fehler des verwendeten Absorptionsquerschnittes $\sigma(\lambda')$ größer als 10% [22]. Das bedeutet für Linienbreiten von ~0,1 nm (H Ly-α und H Ly-β) bei Monochromatoren mit einer Dispersion von ~0,8 nm/mm eine Spaltbreite von ~ 50 µm. Dabei muß vorausgesetzt werden, daß der Justagezustand des verwendeten Mono- oder Polychromators nahezu ideal ist.

Ein häufig praktizierter Fall ist die Messung der Absorption der Solarstrahlung bei einer Bandbreite, die beträchtlich größer ist als die Breite einer gewählten Spektrallinie bei Variation des Absorptionsquerschnittes.

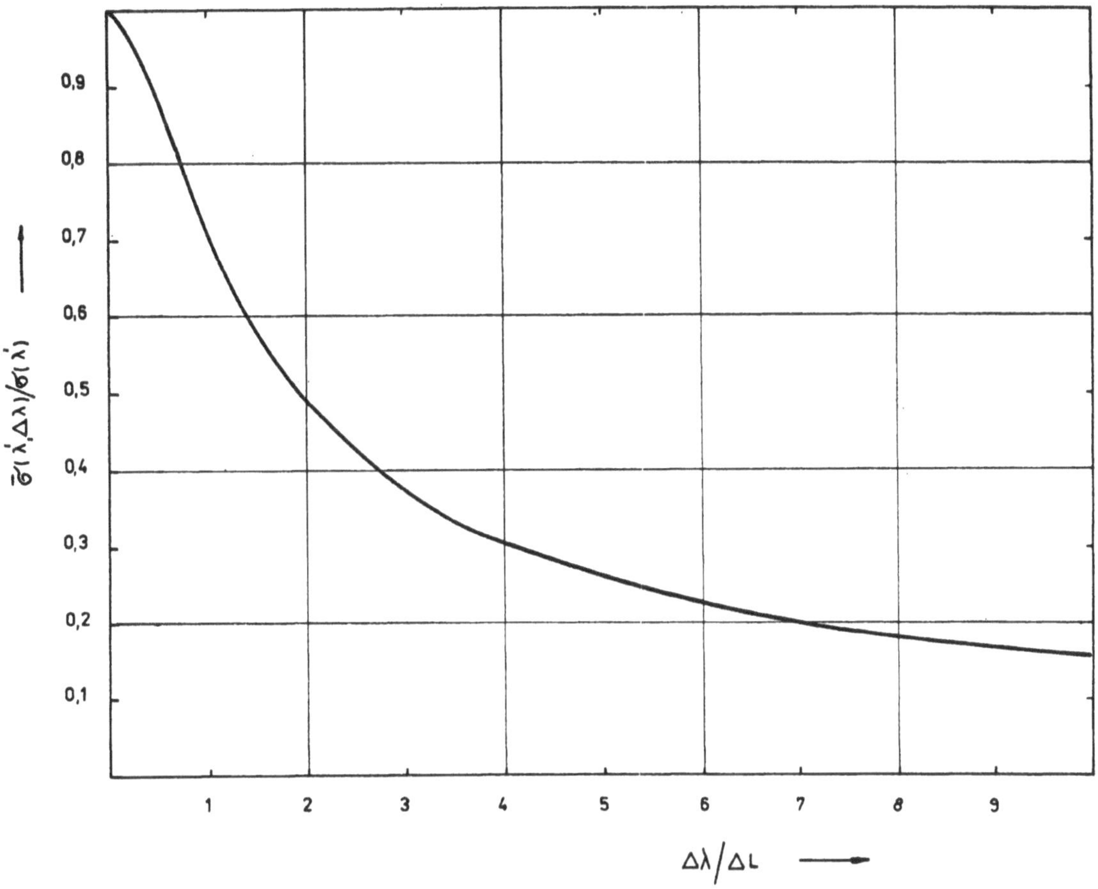

Abb. 6. Einfluß der Gerätebandbreite auf den Absorptionsquerschnitt

Der in diesem Fall einzuführende effektive Absorptionsquerschnitt berechnet sich nach dem folgenden Ausdruck:

$$\sigma_E = \frac{\int_{\lambda_1}^{\lambda_2} \sigma(\lambda) \cdot \eta(\lambda) \cdot I(\lambda, h) \cdot d\lambda}{\int_{\lambda_1}^{\lambda_2} \eta(\lambda) \cdot I(\lambda, h) \cdot d\lambda}, \quad (4)$$

λ_1 untere } Grenzwellenlänge des gewählten
λ_2 obere } Spektralbereiches,
$\eta(\lambda)$ spektrale Empfindlichkeit des Meßgerätes,
$I(\lambda, h)$ spektraler Strahlungsfluß in der Höhe h über der Erdoberfläche.

Er stellt ein gewichtetes Mittel des Absorptionsquerschnittes über dem eingestellten Bandpaß des Meßgerätes dar. Dieser Ausdruck gilt ganz allgemein sowohl für den Fall einer Photometermessung mit relativ großer Bandbreite als auch für den speziellen Fall der breitbandigen Messung mit einem Monochromator.

3.1.2. Einfluß der Temperatur

Neben der Problematik des Einflusses der Gerätebandbreite auf die Absorption durch die atmosphärischen Gase erhebt sich infolge der starken Variabilität der Neutralgastemperatur im Bereich der Hochatmosphäre noch die Frage der Anwendbarkeit der Absorptionsdaten auf die Auswertung atmosphärischer Absorptionsprofile für die Bestimmung von Konstituentendichte-Profilen. Die in der Literatur angebotenen Absorptionsquerschnitte wurden ausschließlich bei Zimmertemperatur (300 K) bestimmt. Der Temperaturverlauf des Neutralgases in der Thermosphäre zeigt jedoch in Abhängigkeit von der Aktivität der Sonne eine starke Variabilität, die zwischen 200 K und etwa 1800 K liegen kann. Diese beträchtliche Variation der Neutralgastemperatur kann nicht ohne Einfluß auf das Absorptionsverhalten der Gase sein. Mit steigender Temperatur ist bei Molekülen eine zunehmende Besetzung der höheren Schwingungsniveaus zu verzeichnen. ALLISON u. a. [23] haben die Absorption von schwingungsangeregtem molekularem Sauerstoff theoretisch untersucht und sind zu einer überraschend starken Änderung des Absorptionsquerschnittes gekommen. In Abb. 7 ist der Absorptionsquerschnitt qualitativen Änderung der Absorption ist besonders von O_2 für $v'' = 0; 1; 2$ gegenübergestellt. Neben der auffallend eine Verschiebung der Grenze der kontinuierlichen Absorption zu größeren Wellenlängen für Moleküle mit angeregten höheren Schwingungsniveaus. Dieser Sachverhalt ist von EVANS und SCHEXNAYDER [24], HUDSON u. a. [25] und HUDSON und CARTER [26] für den Bereich des SCHUMANN-RUNGE-Kontinuums und des SCHUMANN-RUNGE-Systems für den Temperaturbereich 300 ... 2000 K [24] und 300 ... 900 K [25, 26] experimentell untersucht worden. Dabei wurde übereinstimmend festgestellt, daß im SCHUMANN-RUNGE-Kontinuum für den Wellenlängenbereich $\lambda < 160$ nm eine Verkleinerung

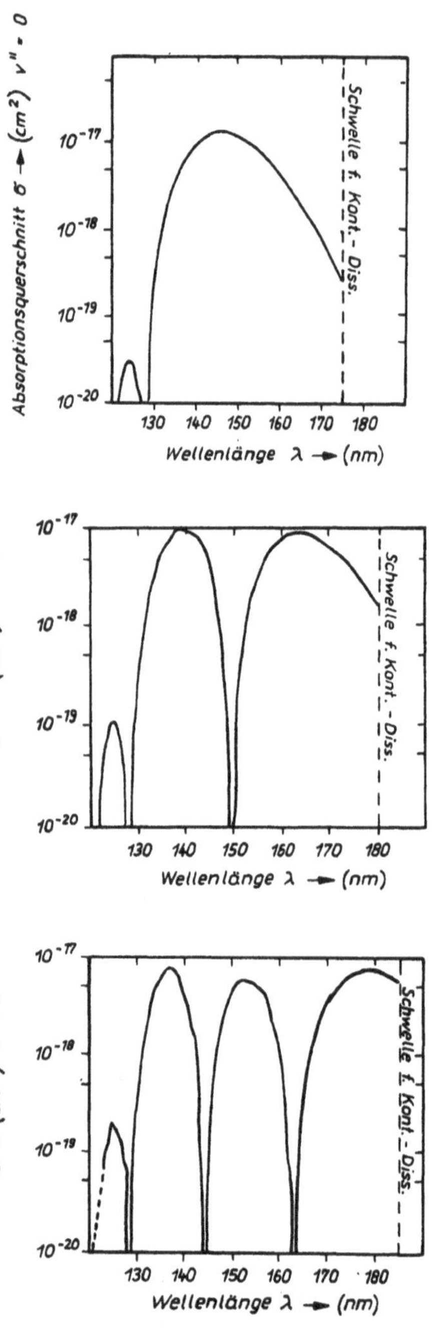

Abb. 7. Absorptionsquerschnitt von schwingungsangeregtem Sauerstoff

des Absorptionsquerschnittes und für $\lambda > 160$ nm eine Vergrößerung des Absorptionsquerschnittes mit steigender Temperatur auftritt.

Geht man davon aus, daß im thermischen Gleichgewicht entsprechend dem Ausdruck:

$$r = 1 - \exp\left[-\frac{2239\ \mathrm{K}}{T_v}\right], \qquad (5)$$

r prozentualer Anteil von Molekülen im 1. angeregten Schwingungszustand,

T_v Schwingungstemperatur,

bei einer Temperatur von 1000 K sich etwa 10% der Moleküle im 1. angeregten Schwingungszustand befinden (Abb. 8), so dürfte es bei einer Absorptionsmessung im SCHUMANN-RUNGE-Kontinuum selbst bei optimaler Auswahl zweier Meßwellenlängen experimentell äußerst problematisch sein, den Anteil schwingungsangeregter O_2-Moleküle zu bestimmen. Es ist zu erwarten, daß der Anteil schwingungsangeregter O_2-Moleküle an der Gesamtabsorption des molekularen Sauerstoffs im SCHUMANN-RUNGE-Kontinuum bei 1,0 bis 1,5% liegt. Dieser Anteil ist experimentell äußerst schwer nachzuweisen. Mit abnehmender Höhe nimmt jedoch infolge geringer werdender Neutralgastemperatur und steigender Zahl thermalisierender Molekülstöße infolge zunehmender Moleküldichte die Zahl der schwingungsangeregten O_2-Moleküle ab, so daß der Anteil schwingungsangeregter O_2-Moleküle an der Gesamtabsorption noch geringer werden dürfte. REID und WITHBROE [27] haben durch Absorptionsmessungen bei der Wellenlänge $\lambda = 133{,}5$ nm eine Abnahme des effektiven Absorptionsquerschnittes mit wachsender Höhe gefunden. Dieser Sachverhalt steht im Widerspruch zu den Messungen von EVANS und SCHEXNAYDER [24], die für Wellenlängen $\lambda < 136$ nm eine deutliche Vergrößerung des Absorptionsquerschnittes mit steigender Temperatur gefunden haben. In einer groben Abschätzung haben REID und WITHBROE [27] festgestellt, daß sich in einer Höhe $h = 130$ km weniger als 90%, in der Höhe $h = 150$ km weniger als 70% und in Höhen $h > 160$ km weniger als 50% der O_2-Moleküle im Schwingungsgrundzustand befinden. Bei den in diesem Höhenbereich herrschenden Neutralgastemperaturen erscheinen solche Mischungsverhältnisse fast unmöglich. Eine Absorptionsmessung im Bereich des SCHUMANN-RUNGE-Kontinuums läßt eine Verifikation selbst so extremer Mischungsverhältnisse kaum zu. GARRIOTT u. a. [28] verweisen auf die Plausibilität des Vorhandenseins schwingungsangeregter O_2-Moleküle und ihre Bedeutung als Energiequelle im Bereich der Thermosphäre, doch bemerken sie ausdrücklich, keinen meßbaren Effekt gefunden zu haben, der ihre quantitative Bestimmung gestattet.

3.1.3. Bemerkungen zu den Techniken der Bestimmung des Absorptionsquerschnittes

Für die Bestimmung des Absorptionsquerschnittes wurden sowohl photographische als auch photoelektrische Methoden angewandt. Die photographische Methode über den Weg der Aufnahme des Absorptionsspektrums mit Hilfe einer Photoplatte hat gegenüber der photoelektrischen Methode der Vorteil, daß das gesamte interessierende Absorptionsspektrum gleichzeitig aufgenommen werden kann. Der entscheidende Nachteil der Methode liegt in der Schwierigkeit der Eichung der Platte und der Nichtlinearität der Schwärzung durch den einfallenden Photonenstrom. Hinzu kommen oft eine unzureichende Gleichmäßigkeit der Emulsion und Fehler bei der Entwicklung. Eine weitere Fehlerquelle bei der Bestimmung des I/I_0-Verhältnisses ist die Empfindlichkeit der Plattenemulsion gegenüber sichtbarem Streulicht im Spektrographen. Der durch diese Methode im Absorptionsquerschnitt auftretende systematische Fehler beträgt

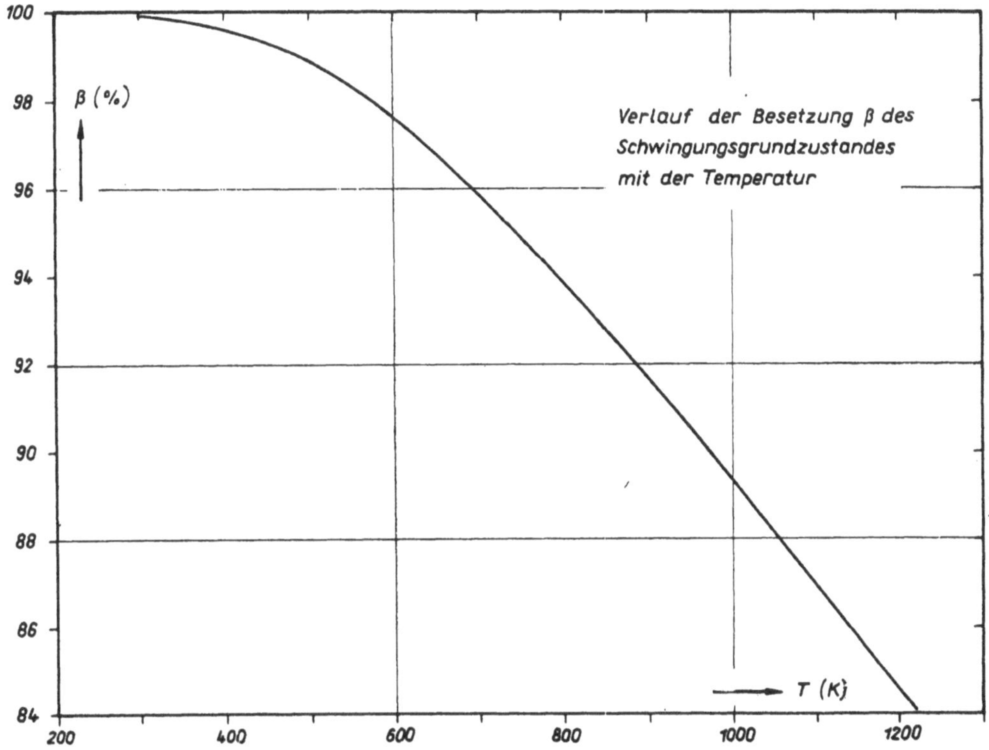

Abb. 8. Besetzung des Schwingungsgrundzustandes mit der Temperatur

mindestens ±3,5% [22]. Die photoelektrische Methode, durchgeführt mit Photovervielfachern oder Photodioden als Empfänger, hat den Nachteil der Nichtgleichzeitigkeit der Aufnahme des Absorptionsspektrums, was eine hohe zeitliche Stabilität der Strahlungsquelle erfordert. Weiterhin ist bei Messungen unterhalb des cutoff des Empfängerfensters die Verwendung eines Sensibilisators (Natriumsalizylat oder Liumogen) nötig, der bei Bestrahlung mit UV-Licht im sichtbaren Spektralbereich fluoresziert [29, 30]. Die Fluoreszenz-Ausbeute solcher Materialien muß zeitlich konstant sein und darf nur eine geringe Variabilität mit der Wellenlänge zeigen. Weitere Fehlerquellen sind eventuelle Nichtlinearitäten des Empfängers und des Elektrometers sowie Streulicht des Monochromators und Fluoreszenzlicht in der Absorptionszelle. Bei sorgfältiger Ausführung der Messungen kann jedoch der systematische Fehler des Absorptionsquerschnittes bei ± 4% gehalten werden [22].

3.2. Absorptionsquerschnitt wichtiger atmosphärischer Konstituenten

3.2.1. Molekularer Sauerstoff

Die Absorption des molekularen Sauerstoffes für Wellenlängen $\lambda < 260$ nm ist von großer Bedeutung für die Energiebilanz im Höhenbereich oberhalb 60 km. Die Energieniveaus und elektronischen Bandensysteme des molekularen Sauerstoffs sind in Abb. 9 dargestellt. Merkliche Absorption von O_2 beginnt bei $\lambda = 250$ nm. Der Wellenlängenbereich 185 ... 250 nm ist charakterisiert durch das schwache HERZBERG-Kontinuum ($A^3\,\Sigma_u^+$

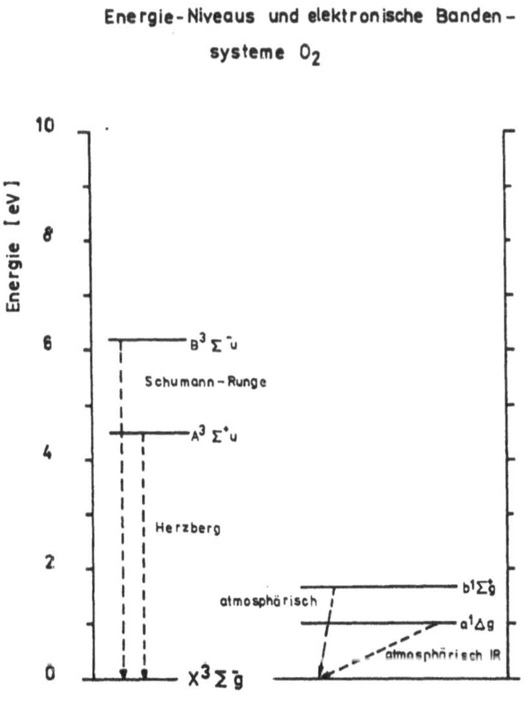

Abb. 9. Elektronische Bandensysteme von O_2

$\rightarrow X^3\,\Sigma_g^-$) (Abb. 10). Der Absorptionsquerschnitt hat eine Größe von 10^{-24}–10^{-23} cm² [31, 32]. Die Dissoziation durch Strahlungsabsorption in diesem Wellenlängenbereich führt zur Bildung von zwei O-Atomen im Grundzustand (^3P) und ist die Hauptquelle von atomarem Sauerstoff unterhalb 80 km Höhe.

Der Wellenlängenbereich 175 ... 201 nm wird vom SCHUMANN-RUNGE-Bandensystem überstrichen ($B^3\,\Sigma_u^- \rightarrow X^3\,\Sigma_g^-$) (Abb. 11). Aeronomisch hat dieser Wellen-

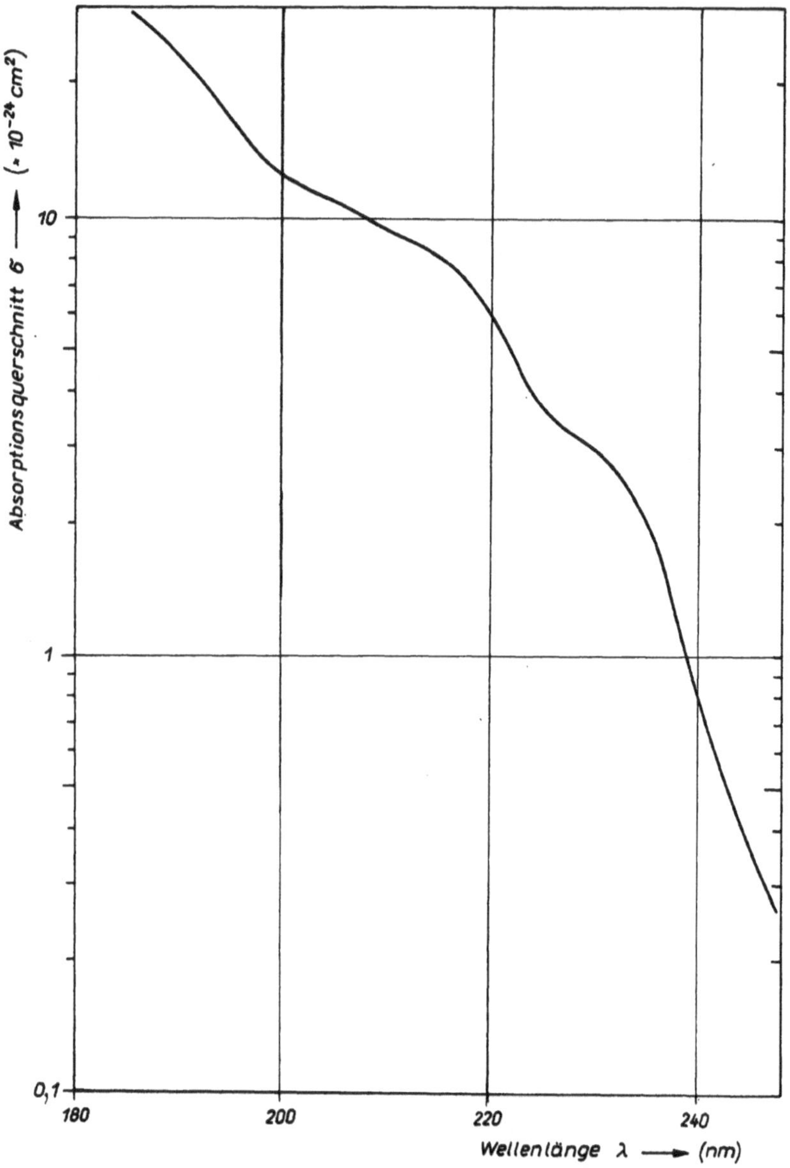

Abb. 10. Absorptionsquerschnitt von O_2 (180—240 nm)

längenbereich eine große Bedeutung für die Chemie der Strato- und Mesosphäre [33]. NICOLET und MANGE [34] haben auf die Bedeutung einer genauen Kenntnis der Absorptionsquerschnitte für das Studium der Chemosphäre hingewiesen. Neue Studien der Absorptionsbanden mit höchster Auflösung wurden von ACKERMAN u. a. [35] und BLAKE [36] durchgeführt.

An den Bereich der SCHUMANN-RUNGE-Banden schließt sich zum kurzwelligen Bereich hin mit der zweiten Dissoziationsgrenze bei 7,08 eV das starke SCHUMANN-RUNGE-Dissoziationskontinuum ($B^3\,\Sigma_u^- \rightarrow X^3\,\Sigma_g^-$) bei 125 ... 175 nm mit den 3 diffusen Banden oder Kontinua bei 135,2 nm, 133,2 nm und 129,3 nm an. Strahlungsabsorption in diesem Wellenlängenbereich führt in Höhen größer als 80 km zur Bildung von 2 O-Atomen, von denen sich mindestens eins der beiden Atome in einem metastabilen Zustand befindet.

Wegen der großen Bedeutung dieses Wellenlängenbereiches wurde eine Vielzahl von Bestimmungen des Absorptionsquerschnittes durchgeführt, wobei sowohl photographische als auch photoelektrische Methoden angewandt wurden [32, 37]. Die erhaltenen Absorptionsquerschnitte zeigen systematische Unterschiede. Ein repräsentativer Verlauf des Absorptionsquerschnittes ist in Abb. 12 [32] dargestellt. Der Einfluß der Temperatur speziell in diesem Wellenlängenbereich wurde im Kapitel 3.1.2. diskutiert.

Der sich an den Bereich des SCHUMANN-RUNGE-Dissoziationskontinuums zu kürzeren Wellenlängen hin anschließende Wellenlängenbereich bis zur Ionisationsgrenze des O_2 bei $\lambda = 102{,}8$ nm ist von besonderer Wichtigkeit für die D- und E-Schicht der Ionosphäre. Es gibt einige Fenster mit niedrigem Absorptionsquerschnitt [38, 39] in einem sehr komplexen Absorptionsspektrum, das wesentlich gekennzeichnet ist durch Absorptionsbanden mit einem möglicherweise unterliegenden schwachen Kontinuum [37] (Abb. 13a und b). Bei hoher Auflösung zeigen die Banden Struktur [40]. Eines dieser Fenster koinzidiert sehr gut mit der solaren Ly-α-Linie bei $\lambda = 121{,}56$ nm (Abb. 14) [41]. Diese

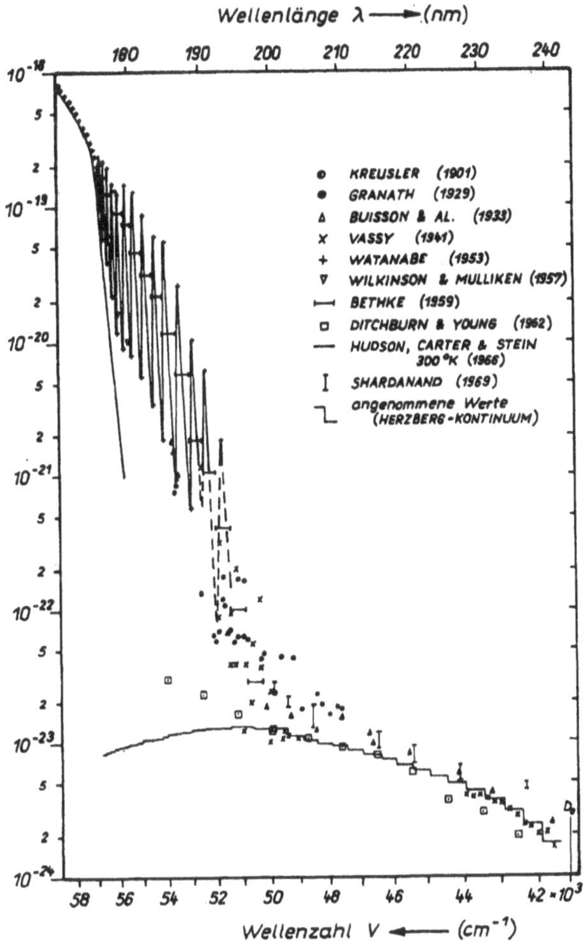

Abb. 11. Absorptionsquerschnitt von O_2 (SCHUMANN-RUNGE-Banden)

Minima in der Absorption bewirken, daß die ionisierende Strahlung weitaus tiefer in die Atmosphäre eindringen kann als die benachbarte Strahlung. So ist z. B. die D-Schicht eine Folge der Ionisation des NO durch die Ly-α-Strahlung [42, 43]. Die von einigen Autoren gefundene Druckabhängigkeit des Absorptionsquerschnittes von O_2 bei Ly-α [38, 44] ist aeronomisch nicht von so großer Relevanz. Sie ist mit einem Wert von (1,56 bis 2,0) · 10^{-23} cm²/Torr nur klein. Dazu kommt, daß im Absorptionsbereich der Ly-α-Linie zwischen 65 und 120 km Höhe bei den dort herrschenden Partialdrücken mit einem Absorptionsquerschnitt $\sigma = 1{,}14 \cdot 10^{-20}$ cm² gerechnet werden kann. Gegenwärtig herrscht noch keine völlige Klarheit über die Entstehung der Druckabhängigkeit. SHARDANAND und OGAWA [45] schreiben sie der Bildung von O_4-Molekülen zu, während PRESTON [46], TANAKA [47], ALBERTI u. a. [40] und OGAWA [43] vorschlagen, diese Druckabhängigkeit als Folge der Druckverbreiterung der Rotationslinienstruktur in der Nähe der Ly-α-Linie zu deuten.

Größere aeronomische Relevanz hat das Problem der Temperaturabhängigkeit der Photoabsorption von O_2 im Bereich der Ly-α-Linie. HALL [48] hat auf die Bedeutung der Variation des Absorptionsquerschnittes über die Breite der Ly-α-Linie und den Einfluß seiner Temperaturabhängigkeit auf die Analyse von Absorptionsdaten hingewiesen. CARVER u. a. [44] haben für

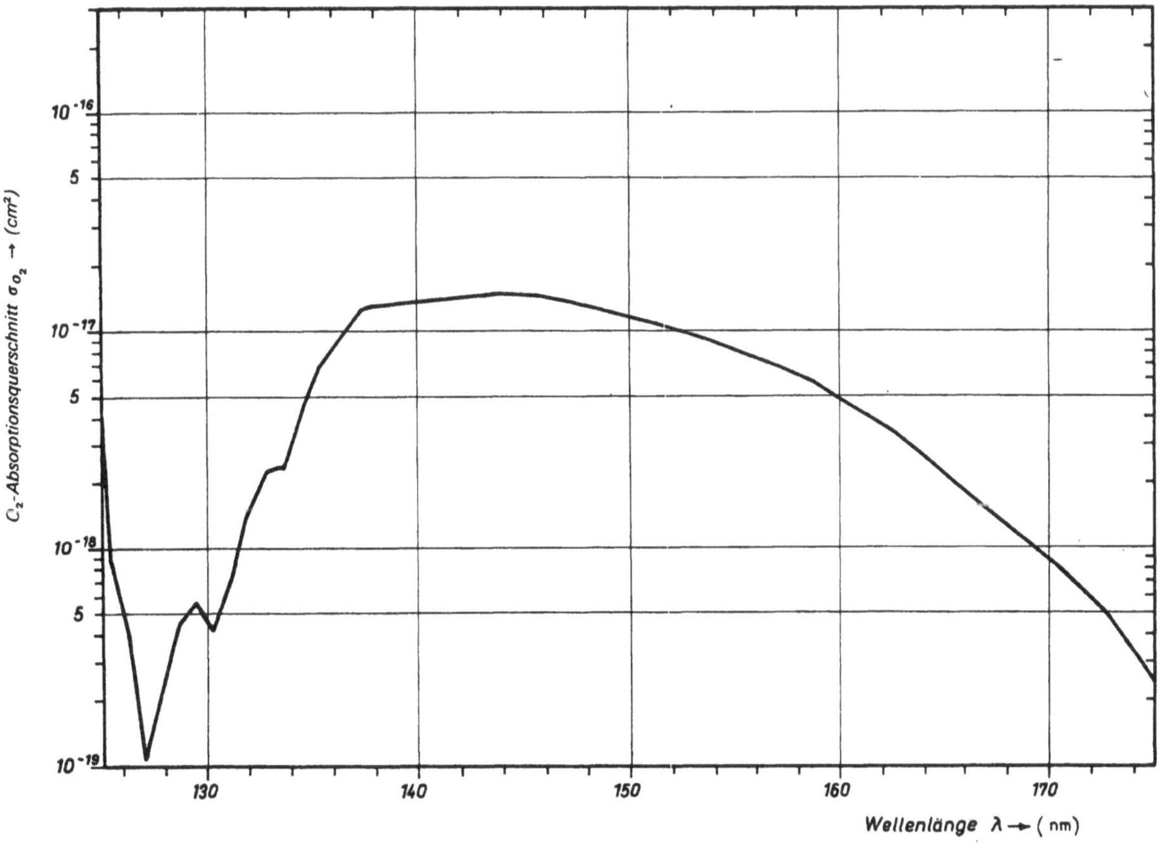

Abb. 12. Absorptionsquerschnitt von O_2 (SCHUMANN-RUNGE-Kontinuum)

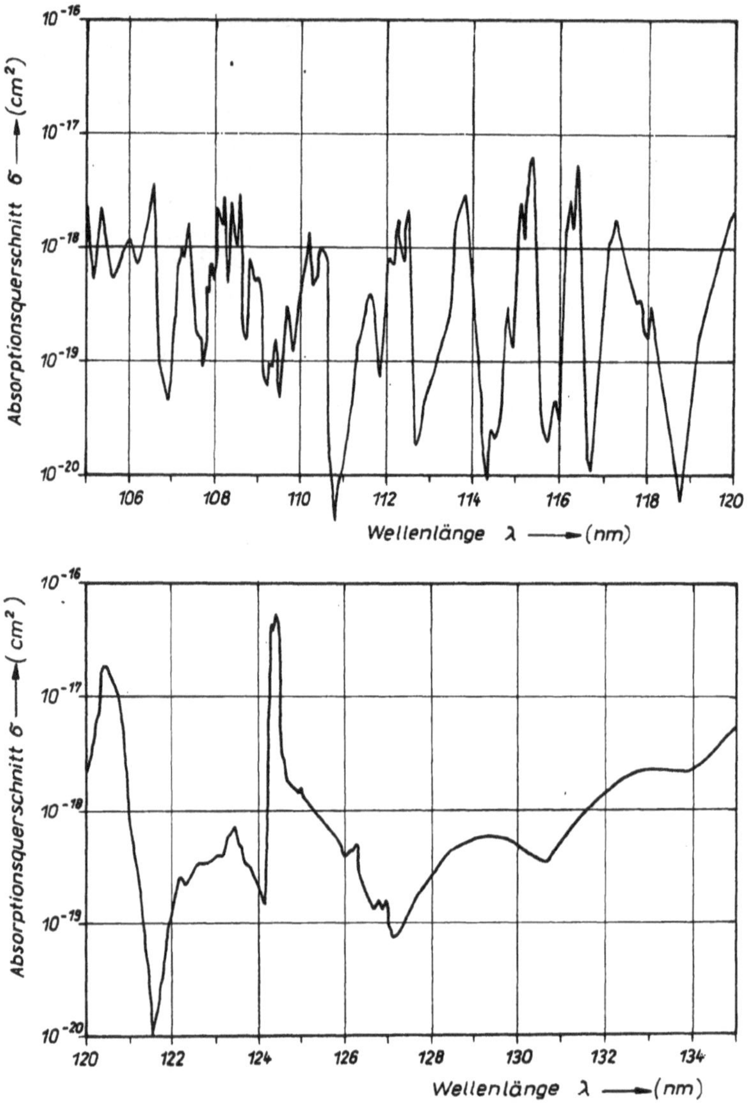

Abb. 13a und 13b. Absorptionsquerschnitt von O_2 (105—135 nm)

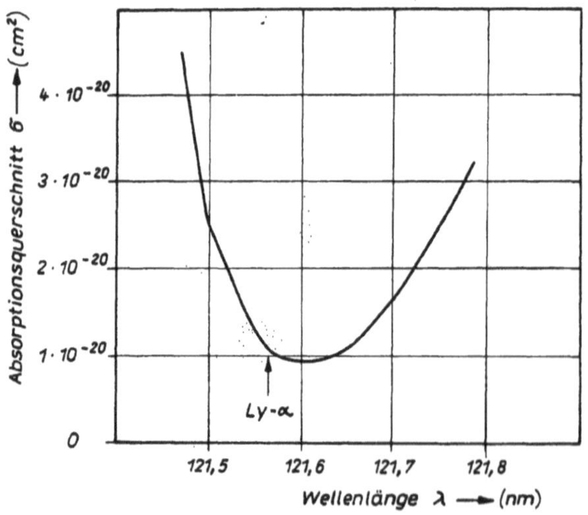

Abb. 14. Absorptionsquerschnitt von O_2 im Bereich der Ly-α-Linie

den im Höhenbereich der Ly-α-Absorption in Frage kommenden Temperaturbereich eine merkliche Temperaturabhängigkeit des O_2-Absorptionsquerschnittes gefunden (Abb. 15) und geschlossen, daß die Ableitung glaubwürdiger O_2-Dichteprofile aus Absorptionsmessungen die Berücksichtigung der Temperaturabhängigkeit des O_2-Absorptionsquerschnittes voraussetzt.

Das Absorptionsspektrum von O_2 im Wellenlängenbereich jenseits der Ionisationsgrenze bei $\lambda = 102{,}8$ nm ist ein komplexes Bandenspektrum mit starker Struktur bis zur 1. Konvergenzgrenze der Rydberg-Serie bei 68,2 nm (Abb. 16a und b) [49]. Bei Wellenlängen größer als 91,1 nm gibt es Fluktuationen in der Absorption mit großer Amplitude auf einem überlagerten O_2-Absorptionskontinuum. Unter 80 nm sind die Fluktuationen in der Absorption stark reduziert, wobei im Spektralbereich $\lambda < 70$ nm der Absorptionsquerschnitt nur noch wenig strukturiert ist. Messungen des Absorptionsquerschnittes zwischen 60 und 20 nm zeigen bis auf den Wellenlängenbereich 50 ... 60 nm gute Übereinstimmung [50, 51, 52, 53]. Der Absorptionsquerschnitt ist fast unstrukturiert. Die aktuellsten photoelektrischen Messungen des Absorptionsquerschnittes von O_2 im Wellenlängenbereich 55 ... 105 nm wurden von Huffman u. a. [54], Cook und Metzger [55], Samson und Cairns [50]

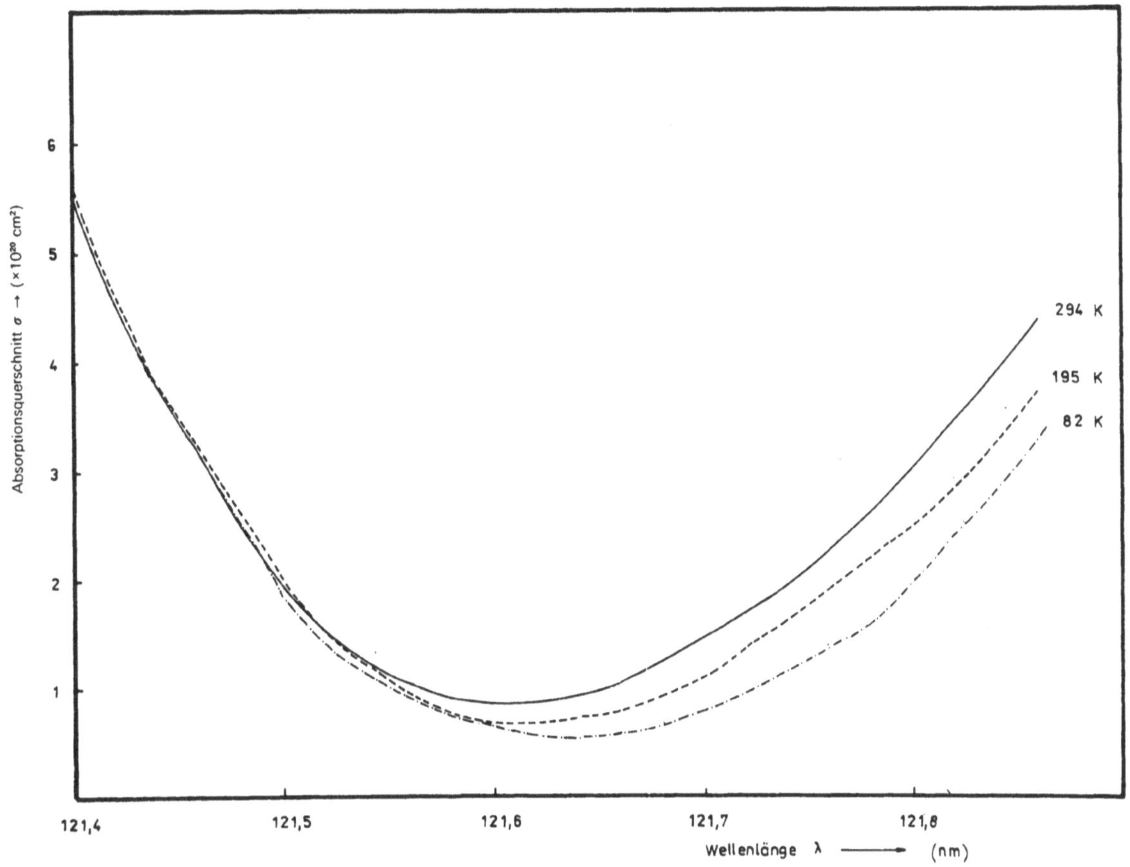

Abb. 15. Temperatureinfluß auf die O_2-Absorption im Ly-α-Linienbereich

und MATSUNAGA und WATANABE [49] durchgeführt. Für Absorptionsmessungen im Wellenlängenbereich unter 105 nm ist der Bereich $\lambda < 68$ nm infolge fast fehlender Variabilität des Absorptionsquerschnittes experimentell besonders geeignet. Messungen unterhalb 200 ... 250 km Höhe sind wegen der Größe des Absorptionsquerschnittes nicht möglich. Die starke Variation des O_2-Absorptionsquerschnittes oberhalb 68 nm insbesondere bei Wellenlängen 90 ... 108 nm (Abb. 16) stellt hohe Anforderungen an das Auflösungsvermögen des Meßgerätes. Die starke Variation des Absorptionsquerschnittes von teilweise mehr als einer Größenordnung bei 0,1 ... 0,2 nm Wellenlängendifferenz erfordert in extremen Fällen Bandbreiten von weniger als 0,1 nm.

3.2.2. Molekularer Stickstoff

Der molekulare Stickstoff ist im Höhenbereich unterhalb 160 km mengenmäßig die dominierende Species (Abb. 2). Sein Absorptionsquerschnitt ist jedoch für Wellenlängen größer als 100 nm sehr viel kleiner als der des O_2. Daraus folgt trotz seiner mengenmäßigen Dominanz eine geringere Bedeutung gegenüber der des O_2. Merkliche Absorption von N_2 beginnt bei $\lambda = 145$ nm mit starker Bandenstruktur. Die Banden im Wellenlängenbereich 100 ... 145 nm entstehen durch verbotene Übergänge vom Grundzustand $X^1\,\Sigma_g^-$ in die Zustände $a^1\,\Pi_g$ (LYMAN-BIRGE-HOPFIELD-Banden), $C^3\,\Pi_u$ und $w^1\,\Delta_u$ (Abb. 17). Quantitative Messungen in diesem Wellenlängenbereich sind wegen des extrem kleinen Absorptionsquerschnittes bei großer Auflösung sehr problematisch.

WATANABE und MARMO [56] haben mit halbquantitativen Messungen bei einer Bandbreite von 0,085 nm bei den Minima und Maxima der Absorptionsbanden σ-Werte von $3 \cdot 10^{-21}$ cm² bzw. $3 \cdot 10^{-22}$ cm² bestimmt. Die aeronomische Bedeutung der Strahlungsabsorption durch N_2 in diesem Wellenlängenbereich liegt in der Anregung der LYMAN-BIRGE-HOPFIELD-Airglow-Emission bei $\lambda = 136{,}3$ nm [57, 58] und ihrer Absorption durch molekularen Sauerstoff, die als Wärme erscheint. Darüber hinaus gibt es Anzeichen für Prädissoziation in der 7-O-Bande [59]. Diese Erscheinung bedarf jedoch der experimentellen Verifikation durch moderne Methoden.

Der Wellenlängenbereich 80 ... 100 nm hat ein komplexes Spektrum von starken Banden [60] (Abb. 18). Die Maxima der scharfen Banden sind äußerst kritisch zu betrachten, da sie bei der aktuellen Bandbreite von 0,05 nm einen starken „Druckeffekt" zeigen. In Abb. 19 ist für einige Maxima der Banden dieser beobachtete „Druckeffekt" im Vergleich zu einem Flügel- und Minimumwert dargestellt. Neuere Absorptionsmessungen bei gleicher Bandbreite wurden von COOK und METZGER [54] veröffentlicht. Die Übereinstimmung mit den von HUFFMAN u. a. [60] gemessenen Werten ist gut. Der Einfluß der Bandbreite auf die Größe des Absorptionsquerschnittes wird bei HUDSON und CARTER [61] gezeigt.

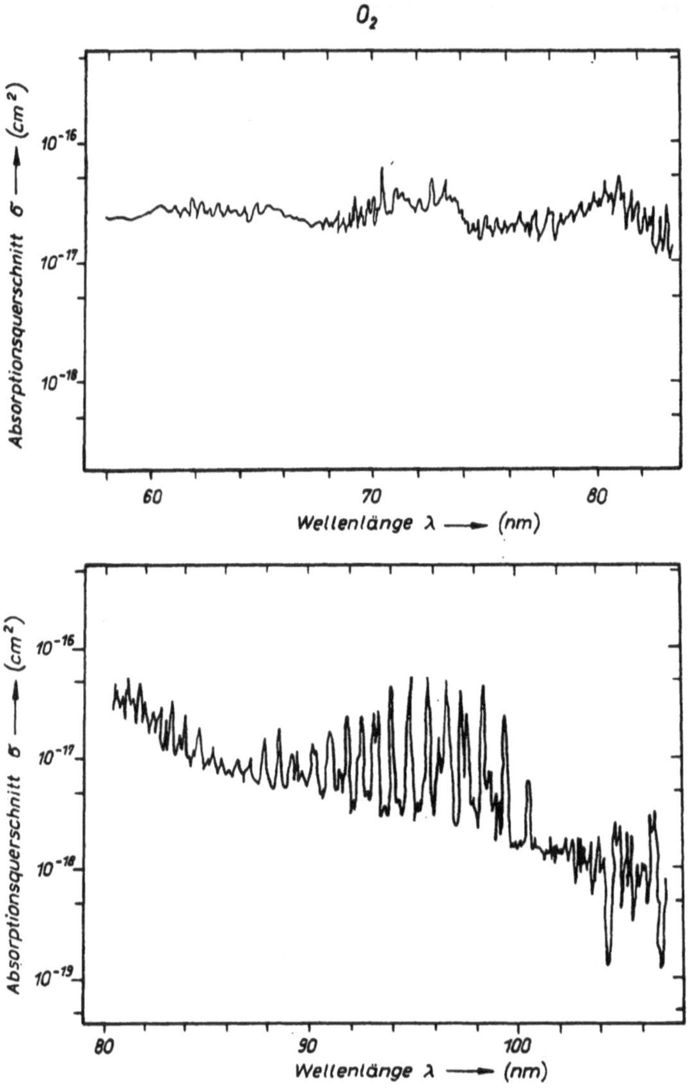

Abb. 16a und 16b. Absorptionsquerschnitt von O_2 jenseits der Ionisationsgrenze

Abb. 20 zeigt einen kleinen Teil des N_2-Spektrums, wobei die von HUDSON und CARTER [61] gemachten, hochaufgelösten Messungen mit einer Bandbreite von 0,004 nm und die zum Vergleich herangezogenen Messungen von COOK und METZGER [55] und HUFFMAN u. a. [60] mit einer Bandbreite von 0,05 nm durchgeführt wurden. Interessant für diesen Wellenlängenbereich und aeronomisch von Bedeutung ist die von HUDSON und CARTER [61] und LAWRENCE u. a. [62] gemachte Feststellung der starken Verbreiterung der Rotationslinienstruktur ($>2\ \mathrm{cm}^{-1}$) gegenüber der Dopplerbreite ($0{,}27\ \mathrm{cm}^{-1}$), was auf Prädissoziation der N_2-Moleküle schließen läßt. Dieser Sachverhalt könnte signifikant zur Produktion von atomarem Stickstoff in der oberen Atmosphäre beitragen [63]. Entgegen älteren Annahmen haben COOK u. a. [64] aus gemessenen Absorptions- und Ionisationsquerschnitten zwei Kontinua mit Maxima bei 97 nm ($\sigma \sim 1{,}86 \cdot 10^{-19}\ \mathrm{cm}^2$) und 91 nm ($\sigma \sim 5.58 \times \times 10^{-19}\ \mathrm{cm}^2$) bestimmt. Photodissoziation bei diesen Wellenlängen kann zur Anregung der $N(^2P)$-Emissionen führen. Besonders kritisch sind Absorptionsmessungen zu betrachten, bei denen solare Emissionslinien mit Absorptionsbanden koinzidieren. In solchen Fällen variiert der Absorptionsquerschnitt stark mit der Höhe. Ein typisches Beispiel ist die Variation des Absorptionsquerschnittes mit der Höhe für die Linien Ly-γ ($\lambda = 97{,}25$ nm) [65] und O III ($\lambda = 83{,}374$ nm) [66]. Im Bereich 80 bis 100 nm stellen viele der Rotationslinien Übergänge von Rotationsniveaus in den elektronischen Grundzustand dar. Da die Stärke dieser Übergänge von der Besetzung der Rotationsniveaus abhängt, ist eine beträchtliche Abhängigkeit des Absorptionsquerschnittes von der Temperatur zu erwarten. Absorptionsmessungen zum Zwecke der Konstituentenbestimmung können in diesem Wellenlängenbereich zu fehlerhaften Dichteprofilen führen. SAMSON und CAIRNS [66] und HUFFMAN [67] geben eine Sammlung von solaren Emissionslinien mit den zugehörigen Absorptions- und Ionisationsquerschnitten für O_2, N_2 und O im Wellenlängenbereich 30 ... 121,6 nm, die bei hoher spektraler Auflösung gemessen wurden.

Im Wellenlängenbereich unter 80 nm besteht das Absorptionsspektrum aus Banden aus dem unterliegenden Ionisationskontinuum (Abb. 21) [68]. Die erste Ionisationsgrenze von N_2 liegt bei $\lambda = 79{,}58$ nm. Der Bereich

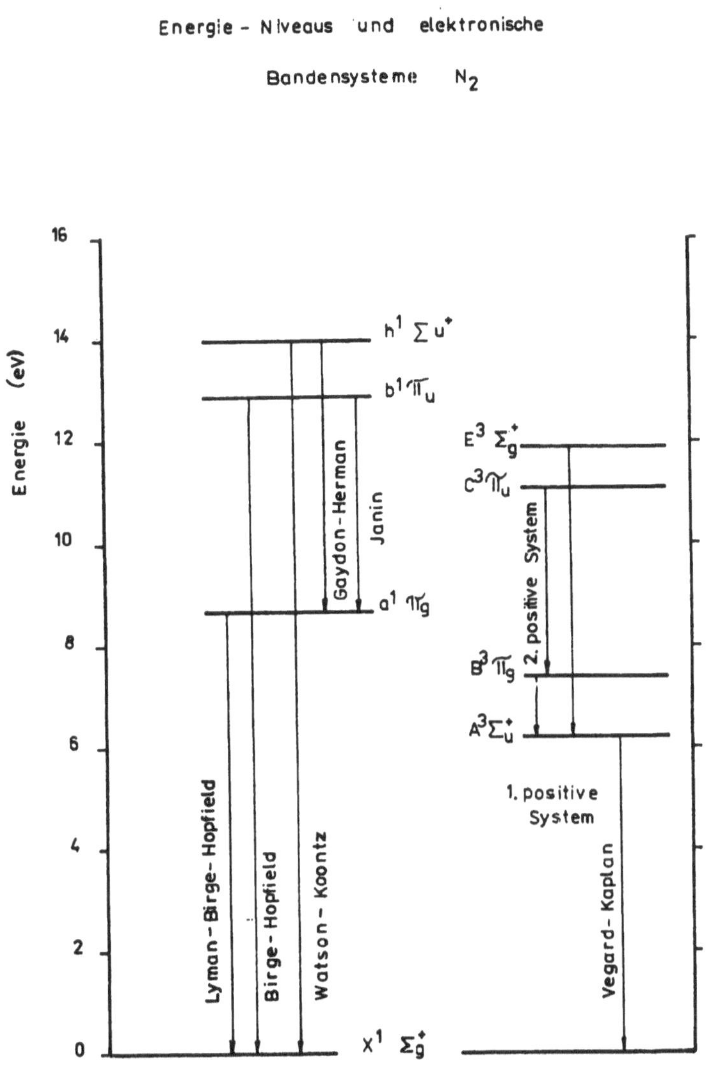

Abb. 17. Elektronische Bandensysteme von N_2

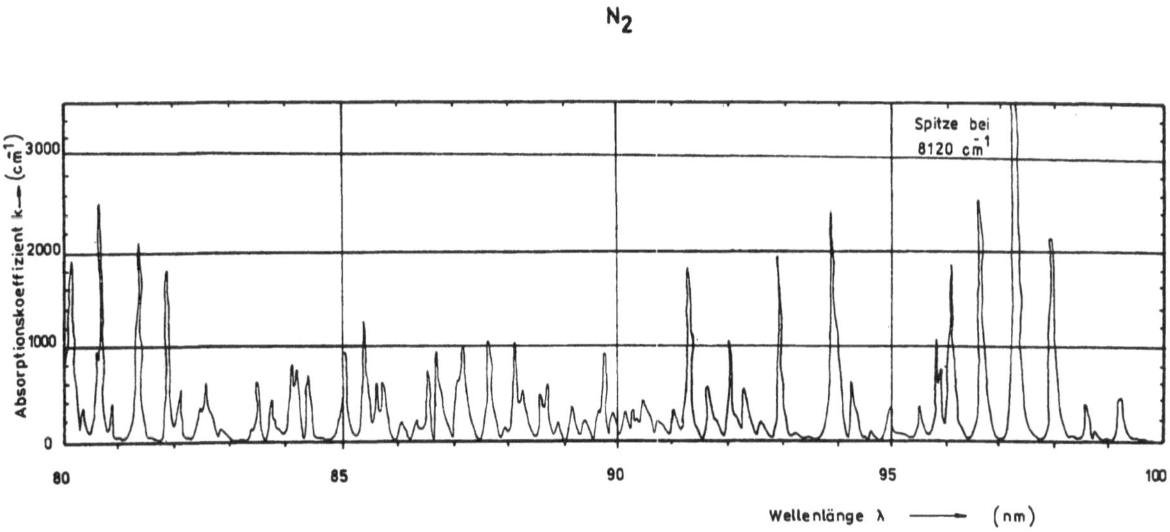

Abb. 18. Absorptionsquerschnitt von N_2 (80 – 100 nm)

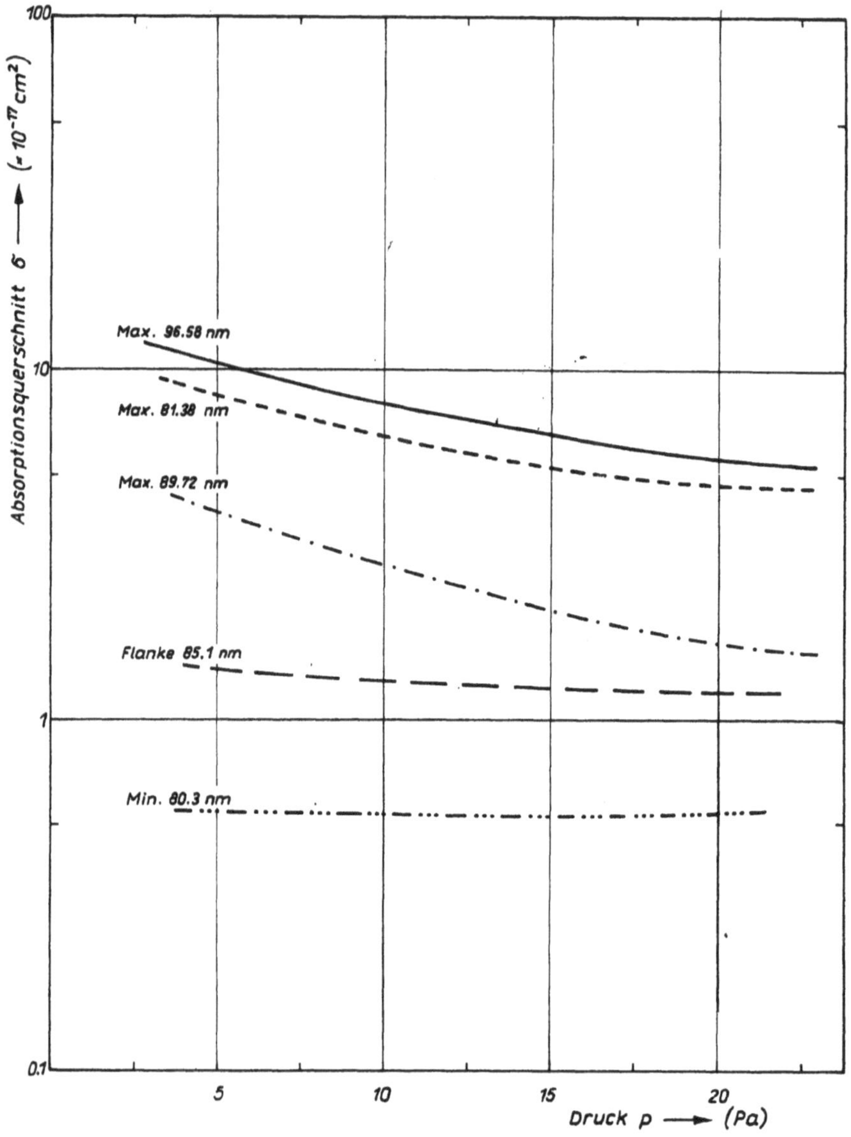

Abb. 19. Druckabhängigkeit des N_2-Absorptionsquerschnittes

unterhalb der Ionisationsgrenze ist charakterisiert durch einen graduellen Anstieg des Absorptionsquerschnittes. Dieser Sachverhalt ist auf den sehr kleinen Unterschied von nur 0,0022 nm der Kernabstände von $X(N_2)$ und $X(N_2^+)$ zurückzuführen. Die meisten der Banden in diesem Wellenlängenbereich sind diffus, was wahrscheinlich eine Folge der Autoionisation der angeregten Moleküle ist. Im Gegensatz zu den Banden im Wellenlängenbereich 80 ... 100 nm zeigen die Banden unter 80 nm bis auf die Bande bei λ = 78,47 nm keinen „Druckeffekt“. OGAWA und TANAKA [68], HUFFMAN u. a. [60], COOK und METZGER [55], SAMSON und CAIRNS [66] und COOK und OGAWA [69] haben Absorptionsmessungen in diesem Wellenlängenbereich durchgeführt und keinen nennenswerten „Druckeffekt“ festgestellt. Die durch die einzelnen Autoren gemessenen Absorptionsquerschnitte unterscheiden sich bis zu 50%. HUDSON [22] führt diese Unterschiede auf die Verwendung unterschiedlicher Strahlungsquellen (Linien gegenüber Kontinua) zurück.

Der kurze, steile Anstieg in der Absorption bei λ = 66,1 nm ist wahrscheinlich nicht real und auf eine Überkorrektur der bei λ = 66,0 nm einsetzenden N_2^+-Fluoreszenz zurückzuführen [67]. COOK u. a. [64] haben ein kräftiges Dissoziationskontinuum im Bereich 60 bis 73 nm mit Absorptionsquerschnitten $\sigma = (3{,}4 - 6{,}3) \times 10^{-18}$ cm² gefunden. Ein Dissoziationsprodukt ist der für die Stickstoff-Dayglow-Emission wichtige $N(^2P)$-Zustand.

Das Absorptionsspektrum für Wellenlängen kleiner als 60 nm hat in starkem Maße einen kontinuierlichen Verlauf. CODLING [70] hat zwischen 48 nm und 55,5 nm diskrete Struktur gefunden, die von WATSON u. a. [71] in einer jüngeren Messung nicht bestätigt wurde. Die Übereinstimmung der durch WATSON u. a. [71] und SAMSON und CAIRNS [66] im Wellenlängenbereich 30 bis 70 nm gemessenen Absorptionsquerschnitte ist exzellent. Bei λ = 42 nm setzt ein steiler und stetiger Abfall in der Absorption ein [67, 71]. Absorptionsquerschnitte für Wellenlängen unter 30 nm findet man bei HUFFMAN [67].

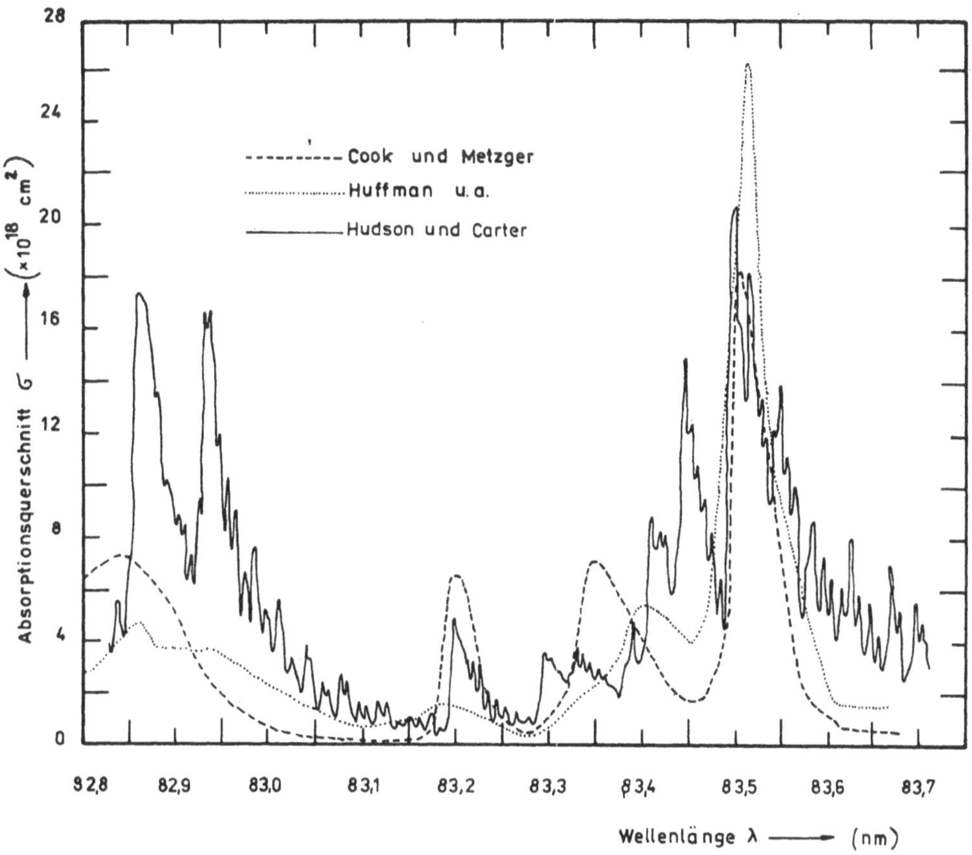

Abb. 20. Absorptionsquerschnitt von N_2 (82,8–83,7 nm)

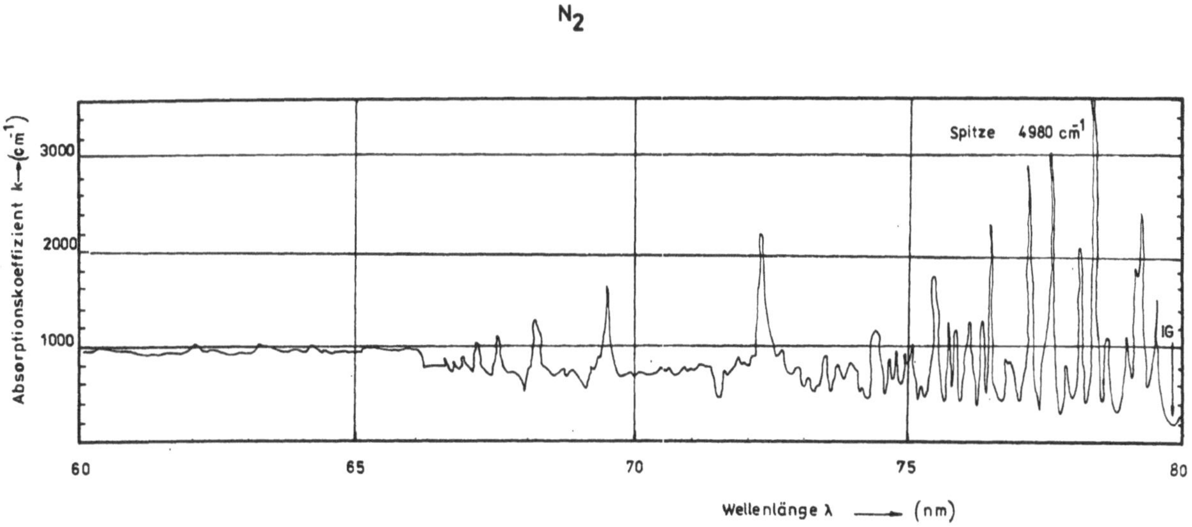

Abb. 21. Absorptionskoeffizient von N_2 jenseits der Ionisationsgrenze

3.2.3. Atomarer Sauerstoff

Der atomare Sauerstoff ist im Höhenbereich oberhalb 200 km ein potentieller Absorber für solare UV-Strahlung. Sein Absorptionsspektrum besteht aus einem Ionisationskontinuum im Wellenlängenbereich unterhalb seiner Ionisationsschwelle bei $\lambda = 91{,}04$ nm und außerdem aus Linienserien, die zu Grenzen entsprechend den Elektronenzuständen des Ions konvergieren [67, 72, 73, 74, 75] (Abb. 22). Die mit einer Genauigkeit von $\pm$ 10% gemessenen Absorptionsquerschnitte von Comes u. a. [76] stimmen dabei gut mit den von Dalgarno u. a. [73] berechneten Werten überein, während die von Cairns und Samson [77] gemessenen Werte auch unter Berücksichtigung ihrer Genauigkeit von $\pm$30% im Bereich 65 ... 90 nm eindeutig zu hoch sind. Abgesehen von nicht autionisierten Linien ist im Bereich des Ionisationskontinuums der Absorptionsquerschnitt identisch mit dem

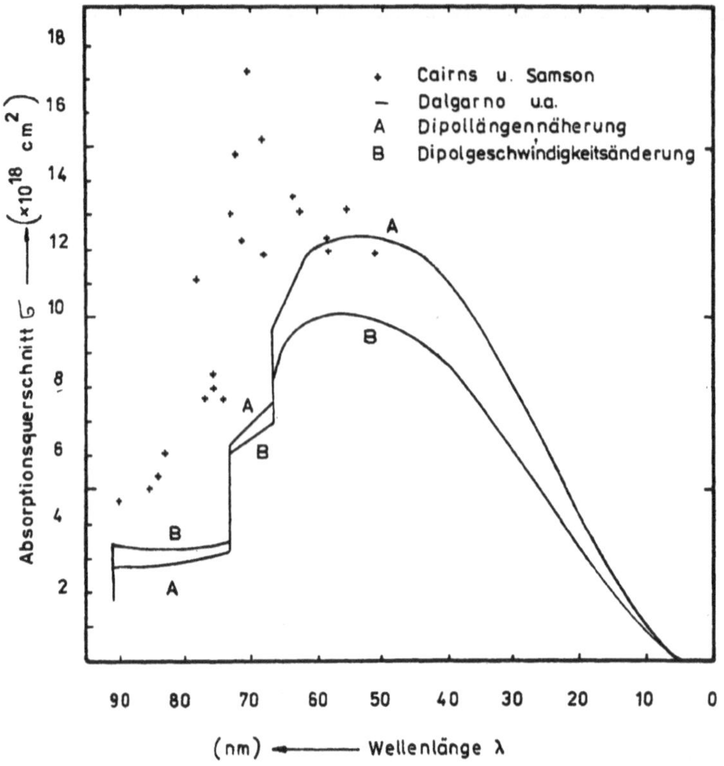

Abb. 22. Absorptionsquerschnitt von atomarem Sauerstoff

Photoionisationsquerschnitt. Von der Grenze der Photoionisation bei 91 nm steigt der Absorptionsquerschnitt von $\sigma = 3{,}5 \cdot 10^{-18}$ cm^2 auf seinen maximalen Wert von $\sigma = 1{,}3 \cdot 10^{-17}$ cm^2 bei etwa 55 nm und fällt dann stetig auf Werte unter $\sigma = 1{,}0 \cdot 10^{-19}$ cm^2 bei Wellenlängen $\lambda < 10$ nm. HUFFMAN u. a. [74] geben eine umfangreiche Sammlung von RYDBERG-Linien-Serien des OI-Grundzustandes, wobei der Absorptionsquerschnitt im Linienzentrum weitaus höher als der des Kontinuums ist. Bei Koinzidenz einer solaren Emissionslinie mit einer Absorptionslinie des atomaren Sauerstoffs ist das Intensitätsprofil mit variierender Höhe stark abhängig von den beiden Linienformen. Infolge des um einige Größenordnungen ($\sim 10^4$) größeren Absorptionsquerschnittes der Linien gegenüber der Kontinuumsabsorption kommt es schon in größeren Höhen zu einer völligen Absorption des Linienzentrums, ehe die Absorption der Linienflügel eine Rolle zu spielen beginnt. HUFFMAN und LARRABEE [75] haben im Bereich 58 ... 130,6 nm die Möglichkeit der Solarlinienabsorption durch atomare Sauerstoff-Linien geprüft. In der Tabelle 3 ist eine Auswahl von atomaren Sauerstoff-Linien gegeben, die stärkere Solarlinien absorbieren können. Diese Solarlinien sollten für atmosphärische Kompositionsuntersuchungen nicht herangezogen werden, da ihr gemessenes Intensitäts-Höhen-Profil schwierig zu interpretieren ist.

Es ist wichtig, in der Zukunft besonderes Augenmerk auf die Bereitstellung von genau vermessenen Linienprofilen solarer Emissionslinien zu legen.

Tabelle 3

Durch Linien des atomaren Sauerstoffs absorbierte Solarlinien

Solarlinie λ, nm	Identifizierung	OI-Linie λ, nm	$\Delta\lambda$ nm	Bemerkungen
130,60	O I	130,603	0	Resonanzlinienabsorption
130,49	O I	130,486	0	Resonanzlinienabsorption
130,22	O I	130,217	0	Resonanzlinienabsorption
102,57	HLyβ	102,576	<0,01	breite Solarlinie
98,98	N III	99,013	0,03	
93,78	HLy	93,784	<0,01	
93,07	HLy	93,089	0,02	
92,62	HLy	92,628	<0,01	
89,4	Al I	89,424	0,02	Linie verbreitert durch Autoionisation
83,529	O III	83,544	0,015	Bereich 83,53 —
83,447	O II	83,434	0,013	83,21 nm allgemein als nicht
83,293	O III	83,310	0,017	aufgelöst klassifiziert
78,77	O IV	78,818	0,05	Linie verbreitert durch Autoionisation
77,04	Ne VIII	77,035	<0,01	
76,10	O V	76,126	0,03	Linie verbreitert durch Autoionisation

3.3. Absorptionsverhalten anderer wichtiger atmosphärischer Gase

Aus der Vielzahl der im Bereich der Atmosphäre ablaufenden photochemischen Prozesse [78] wird bei der Darstellung des Absorptionsverhaltens der atmosphärischen Konstituenten neben den atmosphärischen Hauptkonstituenten nur auf die in der Hochatmosphäre wirksam werdenden Minorkonstituenten O_3, NO, H_2O und CO_2 eingegangen.

3.3.1. Ozon (O_3)

Das Ozon ist verantwortlich für die Absorption der Strahlung im Wellenlängenbereich 180 ... 350 nm (Abb. 4). Der atmosphärisch nur sehr wenig wirksame Wellenlängenbereich unterhalb 200 nm wurde experimentell durch TANAKA u. a. [79] untersucht. Der Fehler der Messungen beträgt $\pm 10\,\%$. In diesem Wellenlängenbereich dominiert die O_2-Absorption gegenüber der des O_3.

Der für die Photochemie des Ozons weitaus interessantere Wellenlängenbereich zwischen 200 ... 350 nm (Abb. 23, 24) wurde weitaus intensiver untersucht, wobei sowohl kontinuierliche Strahlungsquellen von INN und TANAKA [80] und GRIGGS [81] als auch Linienquellen durch HEARN [82] und DEHORE und RAPER [83] verwendet wurden. Dabei ist die ausgezeichnete Übereinstimmung von $\pm 2\,\%$ der Absorptionsdaten der genannten Autoren auffallend. Infolge der großen Reaktivität des Ozons ist jedoch ein systematischer Fehler nicht völlig auszuschließen. Wegen der großen Bedeutung des Ozons für die Energetik und Photochemie der Strato- und Mesosphäre sollten neben der absorptionsspektrometrischen Methode auch andere unabhängige Ozonbestimmungsmethoden angewendet werden, deren Resultate dann Schlüsse über die Qualität der Absorptionsquerschnitte zulassen. Infolge der niedrigen Ozon-Konzentration ist die Lösung dieser Aufgabe mit großen Schwierigkeiten verbunden.

3.3.2. Stickstoffmonoxid (NO)

Stickstoffmonoxid ist infolge der Ionisation durch die solare Ly-α-Strahlung neben dem molekularen Sauerstoff (Ionisation des metastabilen ($a^1\Delta_g$)-Zustandes) die Hauptquelle der Elektronen in der D-Region. Darüber hinaus spielt das NO als Folge seiner großen Reaktionsfreudigkeit auch eine wichtige Rolle in der Chemie des Höhenbereiches 90 ... 120 km. Das Absorptionsspektrum von NO wurde im Wellenlängenbereich zwischen 18 und 235 nm bestimmt. Der Bereich 134 ... 235 nm zeichnet sich durch scharfe Bandensysteme aus .Die Messungen von MARMO [84] und THOMPSON u. a. [85] zeigen deshalb starke Bandbreitenabhängigkeit. Von MARMO [84] identifizierte unterliegende Kontinua sind aus diesem Grunde wahrscheinlich auf überlappende Banden zurückzuführen. Der Absorptionsverlauf im Wellenlängenbereich

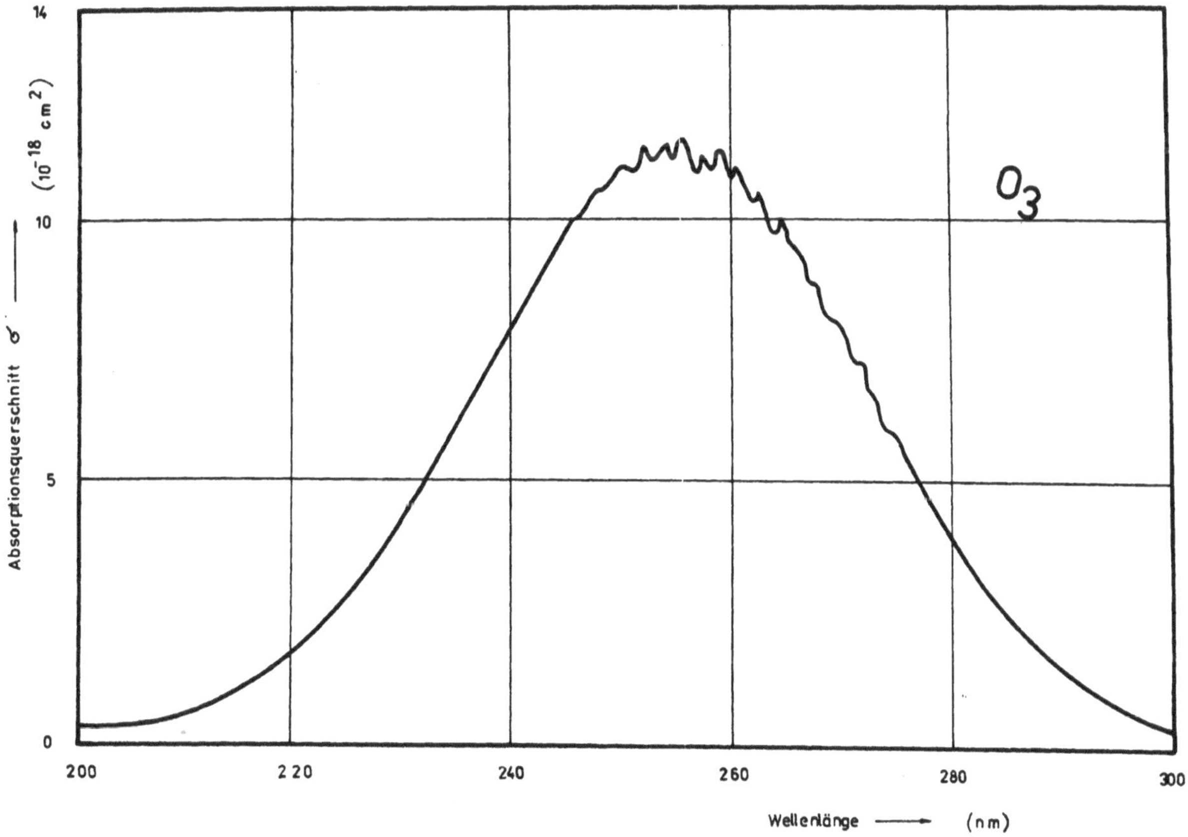

Abb. 23. Absorptionsquerschnitt von O_3 (HARTLEY-Banden)

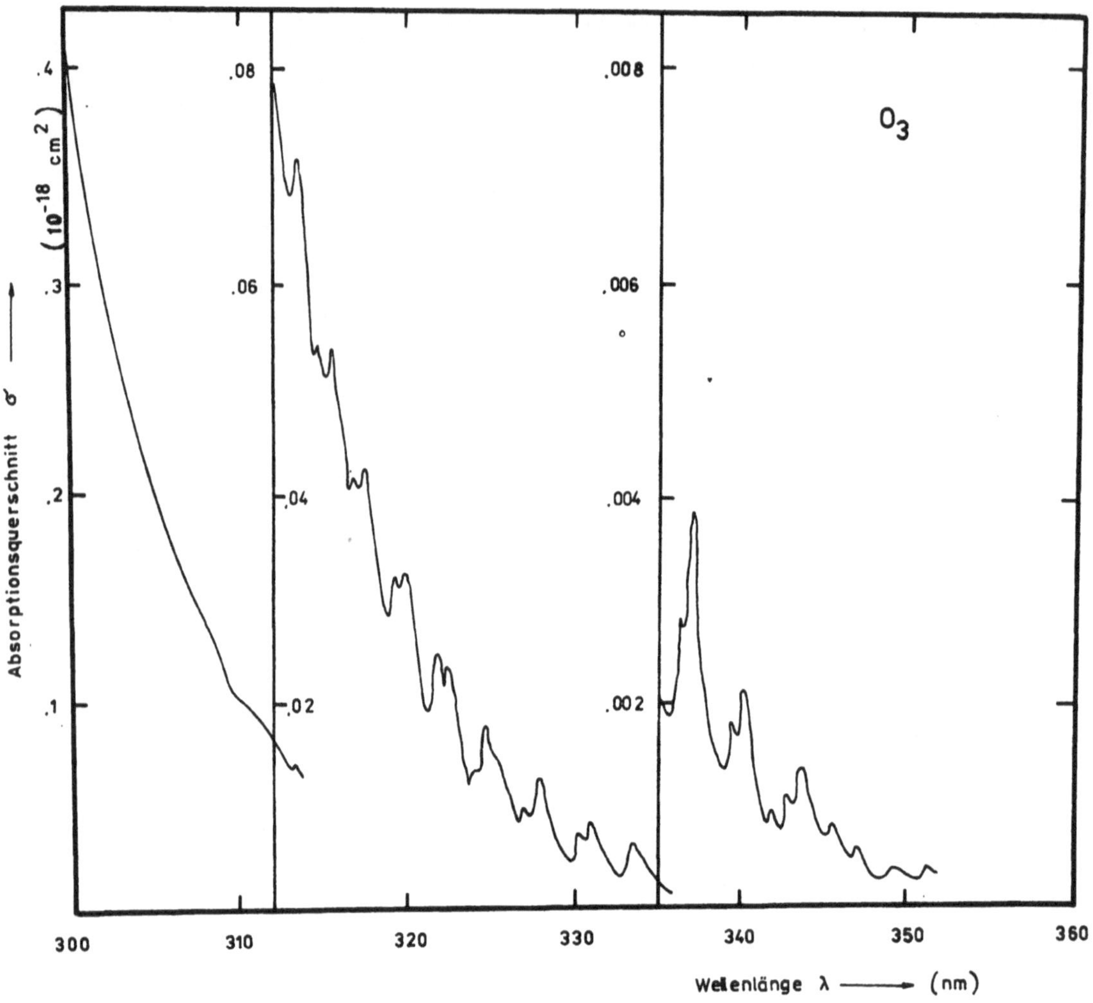

Abb. 24. HUGGINS-Banden des Ozons

zwischen 210 und 220 nm ist aeronomisch von besonderem Interesse, da er die intensive $\gamma(1,0)$-Bande des NO-Dayglow-Spektrums bei $\lambda = 214{,}864$ nm zur NO-Bestimmung enthält [86]. Neben dieser Bande gibt es einige besonders intensive Absorptionsbanden mit großer praktischer Bedeutung [85] (Abb. 25).

Von besonderem Interesse für Detektorfragen ist der Wellenlängenbereich 110 ... 135 nm mit der ersten Ionisationsgrenze des NO bei 135 nm (Abb. 26) (s. Kap. 5.1.1. und 8.1.1.). Neuere Messungen im Wellenlängenbereich unter 135 nm zur Absorption und Photoionisation wurden von WATANABE u. a. [87] mit einer Auflösung von 0,02 nm und von METZGER u. a. [88] durchgeführt. Unterschiede bis zu 50% zwischen den Meßwerten dieser Autoren könnten bei der starken Reaktivität des NO auf Verunreinigungseffekte des verwendeten Meßgases zurückzuführen sein. Der Wellenlängenbereich 18 ... 70 nm wurde von LEE u. a. [89] untersucht. Die Meßgenauigkeit betrug ± 5 bis ± 20%. Bei einer Auflösung von 0,05 nm zeigte der Absorptionsverlauf keine Struktur.

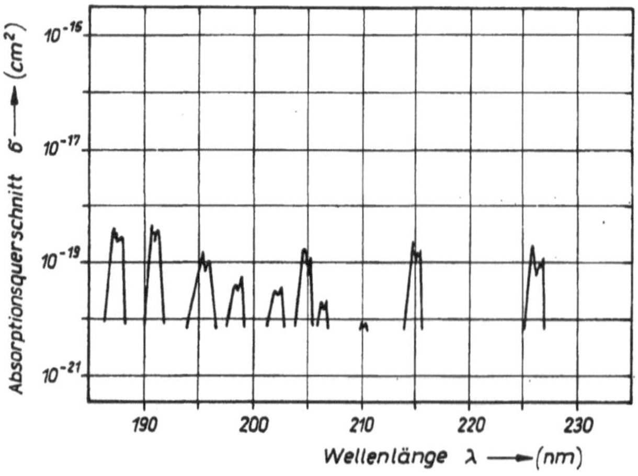

Abb. 25. Absorptionsbanden des NO (185–230 nm)

3.3.3. Wasserdampf (H_2O)

Die Wasserdampf-Dissoziation im Bereich der unteren Thermosphäre und oberen Mesosphäre ist die Hauptquelle der OH-Radikal-Produktion und in geringerem Maße eine Quelle für Wasserstoff (H_2) und atomaren Sauerstoff ($O(^1D)$) als Folge der Dissoziation durch die Ly-α-Strahlung. Darüber hinaus hätte eine höhere Wasserdampfdichte einen merklichen Einfluß auf das Wärmebudget in der Thermosphäre [90, 91] und auf die Ionisation in der D-Region.

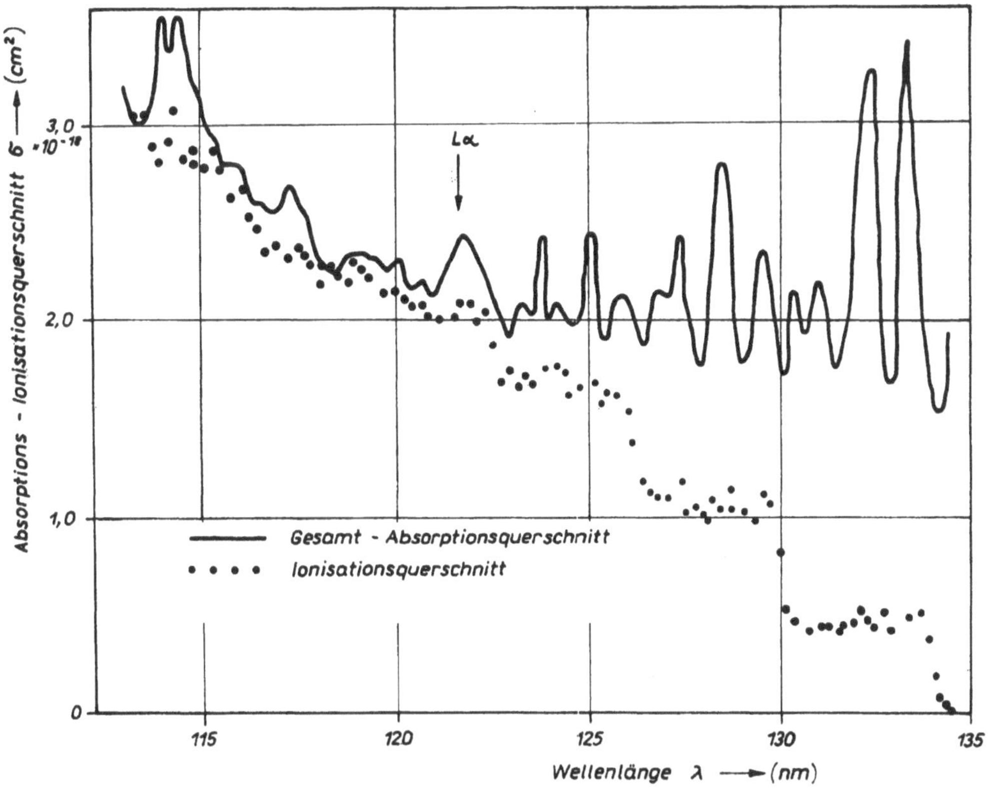

Abb. 26. Absorptions- und Ionisationsquerschnitt von NO jenseits der Ionisationsgrenze

Die Photodissoziation des Wasserdampfes beginnt bei etwa 240 nm. Die kontinuierliche Absorption zwischen 240 und 145 nm wurde von THOMPSON u. a. [85], SCHÜRGERS und WELGE [92] und WATANABE und JURSA [93] gemessen. Infolge des unstrukturierten Verlaufes der Absorption stimmen die Resultate dieser Autoren auf $\pm 10\%$ überein. Der Wellenlängenbereich zwischen 145 und 125 nm ist gekennzeichnet durch breite diffuse Banden [92, 94]. Bei Wellenlängen kleiner als 125 nm besitzt das H_2O-Absorptionsspektrum eine ausgeprägte Rotationsstruktur [92], die schwierig zu analysieren ist (Abb. 27).

JOHNS [95] hat in der 9. Ordnung bei extrem hoher Auflösung mit einer Wellenlängengenauigkeit von $\pm$ 0,0005 nm das Absorptionsspektrum von H_2O gemessen und analysiert. Die Wasserdampfabsorption im Wellenlängenbereich unter 105 nm ist aeronomisch nicht von großer Bedeutung, da sie durch die starke Hauptkonstituenten-Absorption in großen Höhen maskiert wird. Die angegebenen Absorptionsstrukturen [93, 96, 97] sind teilweise sehr widersprüchlich und deshalb auch nur mit äußerster Vorsicht zu verwenden.

3.3.4. Kohlendioxid (CO_2)

Kohlendioxid ist ein relativ inertes Gas. Im Wellenlängenbereich unter 200 nm wird es durch die Solarstrahlung zu Kohlenmonoxid (CO) und atomaren Sauerstoff dissoziiert. Das Kohlenmonoxid könnte dann nach STROBEL [98] in Reaktion mit OH oberhalb 80 km Höhe mit einem Maximum bei 100 ... 120 km als Senke für OH wirken. Der Absorptionsquerschnitt von CO_2 bleibt je-

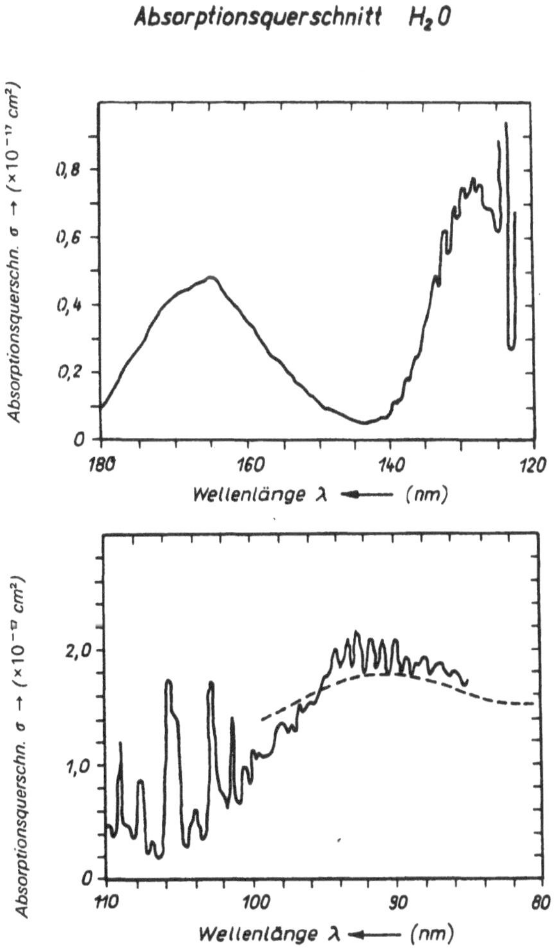

Abb. 27. Absorptionsquerschnitt von Wasserdampf ($\lambda < 180$ nm)

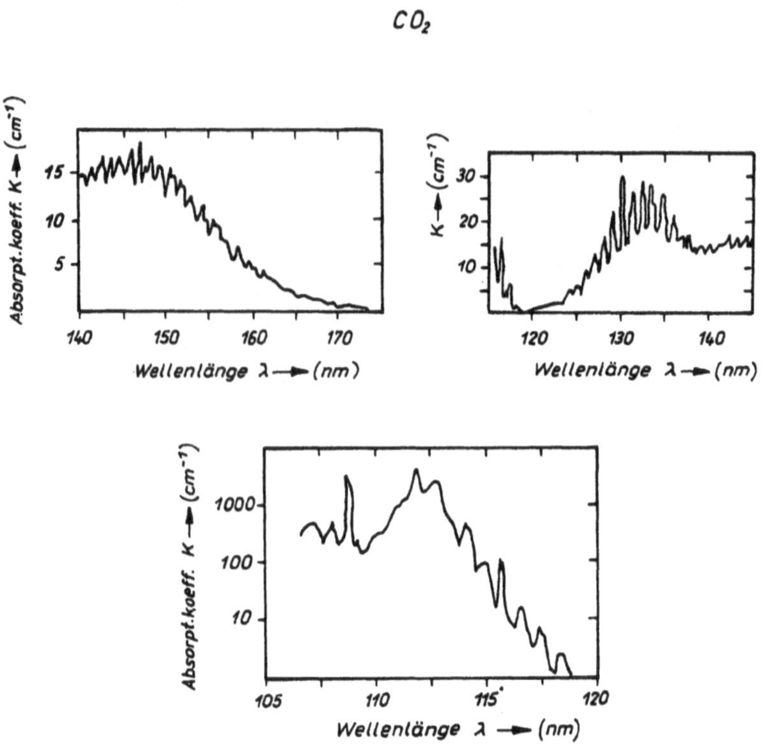

Abb. 28. Absorptionskoeffizient von CO_2 ($\lambda < 170$ nm)

doch bis etwa 175 nm unter 10^{-20} cm². Der Wellenlängenbereich unter 170 nm ist charakterisiert durch diffuse Banden, die einem Kontinuum überlagert sind [99, 100, 101] (Abb. 28). Die Absorption im Bereich der Ly-α-Strahlung mit einem Querschnitt von $\sigma = 7{,}3 \times 10^{-20}$ cm² hat eine gewisse Bedeutung für die Photodissoziation des CO_2 im Bereich der Mesopause. Die starken Banden unter 120 nm zeigen merkliche Bandbreitenabhängigkeit [102]. Die auffallend großen Unterschiede im Absorptionsquerschnitt unter 100 nm sind teilweise durch die unterschiedlichen Bandbreiten in den Meßapparaten der einzelnen Autoren [102, 103, 104] zu erklären. Es scheint notwendig, durch neue Messungen Klarheit in die recht unübersichtliche Situation zu bringen.

4. Die Solarstrahlung als Strahlungsquelle für aeronomische Meßzwecke

4.1. Überblick über den aeronomisch wichtigen Teil des Sonnenspektrums

Die spektrale Intensitätsverteilung der Sonnenstrahlung im sichtbaren Teil des Spektrums und darüber hinaus in den infraroten Bereich hinein entspricht weitgehend der Strahlung eines schwarzen Körpers bei einer Temperatur von 5900 K (Abb. 29). Im ultravioletten Teil des Spektrums fällt der Strahlungsfluß der Solarstrahlung sehr stark ab und entspricht bei einer Wellenlänge von 240 nm nur noch einer Schwarzkörperstrahlung von 5000 K. Bei Wellenlängen 150 ... 160 nm erreicht die effektive Strahlungstemperatur ihren Minimalwert von etwa 4500 K (Abb. 30). Zu kürzeren Wellenlängen folgt die Solarstrahlung dann noch etwa der Strahlung eines schwarzen Körpers mit einer Strahlungstemperatur von 5000 K bis zu einer Wellenlänge von 135 nm, wobei zwischen 210 und 150 nm auffallende Strukturierung durch solare Absorptionslinien (Fraunhofer-Spektrum) auftritt. Die letzten Absorptionslinien verschwinden nahe 150 nm, während die ersten Emissionslinien bei etwa 175 nm erscheinen.

Bis zu einer Wellenlänge von 135 nm läßt sich der Zusammenhang zwischen der abgestrahlten Strahlungsleistung und der Strahlungstemperatur analytisch noch eindeutig durch das PLANCKsche Strahlungsgesetz in der Form:

$$Q = \frac{8 \cdot \pi \cdot \beta}{c^2} \cdot \frac{k^3}{h^3} \cdot T^3 \cdot \exp\left(-\frac{h \cdot \nu}{kT}\right) \left[\left(\frac{h}{kT} + 1\right)^2 + 1\right], \tag{6}$$

β Verdünnungsfaktor $5{,}4 \cdot 10^{-6}$
c Lichtgeschwindigkeit $2{,}998 \cdot 10^{10}$ cm · s⁻¹
k BOLTZMANN-Konstante $1{,}38 \cdot 10^{-16}$ erg · grad⁻¹,
h PLANCKsches Wirkungsquantum $6{,}62 \cdot 10^{-27}$ erg · s⁻¹
T absolute Temperatur in Kelvin,
ν Frequenz der Strahlung in s^{-1},

beschreiben. Der Wellenlängenbereich unter 135 nm wird wesentlich durch chromosphärische und coronale Emissionslinien charakterisiert. obwohl im Bereich des

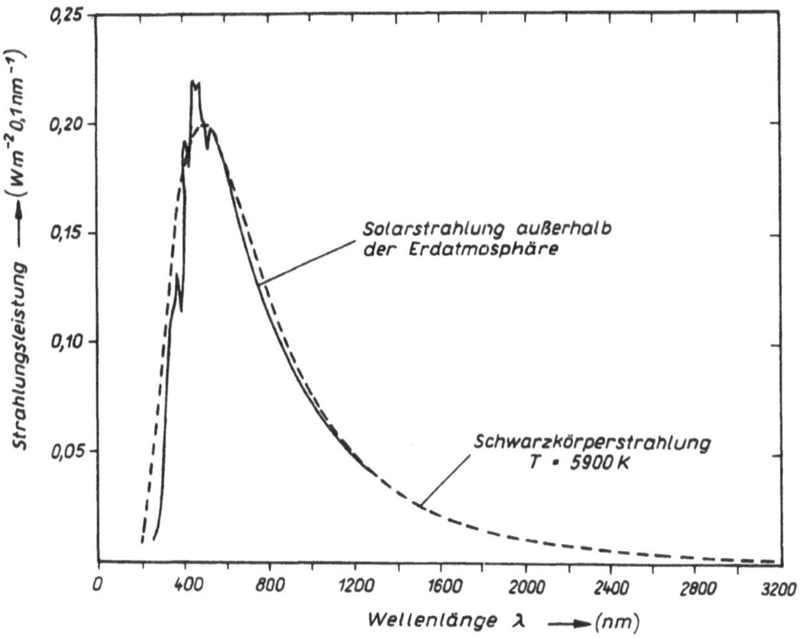

Abb. 29. Spektraler Verlauf der Sonnenstrahlung (halbquantitativ)

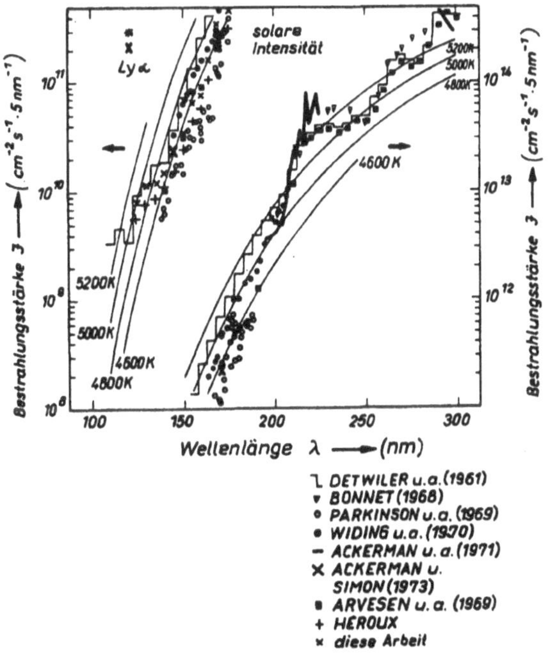

Abb. 30. UV-Strahlung der Sonne (100–300 nm)

Ly-Kontinuums die Strahlungstemperatur bei 80 nm etwa 7000 K erreichen kann. Die Linien Ly-α und Ly-β der LYMAN-Serie des atomaren Wasserstoffs bei $\lambda = 121{,}567$ nm bzw. $\lambda = 102{,}572$ nm und die Linie C III des 2fach ionisierten Kohlenstoff-Atoms bei $\lambda = 97{,}702$ nm beherrschen dabei den Wellenlängenbereich zwischen 135 nm und der oberen Grenze des Ly-Kontinuums. Im Anschluß an die untere Grenze des Ly-Kontinuums bei 80 nm bestimmt eine große Zahl von Linien ionisierter Atome wesentlich das Solarspektrum. Die intensivsten Linien in diesem Wellenlängenbereich sind dabei die des 4fach ionisierten Sauerstoffs O V bei $\lambda = 62{,}97$ nm, die Resonanzlinie des elektrisch neutralen Heliums HeI bei $\lambda = 58{,}43$ nm und die Linie des einfach ionisierten Heliums HeII bei $\lambda = 30{,}38$ nm. Abb. 31 illustriert die spektrale Intensitätsverteilung der Solarstrahlung durch einen Scan im Bereich zwischen 125 nm und 25 nm.

4.2. Variabilität des solaren Strahlungsflusses

Die Wirkung des solaren ultravioletten Strahlungsflusses durch Absorption im Wellenlängenbereich unterhalb 300 nm auf die Hochatmosphäre und speziell für Wellenlängen kleiner als 200 nm für den Bereich der Mesosphäre und Thermosphäre ist sehr stark [105, 106, 107, 108]. Eine Konsequenz daraus ist die immer wieder geforderte genaue Kenntnis des solaren Strahlungsflusses und seiner Variabilität in besonders ausgezeichneten Wellenlängenbereichen und einzelnen Linien [107]. Die Variabilität des solaren Strahlungsflusses ist dabei eine Folge der unterschiedlichen Aktivität der Sonne. Kontinua und Emissionslinien der Sonne entstehen in verschiedenen Schichten der solaren Atmosphäre. Sie zeigen daher einen unterschiedlichen Grad der Variabilität. Coronale Emissionslinien bei kürzeren Wellenlängen sind weitaus variabler als Kontinua, die in niedrigeren Schichten der Sonnenatmosphäre entstehen. Typische Zeitskalenwerte sind dabei:

- Minuten (flares),
- Tage (Entstehen von aktiven Regionen),
- 27tägige Sonnenrotation,
- 11jähriger Solarzyklus,
- Perioden größer als 11 Jahre, die durch langjährige Veränderungen der Sonnenaktivität begründet sein könnten, deren Beweis aber noch aussteht [109].

Aktive Flächen (plagues) sind dabei die Hauptquellen der solaren UV-Variabilität. Über einen Solarzyklus

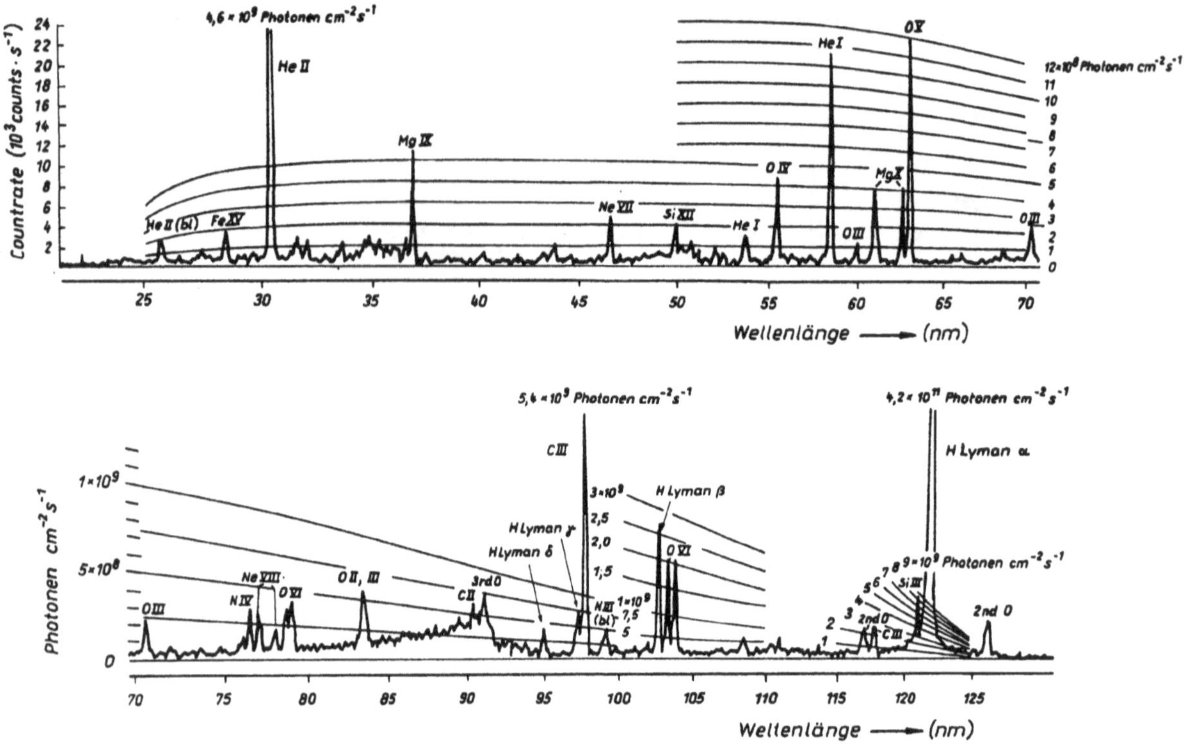

Abb. 31. Scan der solaren UV-Strahlung (25 – 125 nm)

gelten etwa die folgenden charakteristischen Variabilitätswerte:

- $< 2\%$ bei Wellenlängen größer als 210 nm,
- 8% im Kontinuum bei 210 nm,
- 20% im Kontinuum bei 190 nm,
- 70% bei Ly-α (121,57 nm),
- bis zu 200% bei einigen Emissionslinien im Bereich 120 ... 180 nm,
- Faktor 4 bei coronalen Linien für $\lambda < 100$ nm.

Den Einfluß der Solaraktivität auf das solare Emissionsvermögen in den verschiedenen Wellenlängenbereichen demonstriert Abb. 32 für 4 unterschiedliche Solarbedingungen in halbquantitativer Form. Auffallend ist der zunehmende Unterschied in den solaren Emissionsbedingungen mit abnehmender Wellenlänge besonders für Wellenlängen kleiner als 100 nm.

COOK u. a. [110] und BRUECKNER [111] haben den Versuch gemacht, im Wellenlängenbereich zwischen 110 und 210 nm die Variabilität des mittleren Strahlungsflusses der ganzen Sonnenscheibe über ein großes Zeitintervall (Monate – Jahre) für unterschiedliche Werte von Standard-Aktivitätsindizes durch ein 2-Komponenten-Modell (CBV-Modell) zu beschreiben. Analytisch wird der solare spektrale Strahlungsfluß dabei ausgedrückt durch:

$$F_\lambda = \pi \langle I_Q \rangle_{\text{disk}} \, [f \cdot C_\lambda + (1 - f)] \qquad (7)$$

$$\text{mit } f = 6{,}25 \cdot 10^{-4} \cdot R_z ,$$

$\langle I_Q \rangle$ mittlerer Strahlungsfluß der ruhigen Sonne über die ganze Sonnenscheibe,
f der Teil der Sonnenscheibe, bedeckt mit Sonnenflecken, zur Gesamtfläche der Sonne [112],
C_λ Kontrast-Faktor der Wellenlänge,
R_z Züricher Sonnenfleckenrelativzahl.

Praktisch wird so verfahren, daß aus den für ruhige und aktive Sonnenbedingungen gemessenen Emissionsverhältnissen ein Intensitätskontrast bestimmt wird, der es gestattet, nach Gleichung (7) den aktuellen Strahlungsfluß zu berechnen. Abb. 33 zeigt die so gewonnene Variabilität einiger ausgewählter Wellenlängen über den starken Solarzyklus 19 [110]. Ein Vergleich zwischen den von HINTEREGGER [113] im EUVS-Experiment (AE-E) gewonnenen Solardaten und den nach dem CBV-Modell [110] berechneten Strahlungsflußwerten gibt zwischen 140 nm und 180 nm eine gute Übereinstimmung, wie Abb. 34 zeigt. Gute Übereinstimmung zeigen ebenfalls die nach dem CBV-Modell berechneten und die von MOUNT u. a. [114] gemessenen Solarstrahlungswerte für das UV-Kontinuum im Bereich zwischen 140 nm und 210 nm. Für einige intensive Linien liefert das Modell jedoch zu kleine Werte. Grundsätzlich enthält die Gleichung (7) zwei wesentliche Fehlerquellen:

a) den Fehler im absoluten Strahlungsfluß $\langle I_Q \rangle$ der ruhigen Sonne,
b) den Fehler in der Sonnenfleckenrelativzahl R_z.

Eine mögliche Fehlerverringerung und damit eine bessere Anpassung der Modellwerte an die wahren Flußwerte ist zu erreichen, indem die Züricher Sonnenfleckenrelativzahl R_z durch den gemessenen CaIIK$_3$-Index ersetzt wird. Gleichung (7) ändert sich dann zu:

$$F_\lambda' = 1 + V_\lambda \cdot [(\text{CaIIK}_3 - 0{,}0574) \cdot 9{,}25 \cdot 10^3] F_Q ,$$

F_Q Strahlungsfluß der ruhigen Sonne,
V_λ Variabilitätsindex,
CaIIK$_3$ Kontrastindex.

Gegenwärtig liegt im Wellenlängenbereich unter 200 nm die Unsicherheit gemessener solarer Strahlungsflußwerte bei ± 20—25%. Sie resultiert aus der Eichunge-

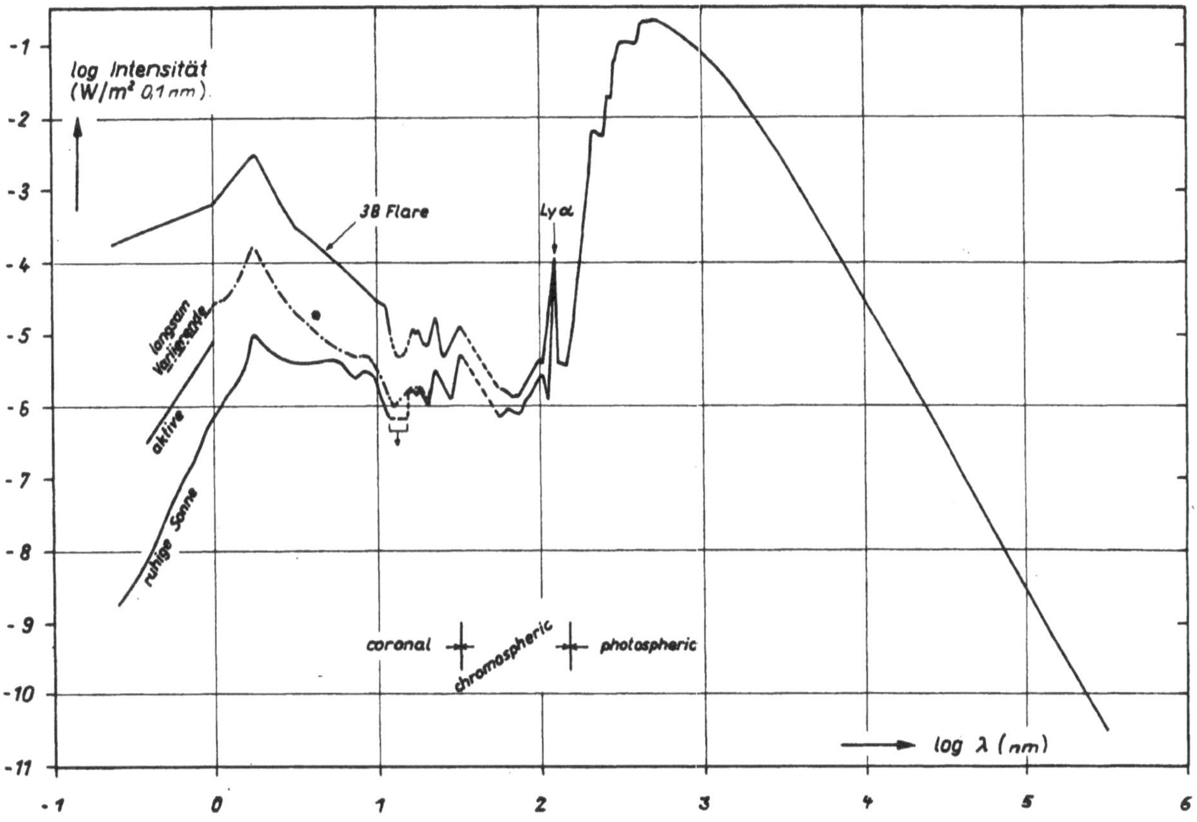

Abb. 32. Sonnenstrahlung bei unterschiedlicher Aktivität der Sonne

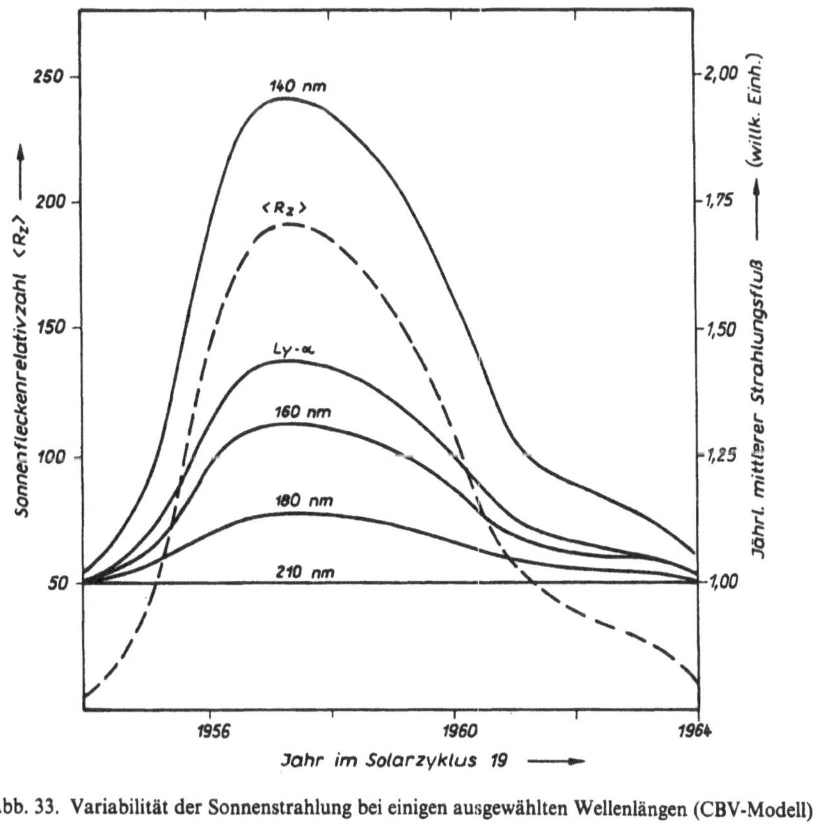

Abb. 33. Variabilität der Sonnenstrahlung bei einigen ausgewählten Wellenlängen (CBV-Modell)

nauigkeit, deren Größe bei ± 10% liegt [115], und aus Fehlern, die durch den Einsatz im Weltraum bedingt sind. Dazu gehören Kontaminationen von Oberflächen, Empfindlichkeitsabfälle durch Strahlungseinflüsse, Telemetrieungenauigkeiten usw. Diese Fehler liegen in der Größe zwischen ±10% und ±15% und können in Einzelfällen noch beträchtlich größer werden. Läßt sich eine Fehlerverringerung der gemessenen VUV-Fluxwerte auf ± 5% nicht erreichen, so sollte nach Empfehlung von Cook u. a. [110] das CBV-Modell nicht für aeronomische Aufgabenstellungen zur Anwendung kommen. Bei Beschränkung auf einen zeitlich begrenzten Teil eines Solarzyklus stellt das EUV-Variabilitätsmodell die aktuellen Emissionsverhältnisse gut dar (Abb. 34) [113].

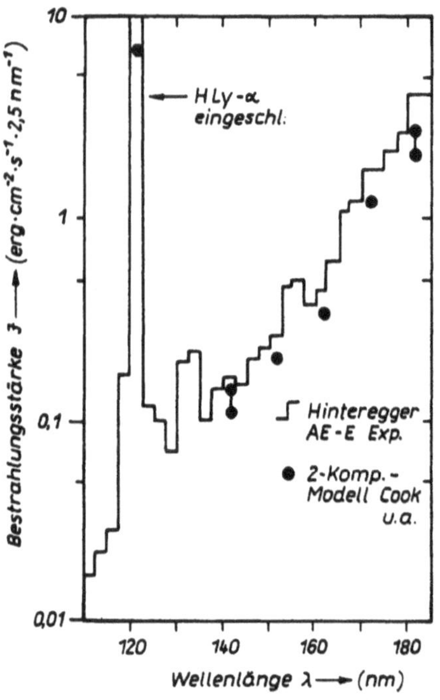

Abb. 34. Gemessene und berechnete solare UV-Strahlung

Gute Übereinstimmung zwischen EUV-Fluxes und den unter Verwendung von Nicht-EUV-Indizes berechneten Solarflux-Werten haben Hinteregger [113] und Torr u. a. [116] für den Zeitraum 1977 ... 1979 des Solarzyklus 21 gefunden. Dabei wurde der 10,7-cm-Fluß benutzt und sowohl eine einparametrige Anpassung der Form:

$$\Phi_A = A_0 + A_1 \cdot F_{10,7}\,, \tag{9}$$

$F_{10,7}$ täglicher 10,7-cm-Fluß,

als auch eine zweiparametrige Anpassung der Form:

$$\Phi_B = B_0 + B_1 \cdot \overline{F_{10,7}} + B_2(F_{10,7} - \overline{F_{10,7}})\,, \tag{10}$$

$\overline{F_{10,7}}$ 81tägiges Mittel des 10,7 cm-Flusses,

durchgeführt. Als Beispiel für die gute Korrelation zwischen den nach Gleichung (10) berechneten Strahlungsflußwerten und den aktuell gemessenen sind für den 9. 11. 1979 die Ly-α-Strahlung und die Strahlung der HeII-Linie bei 30,4 nm angeführt:

$\lambda = 121{,}6$ nm $\Phi_{\text{ber.}} = 1{,}01 \cdot 10^{16}$ Photonen $\cdot$ cm$^{-2} \cdot$ s^{-1},
$\Phi_{\text{gem.}} = 9{,}15 \cdot 10^{15}$ Photonen $\cdot$ cm$^{-2} \cdot$ s^{-1};
$\lambda = 30{,}4$ nm $\Phi_{\text{ber.}} = 2{,}01 \cdot 10^{14}$ Photonen $\cdot$ cm$^{-2} \cdot$ s^{-1},
$\Phi_{\text{gem.}} = 2{,}07 \cdot 10^{14}$ Photonen $\cdot$ cm$^{-2} \cdot$ s^{-1}.

Hinteregger [115] hat festgestellt, daß sich die Koeffizienten von einem Solarzyklus zum anderen ändern, und daß auch innerhalb eines Zyklus über einen großen Wellenlängenbereich nicht notwendig eine Parameterisierung gültig sein muß. Schmidtke [117] hat eine ähnlich gute Korrelation nicht gefunden und deshalb wegen der großen Bedeutung des Solarflusses für solar-terrestrische Beziehungen für die Zukunft auf die Notwendigkeit hingewiesen, Schritte zu unternehmen, die in befriedigender Weise VUV-Solardaten von Tag zu Tag bereitstellen. Läßt sich dieses Problem nicht durch eine zeitlich lückenlose, mit einer Absolutgenauigkeit von ± 5% durchgeführte Überwachung der Sonne lösen, ist es nötig, Parameterisierungen der Solarstrahlung zu finden, die unter Verwendung von wahren VUV-Indizes bessere theoretische Strahlungsflüsse anzugeben gestatten, als es bisher möglich war.

4.3. Die Solarstrahlung in aeronomisch wichtigen Wellenlängenbereichen

Die vorangehenden Betrachtungen haben verdeutlicht, daß es zwar hoffnungsvolle Ansätze dafür gibt, die Solarstrahlung durch klassische, auf der Erde meßbare solare Indizes zu beschreiben, daß aber das gegenwärtig vorliegende Beobachtungsmaterial nicht ausreicht, um z. B. für weitergehende theoretische Betrachtungen die Solarstrahlung durch bekannte solare Indizes anzunähern. Schmidtke [117] schlägt aus diesem Grunde die Verwendung von solaren VUV-Indizes der Form EUV_x bzw. EUV_{y-z} vor. Der Zahlenwert charakterisiert den jeweiligen Strahlungsfluß in den Einheiten μW · m^{-2}, wobei der Index x die Wellenlänge, die Indizes y und z die untere und obere Grenze des Wellenlängenbereiches für den Strahlungsfluß angeben. Dabei ist es zweckmäßig, je nach Aufgabenstellung mehr oder weniger Linien und Wellenlängenbereiche zusammenzufassen. Schmidtke [117] bezieht sich bei seinen Betrachtungen speziell auf den Wellenlängenbereich 103 ... 15 nm. Ein Beispiel dieser Art für den 19. 01. 1973 ist der Inhalt der Tabelle 4. Gegenwärtig laufen theoretische Untersuchungen, die sich damit beschäftigen, die Parameterisierung des solaren Strahlungsflusses auf den Spektralbereich des Schumann-Runge-Kontinuums zu erweitern, um diese wichtige Energiequelle für die Hochatmosphäre zu erfassen [118].

4.3.1. Der Wellenlängenbereich 130 ... 175 nm

Wegen der starken Absorption des molekularen Sauerstoffs ist der Wellenlängenbereich 130 ... 175 nm von großer aeronomischer Bedeutung für die Energiebilanz der unteren Thermosphäre und oberen Mesosphäre.

Messungen des spektralen Strahlungsflusses der Solarstrahlung dieses Wellenlängenbereiches reichen zurück bis in die 2. Hälfte des Solarzyklus 19. In Abb. 35 sind Messungen für den Zeitraum 1961 ... 1979 zusammengefaßt. Die Messungen wurden auf Raketen und Satelliten sowohl mit photoelektrischen als auch mit photographischen Methoden durchgeführt. Ein systematischer Unterschied zwischen den durch unterschiedliche Techniken erhaltenen Daten ist nicht zu verzeichnen. Die von STARK u. a. [119] angegebenen Daten wurden aus photometrischen Breitbandmessungen unter Verwendung der von HEROUX und SWIRBALUS [120] angegeben Spektralverteilung abgeleitet. Die Daten von STARK u. a. [119], HEROUX und SWIRBALUS [120] und ACKERMAN und SIMON [121] resultieren aus Beobachtungen der ganzen Sonnenscheibe, die der anderen in Abb. 35 erwähnten Autoren beziehen sich auf räumlich begrenzte Teile der

Tabelle 4
Solare Indizes

Wellenlänge Wellenlängenbereich (nm)	Zuordnung	Energieflux ($\mu W \cdot m^{-2}$)	Photonenflux ($10^{12} \cdot m^{-2} \cdot s^{-1}$)
103,8 + 103,2	O VI	86	45
102,57	H Ly-β	77	40
99,10	N III	14	7
97,70	C III	106	52
97,25	H Ly-γ	16	8
94,97	H Ly-δ	9	4
94,45	S VI	3	1
102,7 — 91,1	unaufgelöst	45	22
91,1 — 89,0	H Kont.	92	42
89,0 — 86,0	H Kont.	81	36
83,42	O II, III	14	6
86,0 — 83,0	H Kont.	45	19
83,0 — 80,0	H Kont.	23	10
91,1 — 80,0	unaufgelöst	10	4
79,02 + 78,77	O IV	14	5
77,04	Ne VIII	7	3
80,0 — 77,0	H Kont.	16	6
76,04	O V	6	2
77,0 — 74,0	H Kont.	10	4
70,34	O III	8	3
80,0 — 63,0	unaufgelöst	25	9
62,97	O V	60	19
62,53	Mg X	15	5
60,98	Mg X	31	9
58,43	He I	55	16
55,44	O IV	26	7
52,11	Si XII	12	3
50,4 — 47,0	He I Kont.	47	12
49,93	Si XII	15	4
46,52	Ne VII	10	2
63,0 — 46,0	unaufgelöst	37	10
46,0 — 37,0	unaufgelöst	33	7
36,81	Mg IX	44	8
36,07	Fe XVI	18	3
33,54	Fe XVI	40	7
30,38	He II	572	87
28,41	Fe XV	63	9
37,0 — 28,0	unaufgelöst	221	36
28,0 — 23,1	unaufgelöst	359	46
23,1 — 20,5	unaufgelöst	190	21
20,5 — 17,6	unaufgelöst	761	73
17,6 — 15,5	unaufgelöst	142	12

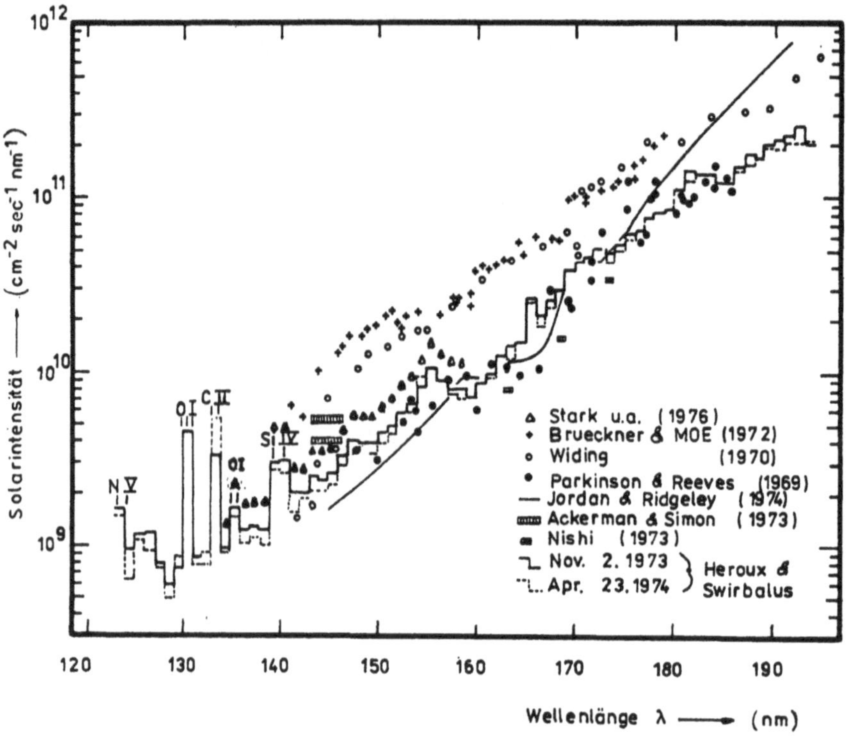

Abb. 35. Gemessene solare Bestrahlungsstärke (130 — 190 nm)

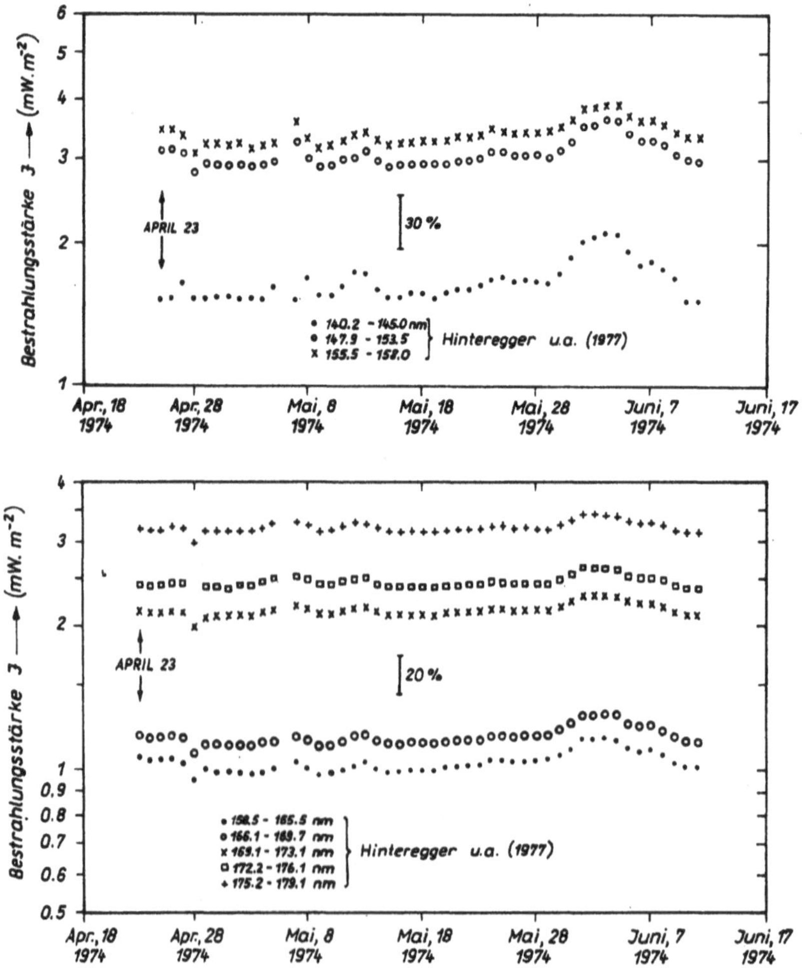

Abb. 36a und 36b. Solare Bestrahlungsstärke für 2 Rotationsperioden

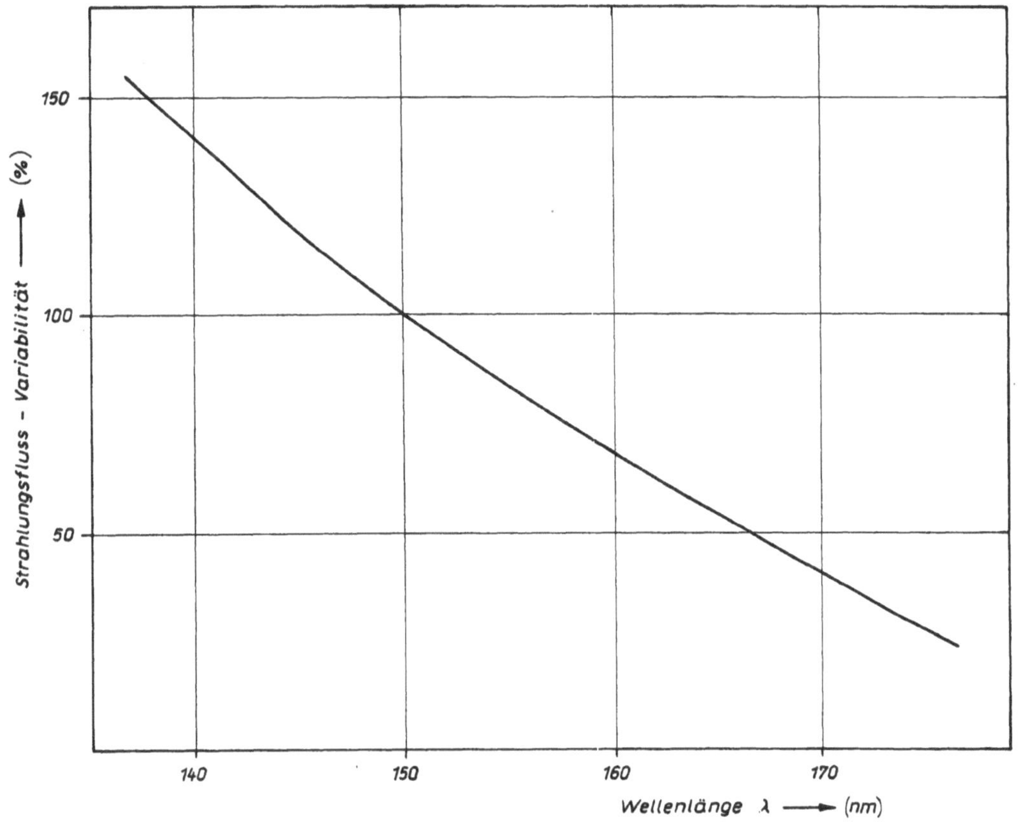

Abb. 37. Variabilität der Solarstrahlung (135–175 nm)

Sonnenscheibe. SAMAIN u. a. [122] haben für diesen Wellenlängenbereich eine merkliche Mitte-Rand-Verdunklung gefunden. Die Datengenauigkeiten der einzelnen Autoren bewegen sich zwischen ±15 und ± 30% [123]. Eine ausgeprägte Abhängigkeit des Solarflusses innerhalb einer solaren Rotationsperiode wurde trotz gründlicher Untersuchungen von HINTEREGGER u. a. [124] innerhalb des Solarzyklus 20 nicht festgestellt (Abb. 36 a und b). TORR u. a. [116] haben bei neueren Messungen auf den AE-Satelliten aber eine, wie Abb. 37 zeigt, ausgeprägte Zyklusabhängigkeit des Solarflusses gefunden, die bei 135 nm einen Faktor größer als 2, bei 175 nm etwa 10% erreicht. Die Variabilität von mehr als 100% bei 135 nm scheint in Anbetracht der weitaus kleineren Variabilität bei Ly-α (121,6 nm) zu hoch und sollte als ein Geräteeffekt zu deuten sein.

4.3.2. Die Lyman-α-Linie

Die solare Ly-α-Strahlung des atomaren Wasserstoffs bei $\lambda = 121{,}6$ nm hat durch die Ionisation von NO für die Bildung der ionosphärischen D-Region eine große Bedeutung für die Hochatmosphäre. Infolge des

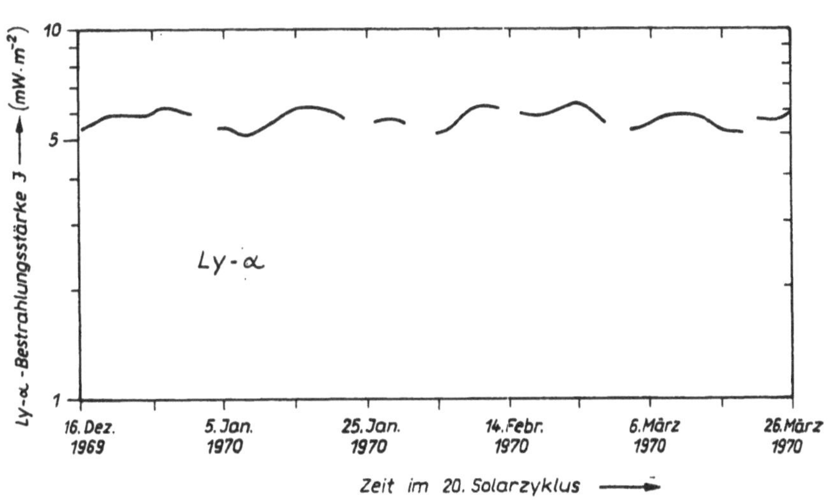

Abb. 38. Variabilität der solaren Ly-α-Strahlung (3 Rotationsperioden)

relativ geringen Absorptionsquerschnittes des molekularen Sauerstoffs bei der Wellenlänge der Ly-α-Strahlung dringt diese weit in die Mesosphäre ein. Sie ist die intensivste Linie des Sonnenspektrums. Ihre Intensität entspricht der des gesamten Strahlungsflusses der Sonne für Wellenlängen kleiner als 150 nm.

Seit der ersten Messung der Ly-α-Strahlung durch FRIEDMAN u. a. [125] auf einer Rakete im Jahre 1949 wurden etwa 40 Messungen mit unterschiedlichen Techniken durchgeführt. Einen umfassenden Überblick gibt die Arbeit von VIDAL-MADJAR [126]. Gegenwärtig wird ein allgemein akzeptierter mittlerer Integralwert des Strahlungsflusses der Ly-α-Linie von $\Phi = 3{,}0 \cdot 10^{11}$ Photonen $\cdot$ $cm^{-2} \cdot s^{-1}$ anerkannt. Da die Ly-α-Strahlung stark an aktive Regionen auf der Sonne gebunden ist, ist eine enge Korrelation dieser Strahlung mit der Sonnenaktivität, d. h. ein ausgeprägter Zusammenhang mit der 27tägigen Sonnenperiode und dem 11jährigen Solarzyklus zu erwarten. Die in Abb. 38 angegebene Ly-α-Strahlungsfluß-Variabilität von 30% für die solare Rotationsperiode Dezember 1969—März 1970 wurde durch VIDAL-MADJAR [127] bestätigt, doch muß bemerkt werden, daß diese Variabilität von der gleichen Größe wie die von den Autoren angegebenen, absoluten Genauigkeiten ist. Größere Variabilitäten von 60 – 70% werden jedoch auch angegeben [128]. HINTEREGGER [113]

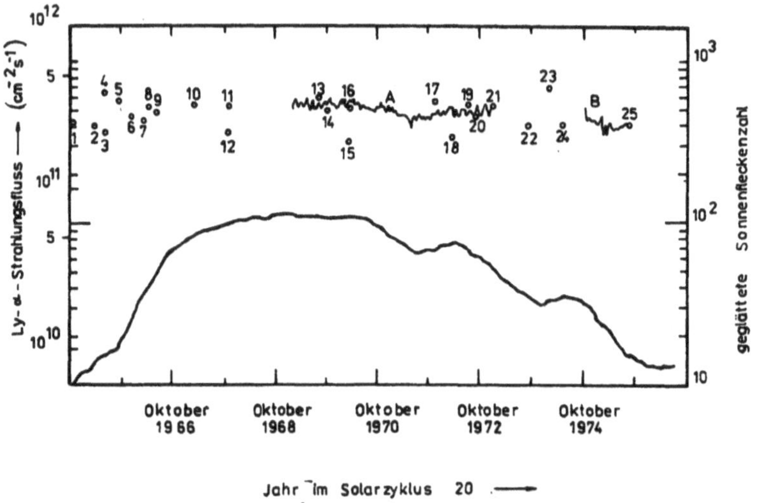

Abb. 39. Variabilität der solaren Ly-α-Strahlung im Solarzyklus 20

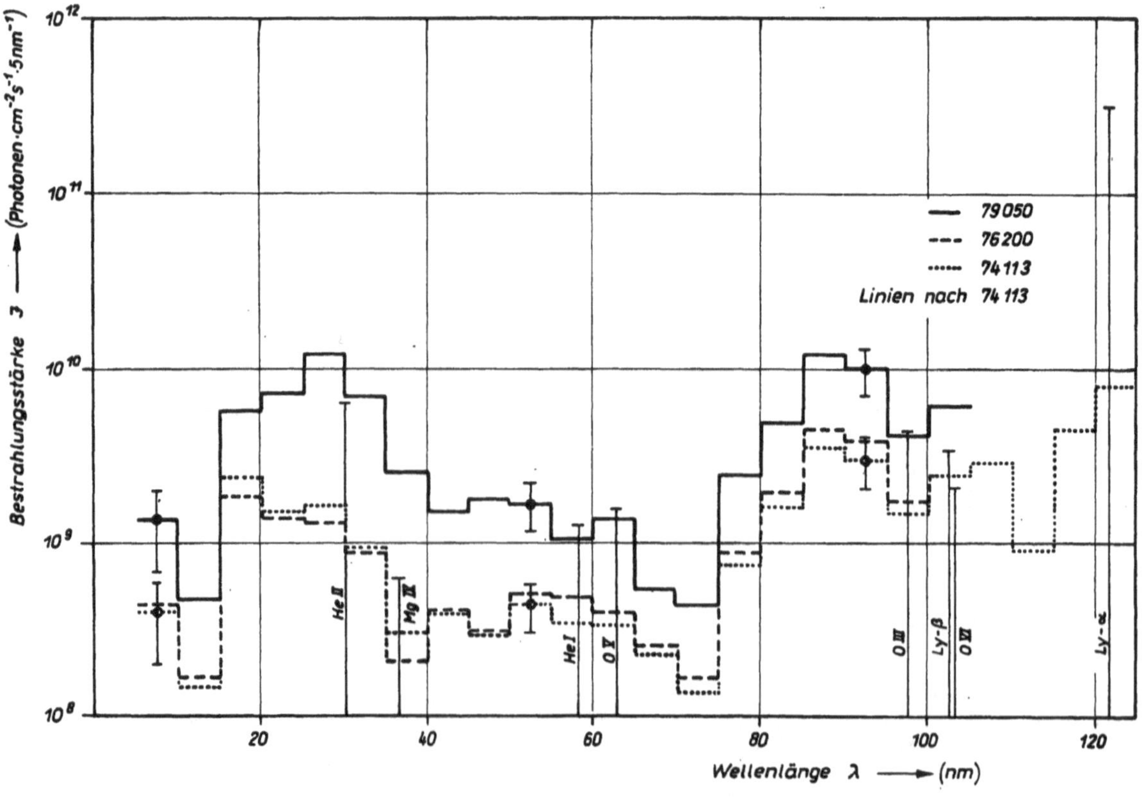

Abb. 40. Gemessene Solarstrahlung (λ < 130 nm)

hat eine ausgeprägte Korrelation der Ly-α-Strahlung sowohl mit dem täglichen $F_{10,7}$-Fluß als auch mit dem 81tägigen Mittelwert $\langle F_{10,7} \rangle$ gefunden. Der von DELABOUDINIERE u. a. [123] in Abb. 39 angegebene Vergleich der Ly-α-Messungen über den gesamten Solarzyklus 20 läßt keinen eindeutigen Zusammenhang zwischen der Ly-α-Strahlung und der Sonnenaktivität erkennen.

Neuere Untersuchungen von LEAN und SKUMANICH [129] zeigen jedoch eine eindeutige Zyklusvariabilität der Ly-α-Strahlung in Übereinstimmung mit den Daten aus 11 Raketenmessungen und den Messungen auf dem Satelliten OSO 5 in der Periode 1969 – 1980. Wichtig für die Verwendung des Ly-α-Strahlungsflusses für aeronomische Zwecke ist die Tatsache, daß die einzelnen Teile der Ly-α-Linie unterschiedliche Variabilität zeigen [127]. Praktisch ist aus diesem Grunde die Verwendung der ganzen Linie zu empfehlen.

4.3.3. Der Wellenlängenbereich unterhalb 130 nm

Im Wellenlängenbereich zwischen 130 nm und der Grenzwellenlänge für einsetzende Ionisation von O_2 bei 102,7 nm dominiert die solare Ly-α-Linie (Abb. 31). Der Strahlungsbereich unterhalb 102,7 nm ist infolge der Photoionisation des O_2 von Wichtigkeit für die Bildung der ionosphärischen Schichten und den Wärmefluß der solaren VUV-Energie über die gebildeten Photoelektronen und Ionen auf die Neutralgasteilchen. Die Strahlung ist im wesentlichen chromosphärischer und coronaler Herkunft. Abb. 40 zeigt die spektrale Bestrahlungsstärke der Strahlung dieses Wellenlängenbereiches bis 5 nm in 5-nm-Schritten im Zeitraum April 1974 bis März 1979. Dabei sind die Strahlungsflüsse für extrem niedrige Sonnenaktivität ($F_{10,7} = 68{,}0 \cdot 10^{-22}$ W · m^{-2} · Hz^{-1} für die Messung 76200) und hohe Sonnenaktivität ($F_{10,7} = 243{,}0 \cdot 10^{-22}$ W · m^{-2} · Hz^{-1} für die Messung 79050), durchgeführt auf dem Satelliten AE-E [130], sowie das aeronomische Referenzspektrum 74113 ($F_{10,7} = 71{,}0 \cdot 10^{-22}$ W · m^{-2} × Hz^{-1}) [131] dargestellt. Der Strahlungsfluß der stärksten Linien des Referenzspektrums 74113 ist in der Darstellung enthalten. Abb. 41 verdeutlicht die Variabilität der Linien mit der Sonnenaktivität. Der Variabilitätsfaktor beträgt 2 – 3. Die Intensitätswerte haben im Wellenlängenbereich 15 ... 125 nm eine Genauigkeit von ± 30%, im Wellenlängenbereich 5 ... 15 nm von ± 50%.

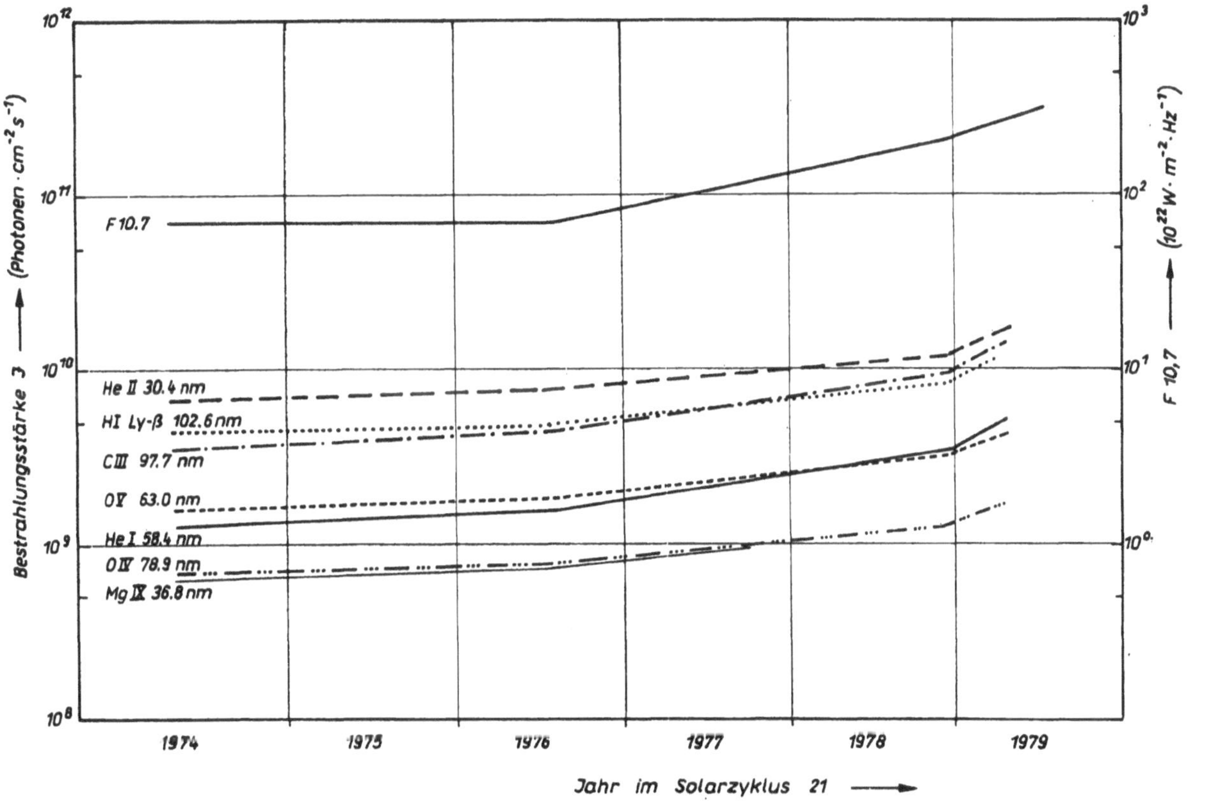

Abb. 41. Variabilität solarer Emissionslinien mit der Solaraktivität

5. Methoden zur Messung der Solarstrahlung im VUV-Spektralbereich

Infolge der starken Absorption durch die atmosphärischen Hauptkonstituenten ist die Bestimmung der solaren VUV-Strahlung nur von Raketen und Satelliten aus möglich. Sie wird entweder mit Hilfe von absolut geeichten Spektralphotometern oder Spektrometern durchgeführt. Übliche Angaben der solaren Bestrahlungsstärke sind:

W · m^{-2} erg · cm^{-2} · s^{-1}, Photonen · cm^{-2} · s^{-1}.

In Spektralphotometern zur Messung der solaren UV-Strahlung betragen die Bandbreiten 10 ... 30 nm. Spektrometer gestatten entweder eine lückenlose Messung der spektralen Intensitätsverteilung bei hoher Auflösung über einen großen Spektralbereich oder die Messung der Solarstrahlung in ausgewählten Spektralbereichen mit extrem niedriger Bandbreite.

5.1. Spektralphotometer

Spektralphotometer bestehen aus dem Strahlungsdetektor und einem nachgeschalteten Gleichstromverstärker mit zugehöriger Spannungsversorgungseinheit (Transverter). Als Strahlungsdetektoren werden im Wellenlängenbereich bis $\lambda = 105$ nm spektral selektive Photoempfänger und Ionisationskammern verwendet. Zur ersten Empfängerart zählt man die auf der Grundlage der Photoelektronenemission, zur zweiten die auf dem Prinzip der Gasionisation durch Photonen beruhenden Strahlungsempfänger. In Verbindung mit geeignet ausgewählten Strahlungseintrittsfenstern aus Alkali- oder Erdalkalihalogeniden stellen diese Kombinationen Empfänger mittlerer Bandbreite mit meist guten Eigenschaften, wie z. B. ausreichender Empfindlichkeit, hoher zeitlicher Konstanz, im Wellenlängenbereich 105 ... 250 nm dar. Die langwellige Grenze ist durch die Arbeitsfunktion des Photokathodenmaterials bzw. durch das Ionisationspotential des Füllgases, die kurzwellige Grenze durch die Grundgitterabsorption des Fenstermaterials festgelegt.

Da die Strahlungsempfänger gewöhnlich klein und einfach gestaltet werden können und die nachfolgende Elektronik nicht aufwendig ist, können Spektralphotometer für Raketen- und Satelliteneinsätze sehr kompakt und störunanfällig gestaltet werden.

5.1.1. Strahlungsflußbestimmung mittels Spektralphotometer

Grundvoraussetzung für die Bestimmung des solaren Strahlungsflusses aus dem Photometersignal ist ein bekannter Quantenwirkungsgrad des Photometerdetektors. Der Quantenwirkungsgrad ist ein Maß für die Zahl der pro Photon entstehenden Ladungsträger:

$$\eta = \frac{N}{\Phi} \cdot 100\,(\%)\,, \qquad (11)$$

N Zahl der entstehenden Ladungsträger,
Φ Zahl der pro Zeiteinheit auf den Empfänger fallenden Photonen.

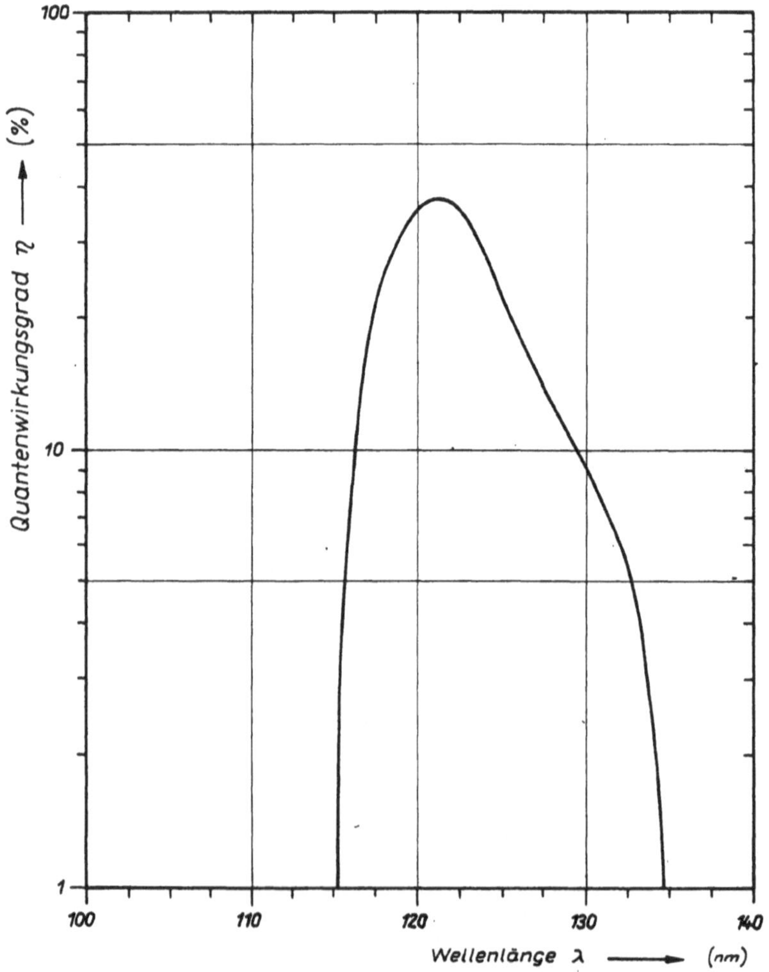

Abb. 42. Wirkungsgrad einer Ly-α-Ionisationskammer

In Abb. 42 ist als Beispiel der Quantenwirkungsgrad einer mit Stickoxid (NO) gefüllten und mit einem MgF_2-Fenster versehenen Ionisationskammer dargestellt. Der Verlauf des Quantenwirkungsgrades wird experimentell durch eine Kalibrierung bestimmt, indem der zu kalibrierende Detektor an einen Standard-Detektor angeschlossen oder aber eine Standard-Strahlungsquelle zur Kalibrierung benutzt wird. Ist zwischen Strahlungsquelle und zu kalibrierendem Detektor als dispergierendes Medium ein Monochromator nötig, muß dessen Durchlässigkeit bekannt sein.

Dominiert im Empfindlichkeitsbereich des Photometers eine Linie bei Vernachlässigung anderer Strahlungsanteile, so errechnet sich die Bestrahlungsstärke für die Linie nach:

$$\Phi = \frac{(U - b) \cdot 1{,}987 \cdot 10^{-23}}{F \cdot \eta \cdot e \cdot a \cdot \lambda} \mathrm{W \cdot cm^{-2}}, \qquad (12)$$

U Meßspannung am Verstärker,
a Steigung der Geraden der Strom-Spannungscharakteristik des Verstärkers,
b Schnittpunkt der Geraden der Strom-Spannungscharakteristik mit der Achse der Verstärkerausgangsspannung,
F effektive Fensterfläche des Empfängers,
η Quantenwirkungsgrad des Empfängers,
e elektrische Elementarladung,
λ Wellenlänge der Linie.

Über die Breite der Linie ist dabei ein mittlerer Quantenwirkungsgrad des Empfängers vorausgesetzt. Der dabei gemachte Fehler in der Bestimmung der Bestrahlungsstärke ist bei den kleinen solaren Linienbreiten zu vernachlässigen. Die Messung der Bestrahlungsstärke der solaren Ly-α-Linie mit Hilfe einer NO-gefüllten Ionisationskammer mit MgF_2-Fenster (Abb. 42) ist ein bekanntes Beispiel für diesen Fall. Problematischer gestaltet sich die Lösung der Meßaufgabe, aus einer breitbandigen Photometermessung eine spektrale solare Strahlungsverteilung abzuleiten. Die Lösung dieser Meßaufgabe erfordert zwei wesentliche Voraussetzungen:

1. das Vorhandensein eines Referenzspektrums,
2. innerhalb des Empfindlichkeitsbereiches des Photometers werden bei unterschiedlicher solarer Aktivität alle Strahlungsanteile annähernd um den gleichen Betrag verändert.

Sind die beiden Voraussetzungen erfüllt, errechnet man zuerst durch Faltung des Referenzspektrums mit dem spektralen Quantenwirkungsgrad des Empfängers ein theoretisches Photometersignal und bestimmt sich anschließend durch einen Vergleich des theoretischen mit dem gemessenen Signal einen Koeffizienten, mit dem das Referenzspektrum auf den aktuellen Fall korrigiert wird nach:

$$\Phi_{\Delta\lambda} = \Phi_{\Delta\lambda,\,\mathrm{theor.}} \cdot K(\lambda)\,. \qquad (13)$$

Das Ergebnis ist ein spektraler Strahlungsverlauf innerhalb des Empfindlichkeitsbereiches, der sich vom Referenzspektrum nur durch den konstanten Faktor K bei jeder Wellenlänge unterscheidet. Für einige nicht zu breite Wellenlängenintervalle ist im Wellenlängenbereich oberhalb 140 nm diese Voraussetzung sicher mit hinreichender Genauigkeit erfüllt.

Ein Beispiel der Bestimmung der solaren Bestrahlungsstärke ist die auf der Rakete „Vertikal-4" im Spektralbereich 135 ... 157 nm mit einer mit asymmetrischem Dimethylhydrazin gefüllten BaF_2-Ionisationskammer (Abb. 43) durchgeführte Messung [132]. Der so erhaltene Verlauf der Bestrahlungsstärke ist in Abb. 44 in Schritten von 1 nm dargestellt. Als Referenzspektrum diente das von Heroux und Swirbalus [133] gemessene Spektrum, wobei die diesem Spektrum zugrunde liegende Kalibrierung auch für die solaren Strahlungsmessungen auf den amerikanischen Satelliten AE-C und AE-E verwendet wurde [134]. Ein Vergleich spektraler Strahlungswerte verschiedener Autoren [135, 136] ist in Abb. 45 dargestellt. Der in diesem Bild aufgetragene wellenlängenabhängige Quotient zwischen den gemessenen Strahlungswerten der einzelnen Autoren zeigt nur im Wellenlängenbereich 135 ... 142 nm eine merkliche Variabilität. Ein in diesem Wellenlängenbereich um 20% vom Referenzspektrum abweichender Strahlungsfluß bewirkt z. B. im Empfindlichkeitsbereich der auf der Rakete „Vertikal 4" verwendeten Ionisationskammer nur einen um 3% vom Normalverlauf abweichenden Strahlungsfluß.

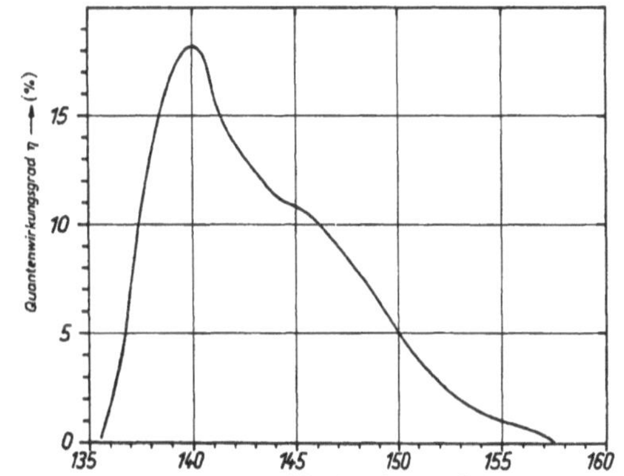

Abb. 43. Wirkungsgrad einer Ionisationskammer für den Schumann-Runge-Bereich

5.1.2. UV-empfindliche Photoempfänger

Die unterschiedlichen Arten der Wechselwirkung zwischen Strahlung und Materie bewirken eine große Vielfalt von Strahlungsempfängerprinzipien. Im Spektralbereich des VUV und EUV kommt es bei diesen Wechselwirkungen wesentlich zur Photoionisation von Gasen, der Entstehung von freien Photoelektronen aus Festkörperoberflächen, zu chemischen Veränderungen, zur Photoleitfähigkeit, Fluoreszenz und Wärmeeffekten. Aus der Vielfalt der hier aufgezählten Möglichkeiten kommen jedoch in Spektralphotometern hauptsächlich Ionisationskammern und Photozellen zur Anwendung.

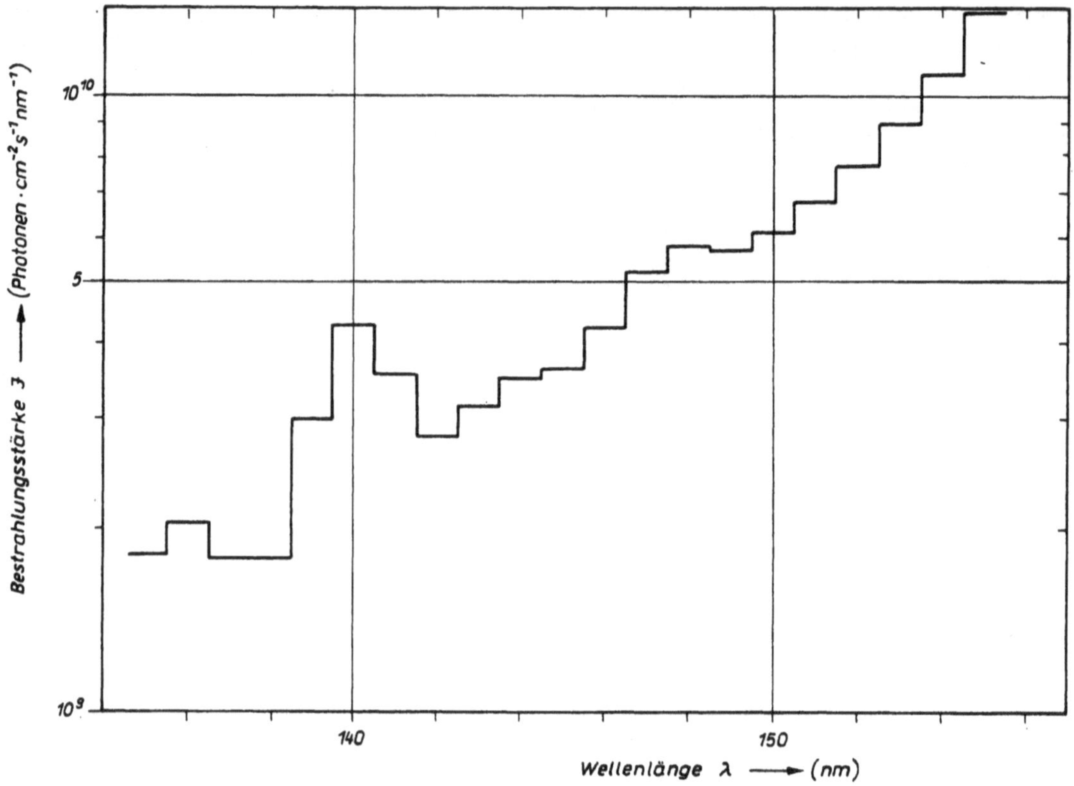

Abb. 44. Gemessene UV-Strahlung der Sonne (ungeschwächt)

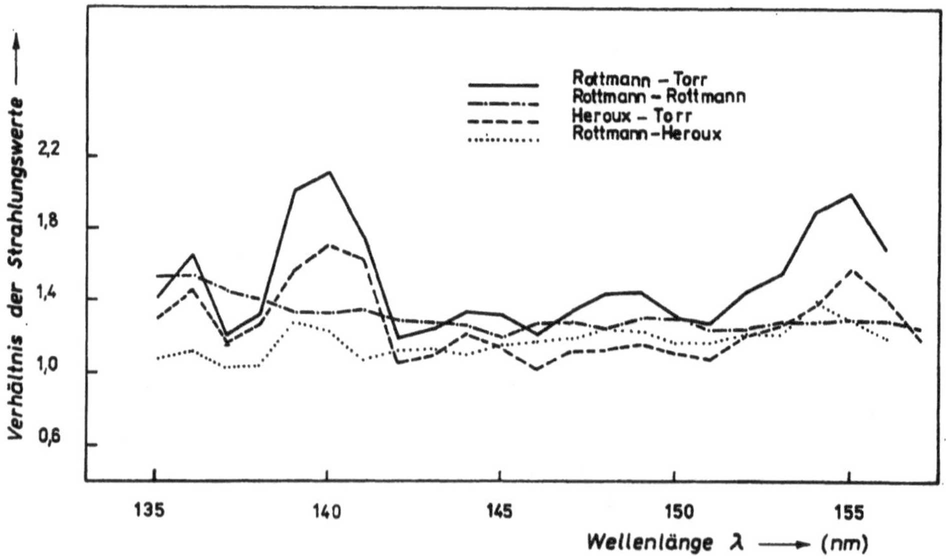

Abb. 45. Vergleich solarer Strahlungswerte verschiedener Autoren

5.1.2.1. Ionisationskammern

5.1.2.1.1. Allgemeines

Die Ionisationskammer ist ein Detektor, dessen Wirkungsweise auf der Ionisation eines Gases durch Photonen mit ausreichend hoher Energie beruht. Die wesentlichen Elemente einer Ionisationskammer sind der Kammerkörper mit Eintrittsfenster für die ionisierende Strahlung, die Gasfüllung und das Sammelelektrodenpaar (Anode und Kathode). Die einfallende Strahlung ionisiert die Atome oder Moleküle des Ionisationskammergases. Die entstehenden Ionisationsprodukte (Elektronen und positive Ionen) werden durch die angelegte Saugspannung zu den Elektroden abgeführt. Dabei ist die Saugspannung so zu wählen, daß im Ionisationskammerplateau, dem Bereich zwischen den Pfeilen in Abb. 46, gearbeitet wird. Unter diesen Bedingungen ist garantiert, daß alle entstehenden Ladungsträger, und nur diese, zum Signalstrom beitragen, womit echte Proportionalität zwischen Strahlung und Signal besteht.

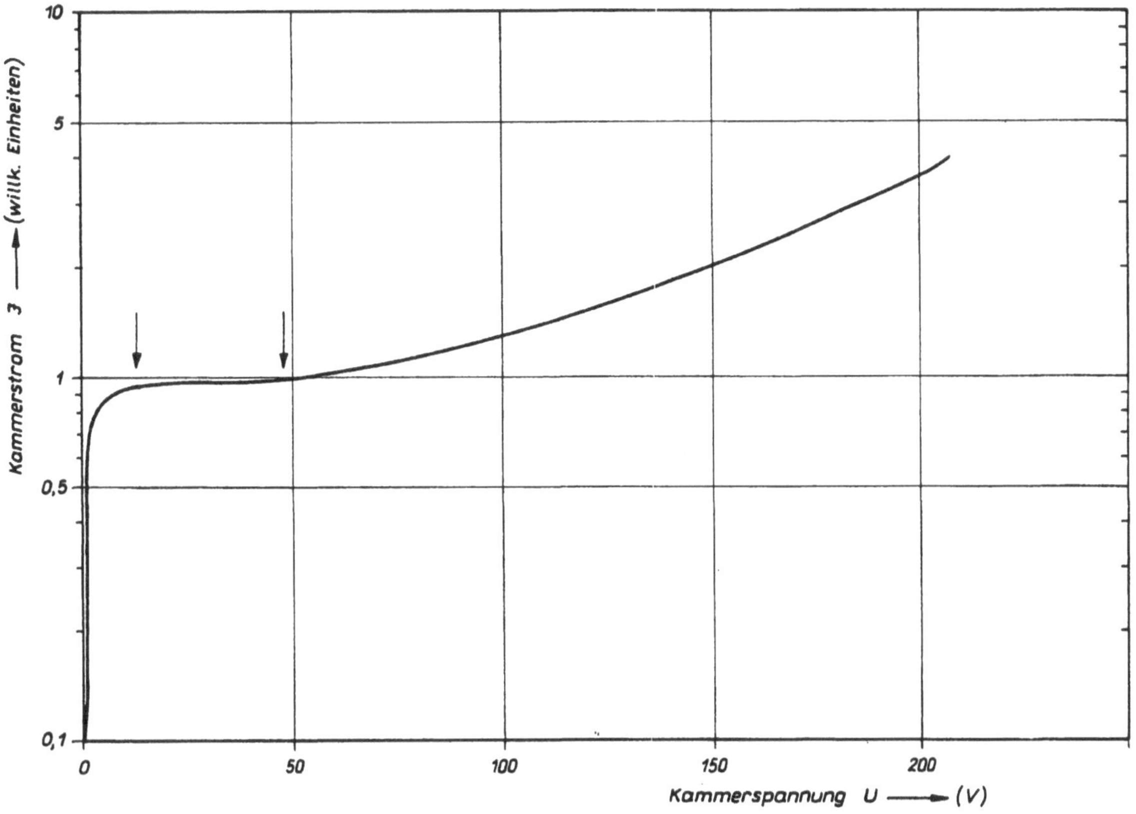

Abb. 46. Strom-Spannungscharakteristik einer Ionisationskammer

Die nach diesem Prinzip arbeitenden Empfänger haben den Vorteil eines hohen Quantenwirkungsgrades, eines niedrigen Rauschniveaus und einer vollständigen Unempfindlichkeit gegenüber Strahlung, die langwelliger als die Ionisationsgrenzwellenlänge ist.

Der Empfindlichkeitsbereich einer Ionisationskammer ist bestimmt durch die folgenden Merkmale:

a) die kurzwellige Grenze ist festgelegt durch die Kante der einsetzenden Grundgitterabsorption des Fensters,
b) die langwellige Grenze ist festgelegt durch das erste Ionisationspotential des Füllgases oder -dampfes.

Die Transmissionscharakteristik des Fenstermaterials und die Ionisationscharakteristik des Füllgases bestimmen die spektrale Charakteristik der Ionisationskammer.

Wegen der zu erwartenden kleinen Ionisationsströme werden hohe Isolationsforderungen an die verwendeten Materialien gestellt. Es bieten sich dafür besonders

a) Glas,
b) Keramik

als Isolationsmaterial mit darüber hinaus hervorragenden Vakuumeigenschaften für die Fertigung von Ionisationskammern an. Es haben sich im wesentlichen drei Grundtypen von Ionisationskammern durchgesetzt:

a) die Glaskammer,
b) die Metall-Keramik-Kammer,
c) die Keramikkammer.

Dabei sind zwei Elektroden-Konfigurationen üblich (Abb. 47):

a) die Parallelplatten-Anordnung,
b) die koaxiale Elektroden-Anordnung.

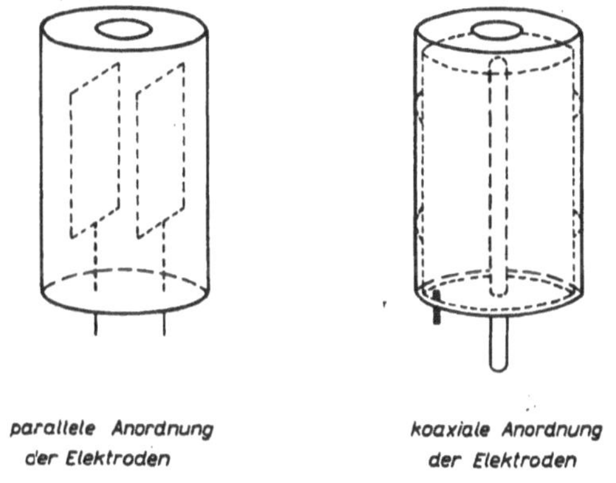

Abb. 47. Elektrodenkonfigurationen in Ionisationskammern

Die Parallelplatten-Kammer hat infolge ihres relativ homogenen Feldverlaufes den Vorteil eines gut ausgeprägten, langen Plateaus. Ihr Nachteil besteht darin, daß sie infolge der großen Masse der Parallelplatten nicht so robust ist wie die Koaxialkammer und für den Fall der Notwendigkeit einer internen Kammerverstärkung hohe Spannungen erforderlich sind. Die Ionisationskammer mit koaxialer Anordnung der Elektroden ist sehr robust. Infolge der erhöhten Feldstärke in der Nähe der Elektroden tritt schon bei relativ niedrigen Spannungen innere Verstärkung auf, wobei das Plateau ausgeprägt ist. Die am Institut für Kosmosforschung der AdW der DDR entwickelten Ionisationskammern

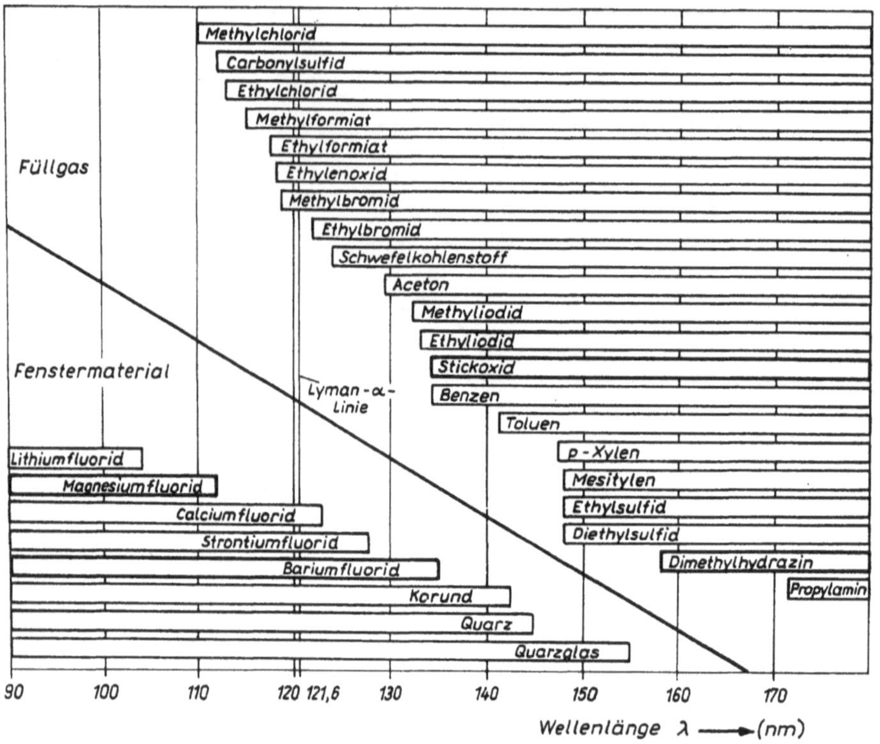

Abb. 48. Ionisationskammer-Varianten

sind mit Stickoxid oder Dimethylhydrazin gefüllt und wurden als Ly-α- und SCHUMANN-RUNGE-Kammern in Photometern sehr erfolgreich auf den Interkosmos-Satelliten IK-1, IK-4, IK-7, IK-11 und IK-16, auf dem nationalen sowjetischen Satelliten Kosmos 900 sowie auf den geophysikalischen Höhenraketen „Vertikal 1 bis 4" und den meteorologischen Raketen M 100 und MR 12 eingesetzt. Darüber hinaus haben sie sich ausgezeichnet als Strahlungsempfänger in Ly-α-Hygrometern bei zahlreichen Anwendungen in der Volkswirtschaft bewährt. Ihr großer Vorteil liegt darin, daß sie bei höheren Saugspannungen auch als Proportional- und Geigerzähler (Photonenzähler) verwendet werden können.

Abb. 48 gibt einen Überblick über die vorhandenen Möglichkeiten für VUV-empfindliche Ionisationskammern. Links unten sind die möglichen Fenstermaterialien und rechts oben die Füllgase aufgezeichnet. Der Empfindlichkeitsbereich ist der zwischen den langgestreckten Rechtecken nicht überlappte Bereich. In der Tabelle 5 ist ein Auszug aus Abb. 48 für die am häufigsten in der Raumfahrttechnik verwendeten Ionisationskammern zusammengestellt. Eine umfangreiche Zusammenstellung einer großen Zahl von Molekülen mit den zugehörigen Ionisationspotentialen findet man bei WATANABE u. a. [137]. Im Empfindlichkeitsbereich der nach Abb. 48 in Frage kommenden Ionisationskammern ist mit solaren Bestrahlungsstärken von 10^9—10^{11} Photonen · cm^{-2} $\times s^{-1}$ zu rechnen. Bei einer mittleren Ionisationskammereffektivität von 20% nach Tabelle 5 und ca. 1 cm^2 effektiver Eintrittsfensterfläche sind die zu verwendenden

Tabelle 5
Gebräuchliche VUV-Ionisationskammern

Fenster	Gasfüllung	Chem. Formel	Gasdruck (Pa)	Spektralbereich (nm)	Quantenausbeute (%)
LiF	Äthylchlorid	CH_3COCl	$1{,}6 \cdot 10^3$	105—113	10—14
	Schwefelkohlenstoff	CS_2	$2{,}0 \cdot 10^3$	105—124	50—60
	Aceton	CH_3COCH_3	$6{,}0 \cdot 10^2$	105—129	25—30
	Stickoxid	NO	$2{,}7 \cdot 10^3$	105—134	30—45
MgF_2	Schwefelkohlenstoff	CS_2	$2{,}0 \cdot 10^3$	115—124	60—70
	Stickoxid	NO	$2{,}7 \cdot 10^3$	115—134	30—40
CaF_2	Aceton	CH_3COCH_3	$6{,}0 \cdot 10^2$	122—129	20—25
	Stickoxid	NO	$2{,}7 \cdot 10^2$	122—134	20—25
BaF_2	Toluol	$C_6H_5CH_3$	$1{,}3 \cdot 10^3$	135—141	8—12
	p-Xylol	$C_6H_4(CH_3)_2$	$1{,}7 \cdot 10^3$	135—147	6—8
	Dimethylhydrazin	$H_2N_2(CH_3)_2$	$2{,}0 \cdot 10^3$	135—156	10—15
Al_2O_3	p-Xylol	$C_6H_4(CH_3)_2$	$1{,}7 \cdot 10^3$	142—147	2—4
	Mesitylen	$C_6H_3(CH_3)_3$	$2{,}0 \cdot 10^3$	142—148	2—3

Gleichstromverstärker etwa für Ströme von 10^{-8} bis 10^{-12} A zu dimensionieren. Geht man davon aus, daß experimentell mit Gleichstromverstärkern auf kosmischen Flugkörpern die äußerste Nachweisgrenze bei 10^{-14}—10^{-15} A liegt, so haben die kleinsten mit Ionisationskammern meßbaren Bestrahlungsstärken eine Größe von 10^5—10^6 Photonen · cm^{-2} · s^{-1}. Diese untere nachweisbare Grenze kann mit Hilfe der Gasverstärkungsmode der Ionisationskammer noch um etwa zwei Größenordnungen oder aber bei Photonenzählbetrieb auf einige wenige Photonen · s^{-1} herabgesetzt werden.

5.1.2.1.2. Verhalten von Ionisationskammern unter extremen Bedingungen

Beim Einsatz auf Raketen und Satelliten sind Ionisationskammern meist außergewöhnlichen Strahlungs- und Temperaturbelastungen ausgesetzt. An dieser Stelle wird auf Veränderungen der Kammercharakteristik eingegangen, die zurückzuführen sind auf Reaktionen des Füllgases bei intensiver UV-Bestrahlung und auf Temperaturänderungen infolge starker Strahlungsabsorption. Carver und Mitchell [138] haben den Einfluß der Temperatur auf die langwellige Empfindlichkeitsgrenze untersucht und mit steigender Temperatur eine Verschiebung dieser Grenze zu längeren Wellenlängen hin beobachtet. Der Koeffizient beträgt 0,0025 nm/°C. Zurückzuführen ist dieser Effekt wahrscheinlich auf eine Wärmeanregung der Gasmoleküle, die jenseits der adiabatischen Schwelle der Moleküle in ihrem niedrigsten Energiezustand zu einer längerwelligen Empfindlichkeit führt. Diese Effekte sind reversibel und leicht zu kontrollieren. Einen weitaus unangenehmeren und nur schwer zu kontrollierenden Einfluß haben Veränderungen der Kammercharakteristik infolge intensiver UV-Bestrahlung. Für Schwefelkohlenstoff (CS_2) haben Carver und Mitchell [138] als Folge der Dissoziation von CS_2 eine Abnahme der Kammerempfindlichkeit von etwa 20% innerhalb der ersten 2,5 Minuten festgestellt. Weniger intensiv, aber dennoch deutlich meßbar, ist dieser Effekt an NO-gefüllten Ly-α-Ionisationskammern beobachtbar. Er wird hervorgerufen durch die dissoziative Rekombination der bei der Strahlungsabsorption entstehenden NO^+-Ionen mit Elektronen nach

$$NO^+ + e^- \rightarrow N + O\,. \tag{14}$$

O und N reagieren mit NO zu:

$$O + NO \rightarrow NO_2 + h\nu\,, \tag{15}$$

$$N + NO \rightarrow N_2 + O\,, \tag{16}$$

wobei O aus Gleichung (16) wiederum reagiert mit NO nach Gleichung (15). Hinzu kommt, da die Dissoziationsenergie von NO bei 6,5 eV = 190,8 nm liegt, daß NO durch Strahlung zwischen 134 und 190,7 nm dissoziiert wird, was zur Bildung von N_2, NO_2 und N_2O führt. Diese verschiedenen Moleküle bewirken eine schwer überschaubare Veränderung der Kammercharakteristik und eine Verringerung der Lebensdauer der Ionisationskammer. Bei den Ly-α-Strahlungsmessungen auf den Satelliten IK-1, IK-4 und IK-7 wurden Degradationen von ~ 0,7%/10 Stunden festgestellt. Veränderungen dieser Größe der Kammerempfindlichkeit in der Phase der Messung der Okkultation eines Gestirns sind zwar ohne Bedeutung für aeronomische Aufgabenstellungen, für Analysen mit rein solarem Aspekt können sie jedoch von allergrößter Wichtigkeit sein.

5.1.2.2. Photodioden

Unter Photodioden sollen an dieser Stelle Photoempfänger verstanden werden, die aus Festkörper-Photokathoden mit einer gegenüberliegenden Sammelelektrode (Anode) bestehen. Im deutschen Sprachgebrauch werden diese Empfängertypen auch Photozellen genannt. Sie funktionieren nach dem Prinzip des äußeren photoelektrischen Effektes. Solche Empfänger zeichnen sich bei sorgfältiger Präparation durch eine hohe zeitliche Konstanz bei geringer Temperaturabhängigkeit des Photostromes aus, wobei hinreichend große Quantenwirkungsgrade von 10—20% erreicht werden. Für die Anwendung von Photodioden unter Raumbedingungen steht in der überwiegenden Zahl der Experimente die Forderung der Unempfindlichkeit der Empfänger gegenüber dem sichtbaren Teil des Sonnenspektrums oberhalb 350 nm („solar blindness"). Diese Forderung erfüllen aus elektronenphysikalischer Sicht für den Spektralbereich unterhalb 350 nm bis in den Wellenlängenbereich des EUV Metalle und Halbleiter bzw. Isolatoren.

5.1.2.2.1. Photokathoden aus Isolatoren

Im Wellenlängenbereich $\lambda > 105$ nm haben sich Halbleiter und Isolatoren infolge ihrer größeren Quantenausbeute gegenüber Metallen als Photokathodenmaterial bewährt. Typische und häufig angewandte Photokathoden sind aus Cäsium-Tellurid (Cs_2Te), Rubidium-Tellurid (Rb_2Te), Cäsium-Jodid (CsJ), Kupfer-Jodid (CuJ) und Kalium-Bromid (KBr) [139, 140, 141]. Abb. 49 illustriert die Quantenausbeute dieser Materialien im Wellenlängenbereich bis zu 100 nm. Im Wellenlängenbereich zwischen 60 ... 100 nm hat Metzger [142] für 20 Alkalihalogenide die Quantenausbeute gemessen.

Die Kathoden werden sowohl als undurchsichtige Filme auf polierte Metallsubstrate als auch als halbdurchlässige Schichten auf die Innenseite der Fenster der Photodioden gebracht. Eine Photodiode der ersten Art mit einer KBr-Kathode wurde auf dem Satelliten IK-7 in einem Schumann-Runge-Photometer eingesetzt. Photodioden beider Arten werden im National Bureau of Standards (NBS/USA) sehr erfolgreich als Übertragungsstandards mit Cs_2Te- und Rb_2Te-Kathoden für den Wellenlängenbereich 113 ... 350 nm benutzt [143]. Kritisch ist trotz aller guten Eigenschaften zu diesen Photokathodenmaterialien zu bemerken, daß sie im fensterlosen Spektralbereich unterhalb 105 nm nicht zu verwenden sind, da sich bei Kontakt mit Luft ihre Quantenausbeute stark verringert. Ein weiterer entscheidender Nachteil ist die Excitonen-induzierte Emission von Farbzentren [144]. Dieser Effekt tritt ein, wenn durch mögliche Absorption im Fundamentalband der Alkalihalogenide Excitonen entstehen, die wiederum ihre

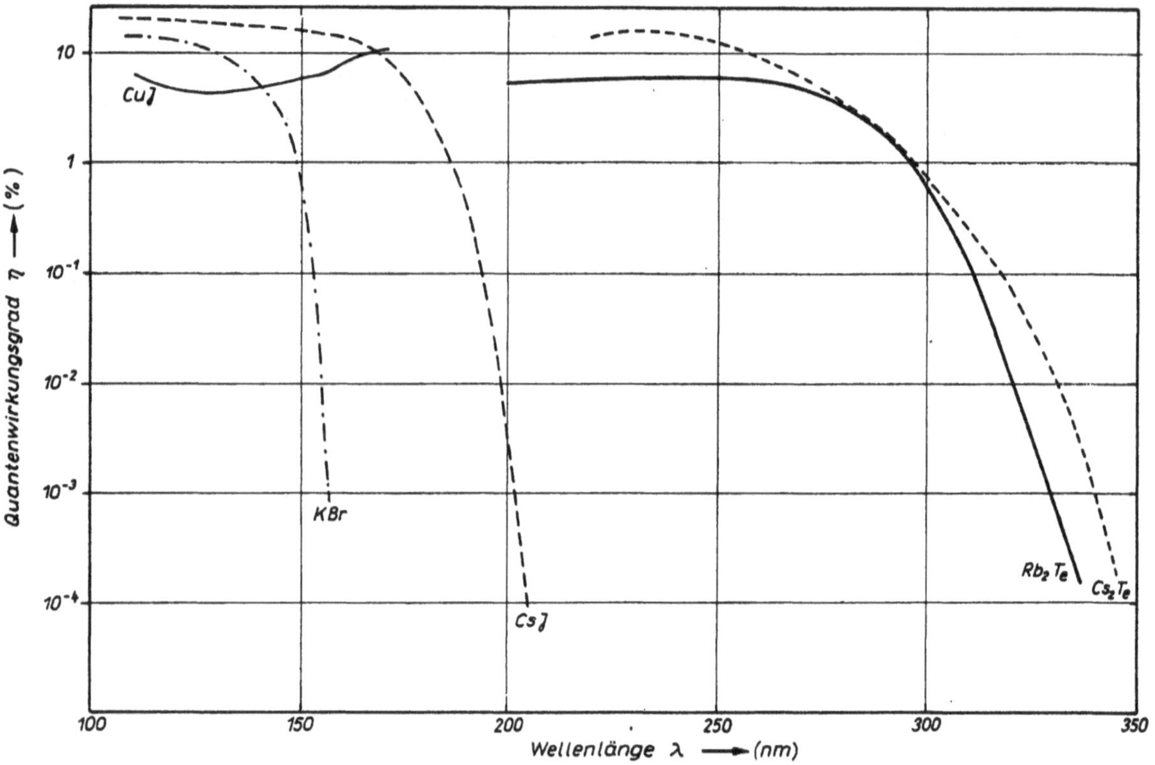

Abb. 49. Quantenwirkungsgrad von Alkalihalogeniden

Energie auf durch Strahlungsabsorption entstandene Farbzentren übertragen können, was zur Elektronenemission führt.

Als Konsequenz kommt es zu einer beträchtlichen Verschiebung der langwelligen Empfindlichkeitsgrenze mit merklicher Effektivität bis in den sichtbaren Spektralbereich hinein [145]. Zu Eichzwecken im Labor [143], wo bei Verwendung von Monochromatoren Strahlung im störenden Fundamentalband problemlos selektiert werden kann, bzw. bei Verwendung von vorgeschalteten Filtern oder einfacher Vordispersion zur Selektion der Fundamentalbandstrahlung bei kosmischen Experimenten eignen sich solche Photodioden jedoch ausgezeichnet.

5.1.2.2.2. Metallphotokathoden

Der Gebrauch von Metallen als Photodioden beseitigt die Probleme der Luftempfindlichkeit und der Sensibilisierung infolge Ionisation der Farbzentren weitgehend. Luftkontakt verändert ihren Quantenwirkungsgrad nicht, was sie besonders geeignet macht für Messungen im fensterlosen Wellenlängenbereich unterhalb 105 nm. CAIRNS und SAMSON [146] haben für 16 verschiedene Metalle im Wellenlängenbereich 20 ... 120 nm den Quantenwirkungsgrad bestimmt und mit hoch polierten und mit Methylalkohol gereinigten Oberflächen sehr gut reproduzierbare Ergebnisse erhalten. Beryllium, Aluminium und Tantal haben dabei die höchsten Wirkungsgrade von etwa 20% bei Wellenlängen zwischen 70 und 80 nm. Legierungen wie z. B. CuBe zeichnen sich ebenfalls durch hohe Ausbeuten aus und haben sich deshalb in der EUV- und VUV-Spektroskopie als offene Empfängerkathoden weitgehend international durchgesetzt. Die besten Erfolge im Temperatur-Zeit-Verhalten wurden mit einer offenen Al_2O_3-Photokathode erzielt [143]. Sie wurde hergestellt durch Aufdampfen von 99,99% reinem Aluminium auf ein poliertes Quarz-Substrat mit anschließender Anodisierung auf die Dicke von 15 nm nach der Ammonium-Tartrat-Methode [147] und anschließender Formierung bei 150°C [143]. Ihr Quantenwirkungsgrad ist zusammen mit dem von Beryllium, reinem Aluminium, Tantal, Wolfram und Kupfer-Beryllium [146] in Abb. 50 aufgetragen.

5.1.2.3. Offene Kanalelektronen-Vervielfacher (CEM)

Die Elektronen-Multiplikation ist ein nützliches Mittel zur Erhöhung des Signal-Rausch-Verhältnisses von photoelektrischen Signalen. Den größten Fortschritt auf diesem Gebiet für den Nachweis elektromagnetischer Strahlung stellen die Kanalelektronen-Vervielfacher (auch Channel-Multiplier oder Channeltrons genannt) mit kontinuierlichen Elektroden dar [148, 149]. Sie bestehen aus einem Glasröhrchen mit halbleitender Oberfläche. Der innere Durchmesser des Röhrchens reicht von 1 mm bis zu wenigen Millimetern. Bei einem optimal gestalteten CEM beträgt das Längen- zu Durchmesserverhältnis etwa 50 :1. Dabei hat der Kanal einen elektrischen Widerstand von etwa 10^9 Ohm. Die zwischen der Kathode (Anfang des CEM) und der Anode (Ende des CEM) liegende Spannung beträgt 3—4 kV.

Trifft ein Photon mit ausreichend hoher Energie auf die Wand des Kanals, so entsteht ein Photoelektron, das durch die angelegte Spannung in Richtung auf das

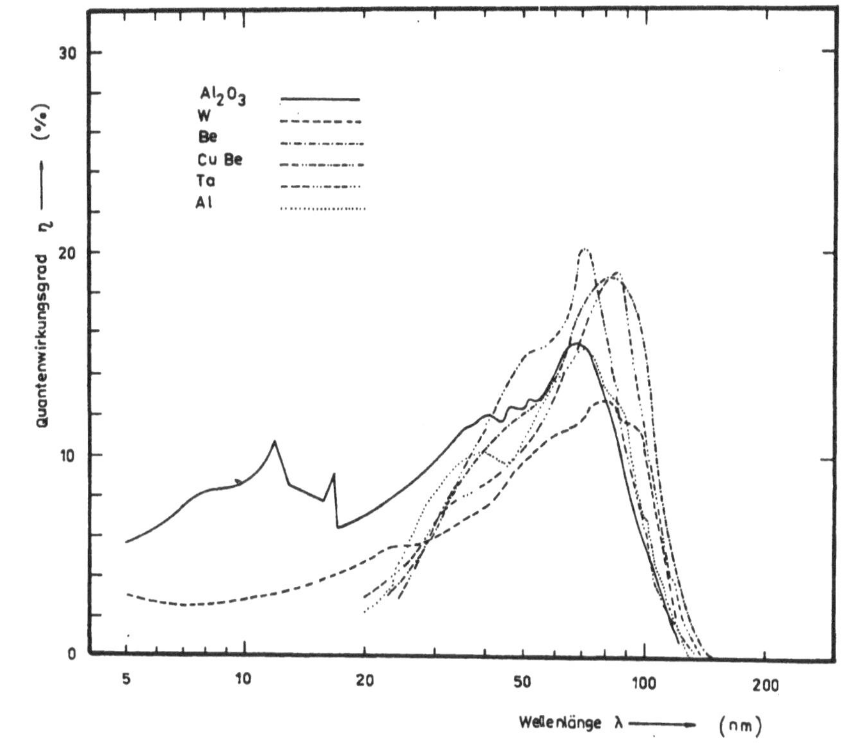

Abb. 50. Quantenwirkungsgrad von Metallen

positive Ende des Kanals beschleunigt wird. Beim Auftreffen des Elektrons auf die Innenwand des Kanals entstehen bei ausreichend hoher Energie des Elektrons Sekundärelektronen, die ihrerseits am Vervielfältigungsprozeß teilnehmen. So entsteht eine Elektronenlawine, die sich auf das positive Ende des Vervielfacherkanals zubewegt und ihn schließlich durch die Austrittsöffnung verläßt. Durch eine geeignete Kollektorelektrode wird sie aufgefangen und dem elektronischen Nachweissystem zugeführt. Eine andere CEM-Variante ist am Ende durch eine leitende Substanz (z. B. leitendes Epoxidharz) verschlossen, wobei die dort auftreffende Elektronenwolke dem Ruhestrom als Impuls überlagert ist. In Abb. 51 sind das Funktionsschema eines CEM und mögliche Schaltungsvarianten dargestellt. Der Glaskanal des CEM ist gebogen, um eine Beschleunigung der positiven Ionen in Richtung der Kathode zu verhindern. Der vorhandene Radius verhindert eine Energieaufnahme durch die Ionen, die für eine Elektronenemission bei Wechselwirkung der Ionen mit der CEM-Wand ausreichen würde. Diese Erscheinung — Ionenrückkopplung genannt — würde zu unerwünschten Nachimpulsen führen. Der

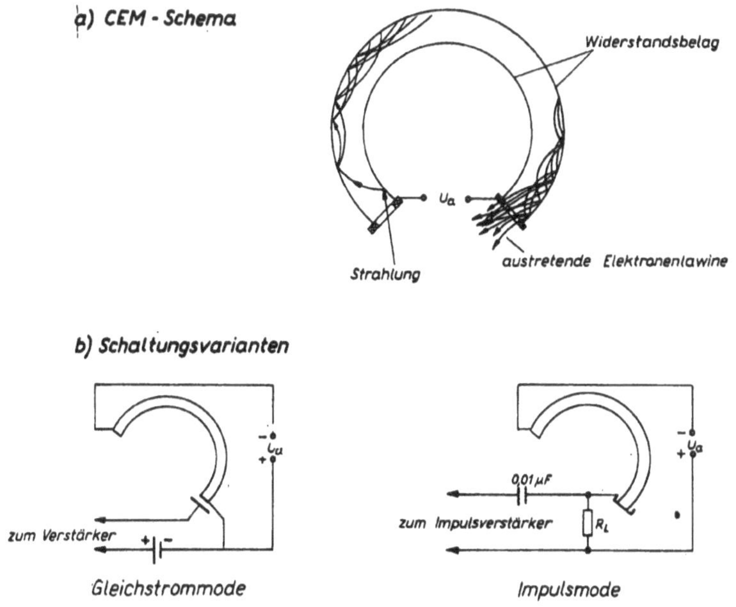

Abb. 51. Funktionsschema eines Kanalelektronenvervielfachers

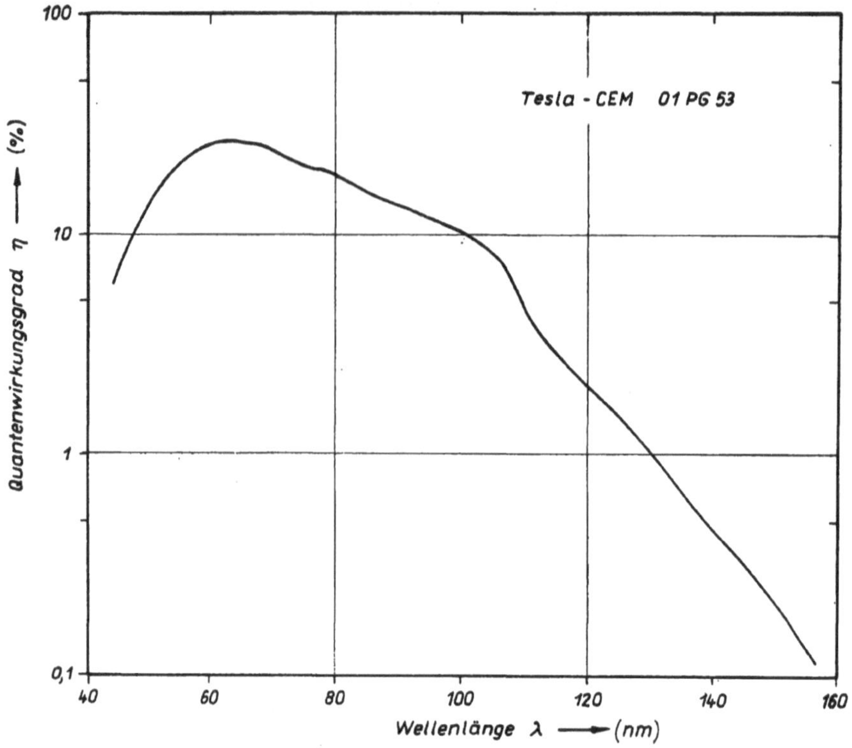

Abb. 52. Quantenwirkungsgrad eines Kanalelektronenvervielfachers

absolute Quantenwirkungsgrad eines CEM für einen Einfallswinkel von 45° im Wellenlängenbereich 40 ... 150 nm ist in Abb. 52 dargestellt [150]. Beschichtet man die Kathode z. B. mit MgF_2, so ist im Wellenlängenbereich unterhalb 90 nm eine beträchtliche Empfindlichkeitserhöhung zu erreichen. Die effektive Empfindlichkeitsfläche eines CEM kann durch eine Hilfsspannung zwischen einer Blende vor dem CEM und der CEM-Kathode vergrößert werden. Erfahrungsgemäß ist eine Spannung von -50 V bei einem Abstand von 1 mm optimal. Die damit mögliche Vergrößerung der Empfindlichkeitsfläche zeigt Abb. 53. Verstärkungsgrade bis zu einigen 10^7 sind möglich (Abb. 54). Das Arbeitsvakuum von offenen CEM's sollte einige 10^{-2} Pa nicht übersteigen, da sonst die Gefahr der Entstehung von Fremdimpulsen zu groß wird. Hinzu kommt, daß beim Zünden einer Glimmentladung der Empfänger leicht zerstört werden kann. Mit abnehmendem Druck ist mit einem leichten Verstärkungsabfall von 6—7% zu rechnen [151].

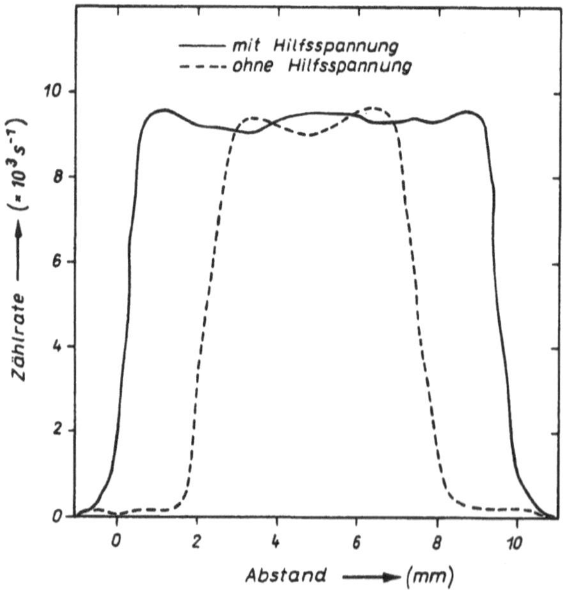

Abb. 53. Räumliche Empfindlichkeitsverteilung eines Kanalelektronenvervielfachers

5.1.2.4. Multi-Channel-Plates (MCP)

Die Verstärkung in einem Kanal mit Elektronen emittierenden Eigenschaften wie dem CEM ist für eine gegebene Saugspannung U_0 von seinem Längen-Durchmesser-Verhältnis abhängig. Man kann also mit einem Kanal von einigen μm Durchmesser theoretisch eine gleich hohe Verstärkung erreichen wie mit einem CEM von einigen mm Durchmesser. Diese Tatsache ist ausgenutzt worden, und es wurden nach Beherrschung neuer, komplizierter Technologien als Weiterentwicklung der CEM Multi-Channel-Plates (MCP) in die kosmische Meßtechnik eingeführt.

MCP's sind runde oder rechteckige Platten von etwa 1 mm Dicke und einer Oberfläche zwischen 3 und 40 cm^2. Sie bestehen aus einer Vielzahl von Kanälen mit Durchmessern um 20 μm (oft auch bis zu 8 μm herunter), die in hexagonal dichtester Packung zusammengefaßt sind (Abb. 55).

Wegen ihrer weitaus kleineren Länge und des geringeren Durchmessers haben MCP's gegenüber CEM's jedoch eine beträchtlich kleinere Oberfläche, hinzu kommt eine kleinere Betriebsspannung wegen der ge-

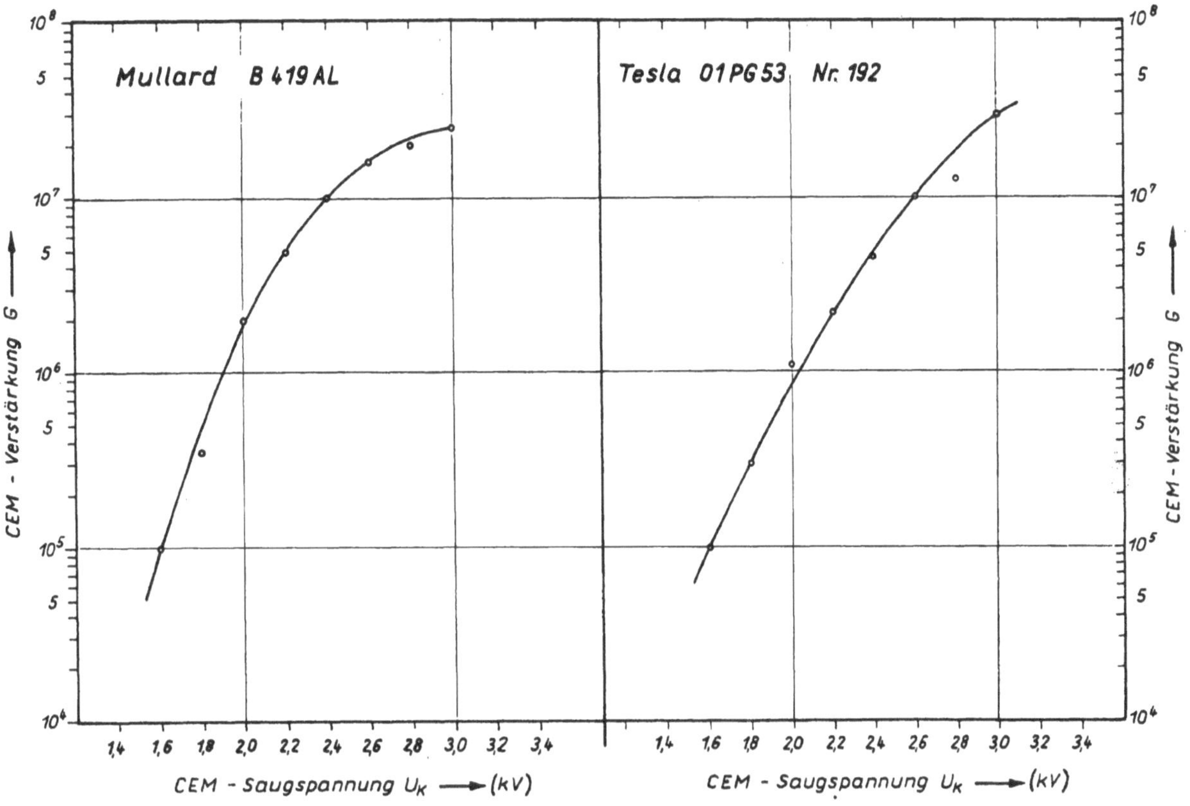

Abb. 54. Verstärkung von Kanalelektronenvervielfachern

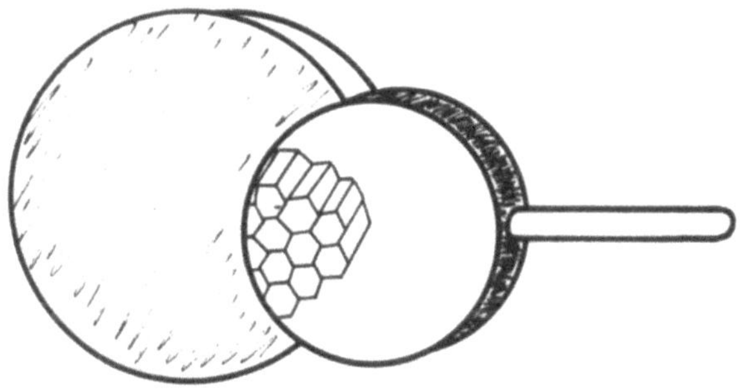

Abb. 55. Multichannelplatte (MCP)

ringeren Abmessungen, so daß die Einzelelektronenverstärkung eines Kanals gegenüber der eines CEM um etwa 2 Größenordnungen kleiner ist. Im Impuls- und Stromverstärkerbetrieb sind sie aber den CEM's weit überlegen: Der kleinere Gesamtwiderstand von etwa 10^7 Ohm läßt bei einer Betriebsspannung von etwa 1,5—2,0 kV einen um fast zwei Zehnerpotenzen höheren Wandstrom und infolge der weitaus kleineren „Totzeit" eine dementsprechend höhere Eingangsimpulsfrequenz zu. Außerdem verteilen sich die einfallenden Photonen eines Strahls auf viele Kanäle, wodurch die absolute Verstärkung eines Eingangsimpulses erhöht wird [152, 153]. Neben diesen Vorteilen haben MCP's den CEM's gegenüber den großen Vorteil der Darstellungsmöglichkeit von flächenhaften Strahlungsquellen. Ihr räumliches Auflösungsvermögen liegt dabei in der Größenordnung des Einzelkanaldurchmessers bzw. des Kanalabstandes.

Man baut MCP's deshalb z. B. als Bildverstärker und -wandler in Röntgenteleskope ein (Abb. 56). Darüber hinaus haben sie den Vorteil, daß sie längere Zeit an Luft gelagert werden können, ohne Schaden zu nehmen. Die MCP's haben in der modernen Empfängertechnik den CEM weitgehend abgelöst.

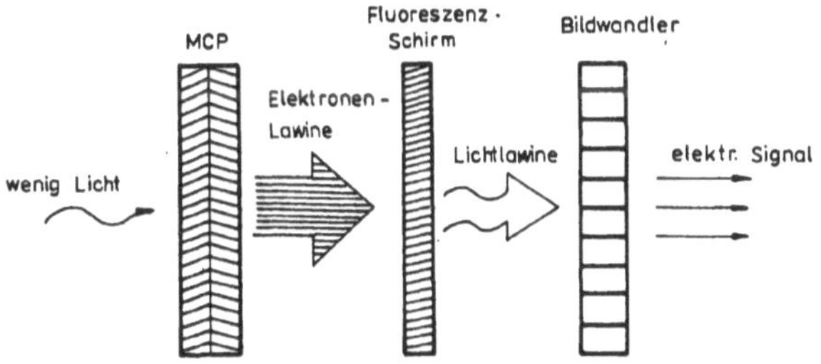

Abb. 56. Bildverstärker mit Multichannelplatte

5.1.3. Fenstermaterialien für UV Strahlungsempfänger

Die Transmission von Fenstermaterialien ist direkt gekoppelt mit dem sogenannten „band gap", der Energiedifferenz zwischen dem unter normalen Bedingungen gefüllten Valenzband und dem entleerten Leitungsband. Übersteigt die Photonenenergie diesen Energiewert, werden die Photonen absorbiert und das Material wird undurchlässig. Isolatoren haben von allen Materialien die höchsten „band gaps" und deshalb die niedrigsten Transmissionsgrenzen aller bekannten Materialien. Lithiumfluorid hat mit 12 eV die höchste „band gap"-Energie aller Materialien. In Abb. 57 ist das Transmissionsver-

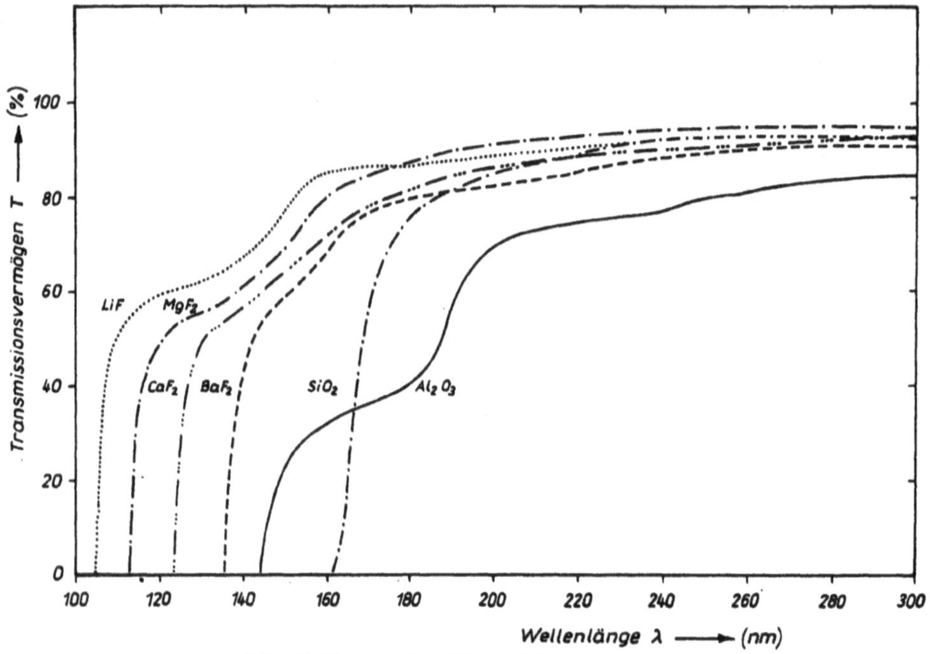

Abb. 57. Transmission UV-durchlässiger Materialien

mögen einer Reihe von Materialien eingezeichnet, die im Spektralbereich des mittleren UV und VUV als Fenstermaterial verwendet werden [154, 155].

Beim Einsatz im Weltraum wird quasi defektfreies Material gefordert. Die Belastungen unter Weltraumbedingungen verteilen sich auf:

— Einfall harter elektromagnetischer Strahlung wie X-ray-Strahlung und γ-Strahlung,
— Korpuskularstrahlung, bestehend aus Elektronen, Protonen und Neutronen,
— intensive VUV- und EUV-Strahlung,
— extreme Temperaturunterschiede mit großem Temperaturgradienten.

Belastung durch elektromagnetische und korpuskulare Strahlung führt zur Bildung von Farbzentren [144], deren Absorptionsbanden im VUV-Bereich liegen und

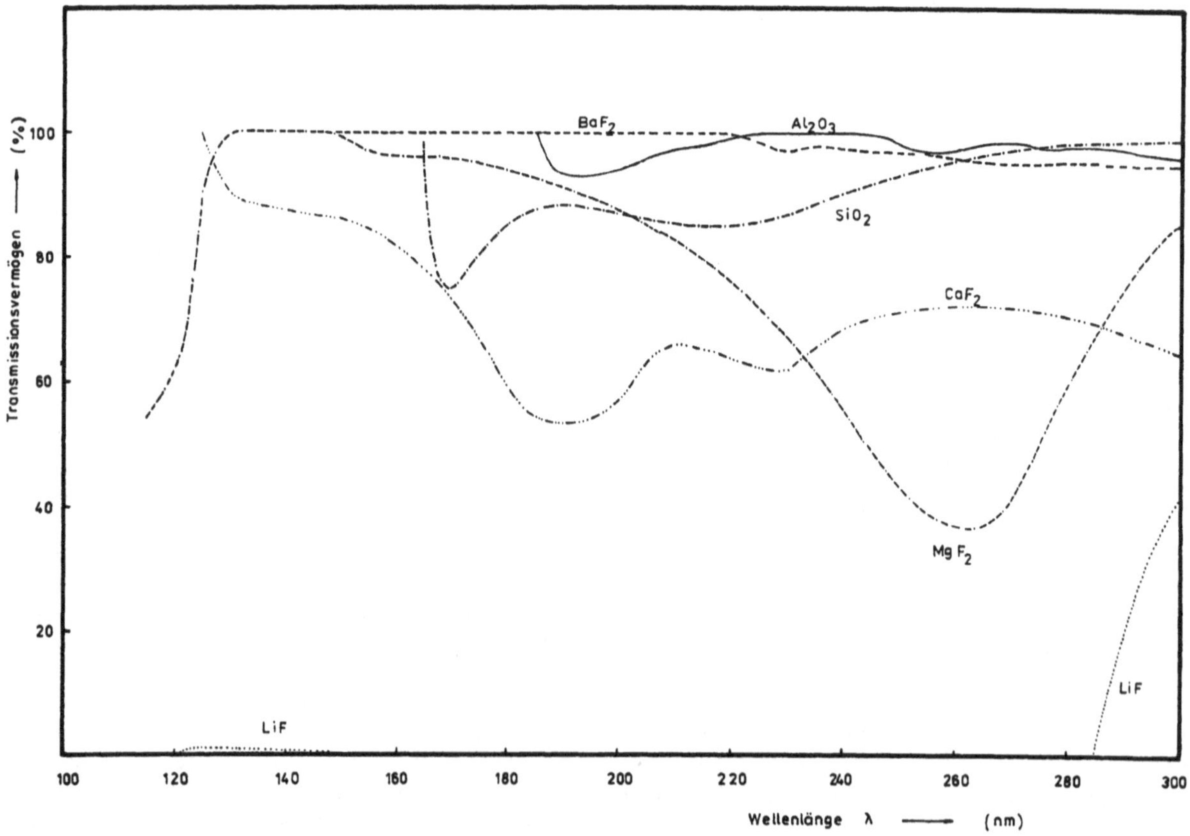

Abb. 58. Transmissionsverhalten von UV-Fenstermaterialien nach Bestrahlung

die teilweise zu völliger Undurchlässigkeit des Materials führen können. Abb. 58 enthält eine Zusammenstellung der Absorptionsmerkmale einiger häufig verwendeter Fenstermaterialien im VUV- und QUV-Bereich nach Bestrahlung mit Elektronen der Energie 1 MeV und 2 MeV bei einer Strahlungsdosis, die einem Aufenthalt von 1 Jahr im Raum entspricht [154]. LiF zeigt nach intensiver Bestrahlung von allen bekannten UV-Fenstermaterialien die stärksten Absorptionserscheinungen [154, 156, 157]. Für die solare Ly-α-Strahlung wird LiF quasi undurchlässig. Durch mehrstündige Erwärmung der Probe auf 400 °C können die Absorptionsbanden rückgängig gemacht werden. Bei Experimenten mit beträchtlicher Temperaturvariabilität kann sich die Temperaturabhängigkeit der kurzwelligen Transmissionsgrenze der Fenster als Folge der Fundamentalanregung des Festkörpers sehr störend bemerkbar machen. Für fünf sehr häufig verwendete Fenstermaterialien ist in Abb. 59 die Variation der kurzwelligen Transmissionsgrenze mit der Temperatur für den Bereich 0 ... 100 °C dargestellt [138]. Der mittlere Variationskoeffizient beträgt etwa 0,025 nm/°C. Im Temperaturbereich −250 °C ... +100 °C ist mit Änderungen der Transmissionsgrenze bis zu 8 nm für die in Abb. 57 dargestellten Materialien zu rechnen [158]. Die kurzwellige Transmissionsgrenze von LaF_3 ist quasi völlig temperaturabhängig. Quarz und MgF_2 zeigen ebenfalls ein günstiges Temperaturverhalten.

Als Folge dieses Temperatureffektes auf die kurzwellige Transmissionsgrenze von UV-durchlässigen Materialien kann es zu merklichen Veränderungen von Ionisationskammer-Charakteristiken [135] und in extremen Fällen zu einem völligen „Herauswandern" solarer Emissionslinien aus dem Empfindlichkeitsbereich der Ionisationskammer kommen.

Zu beträchtlichen Transmissionsverlusten von Strahlungsempfängerfenstern oder Interferenzfilter-Substraten können Niederschläge von vagabundierenden Öldämpfen führen, die in Vakuumapparaturen mit Öldiffusionspumpen unvermeidlich sind [159]. Die absorbierenden Filme bilden sich als Folge der Aufspaltung von Pumpenölen im Rezipienten durch UV-Strahlung. Abb. 60 zeigt die zeitliche Abnahme der Fenstertransmittanz. In

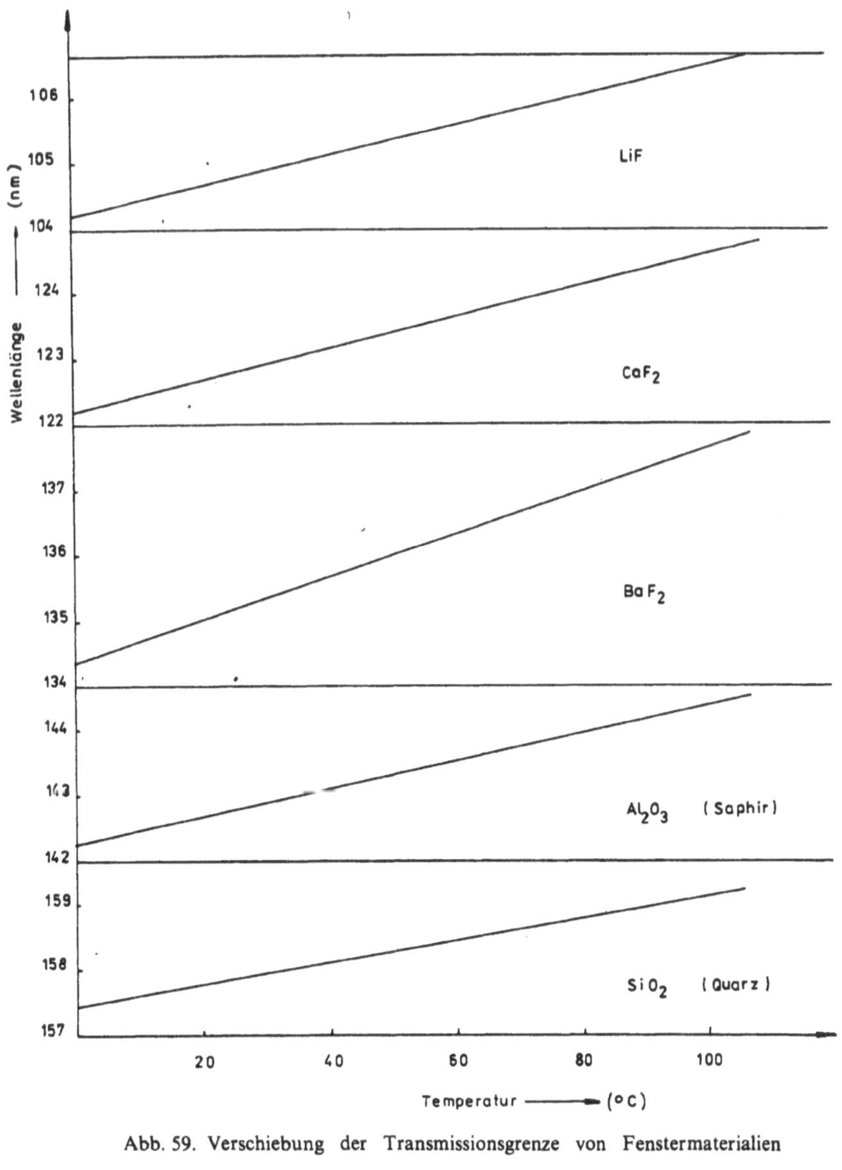

Abb. 59. Verschiebung der Transmissionsgrenze von Fenstermaterialien

einer Wasserstoff-Entladung kommt es zu einer Reduktion des Oberflächenfilmes und damit zu einer Wiederherstellung der ursprünglichen Transmissionseigenschaften, in Abb. 60 durch die gestrichelte Kurve demonstriert. Geräte für Strahlungsmessungen unter Weltraumbedingungen sollten deshalb grundsätzlich nicht in Vakuumapparaturen mit Öldiffusionspumpen erprobt werden.

Besondere Aufmerksamkeit sollte auch der Lagerung von UV-Fenstermaterial, speziell von Alkali- und Erdalkalihalogeniden, gewidmet werden. Durch chemische Reaktion dieser Materialien mit dem Wasserdampf der Atmosphäre kommt es zu absorbierenden Oberflächenfilmen [160], die schon nach wenigen Tagen große Fehler, z. B. des Detektoreichwertes, bewirken können. Es ist deshalb dringend zu empfehlen, solche Materialien in einer Schutzgasatmosphäre aus trockenen Edelgasen aufzubewahren.

Strahlungseffekte gibt es nicht nur auf das Transmissionsvermögen der Materialien in der Form erhöhter optischer Absorption. Es wurden als Folge von intensiver Bestrahlung (10^6 ... 10^8 rad) mit ^{60}Co-γ-Strahlung an optischen Gläsern auch Veränderungen des Brechungsindex in der Größe $200 \cdot 10^{-6}$ festgestellt [161].

5.2. UV-Spektrometer

Spektralphotometer mit Ionisationskammern oder einer Kombination aus Interferenzfilter und Photodiode als spektral selektive Photoempfänger haben für kosmische Experimente den Vorteil großer Einfachheit und Robustheit. Infolge ihrer großen Bandbreite sind ihrem Einsatz für aeronomische und in weitaus stärkerem Maße für solare Aufgabenstellungen jedoch Grenzen gesetzt.

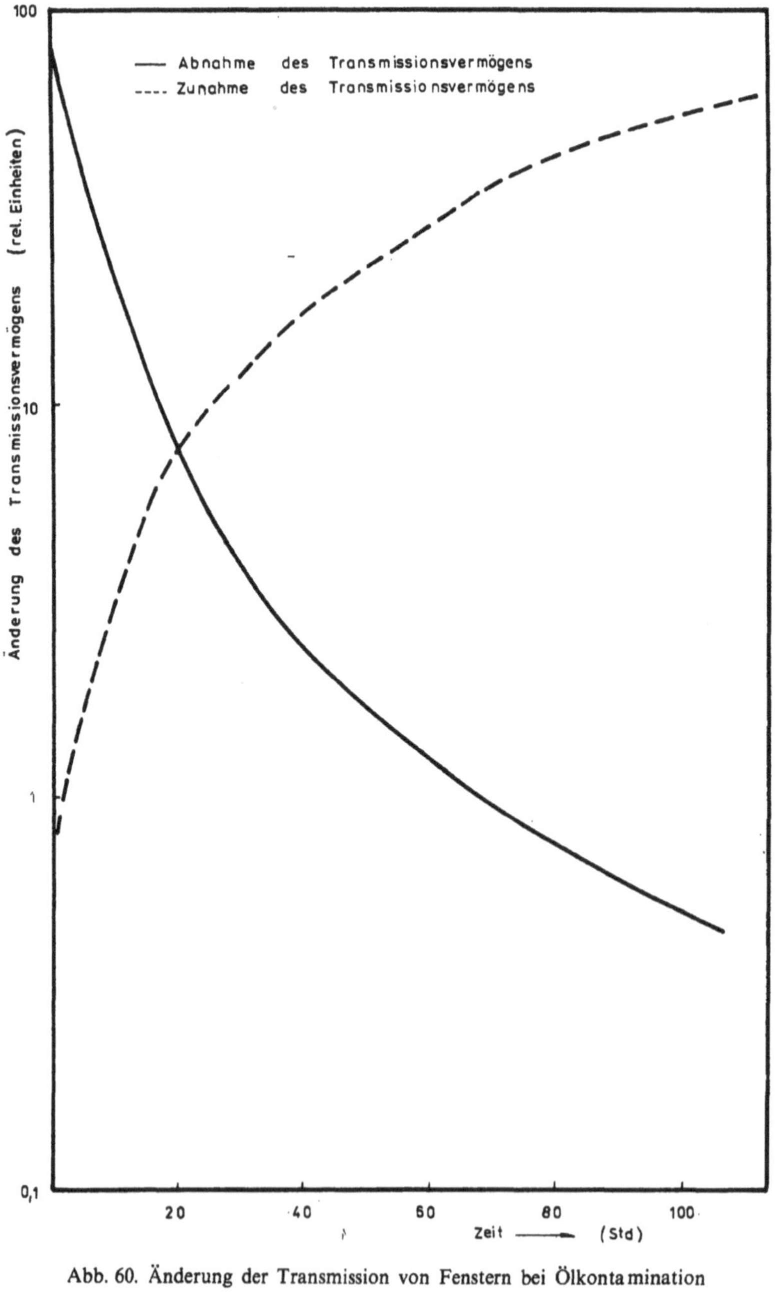

Abb. 60. Änderung der Transmission von Fenstern bei Ölkontamination

Spektrometer, bestehend aus einem dispergierenden Medium in Form eines Dispersionsgitters und geeignet ausgewählten und angepaßten Empfängern, besitzen diesen entscheidenden Nachteil nicht. Der Normalfall im kosmischen Spektrometerbau ist infolge der Gewichts- und Größenbegrenzung das aufgabenspezifische und systemangepaßte Spektrometer, wobei eine relativ große Vielfalt von speziellen Montierungen möglich ist. Allen Spektrometern gemeinsam ist jedoch der grundlegende Aufbau aus:

- einer Eingangsapertur (ein mehr oder weniger langer und breiter Eingangsspalt),
- einem Kollimator,
- einem dispergierenden Element (Dispersionsgitter oder Prisma),
- einem fokussierenden Element (Teleskopspiegel),
- einer Ausgangsapertur (ein der notwendigen Bandbreite angepaßter Austrittsspalt),
- einem angepaßten Strahlungsempfänger.

Spektrometer für Raumanwendungen sind aus Gewichts- und Raumersparnisgründen so konzipiert, daß in den meisten Fällen als dispergierendes Element Konkavdispersionsgitter verwendet werden, die den Kollimator, das dispergierende Element und den Teleskopspiegel in einem optischen Element vereinigen.

Der entscheidende Vorteil eines Spektrometers gegenüber breitbandigen Spektralmeßgeräten wie Photometern mit Ionisationskammern, Filtermethoden oder Photoelektronenanalysatoren liegt infolge seiner hohen erreichbaren Auflösung in einer weitaus detaillierteren spektralen Information des gemessenen solaren Strahlungsflusses. Solare Fragestellungen, wie z. B. quantitative Analysen des chromosphärischen und coronalen Plasmas des Übergangsbereiches zwischen diesen beiden solaren Regionen in aktiven Bereichen, wie auch aeronomische Aufgabenstellungen, wie die Untersuchung des atmosphärischen Neutralgases in bezug auf seine Zusammensetzung über einen großen Höhenbereich, oder Komplexuntersuchungen eines bestimmten Höhenbereiches, die genaue Aussagen über das Temperaturverhalten, die Komposition von Major- und Minorkonstituenten und die Ionenproduktion liefern sollen, stellen an die Parameter eines Spektrometers folgende Anforderungen:

a) Spektralbereich: 15 ... 150 nm,
b) spektrales Auflösungsvermögen: 0,01 ... 0,05 nm (jedoch nicht unbedingt bei jeder Wellenlänge des unter a) genannten Bereiches),
c) räumliche Auflösung: 1′ ... 5′ (um bei Okkultationsmessungen von Satelliten aus eine Höhenauflösung von etwa 1 km zu erreichen (Abb. 61)),
d) energetische Eichung: Absolutgenauigkeit ±20% oder besser über den gesamten Wellenlängenbereich,
e) simultane Messungen bei ausgewählten Linien bzw. Wellenlängenbereichen sowohl im Patrouille-Betrieb (Sonnenüberwachung) als auch in der Phase des Eintritts des Satelliten in den Erdschatten bzw. bei seinem Austritt aus dem Erdschatten (Okkulation für aeronomische Aufgaben).

Eine mögliche Variante stellt hier auch die Messung

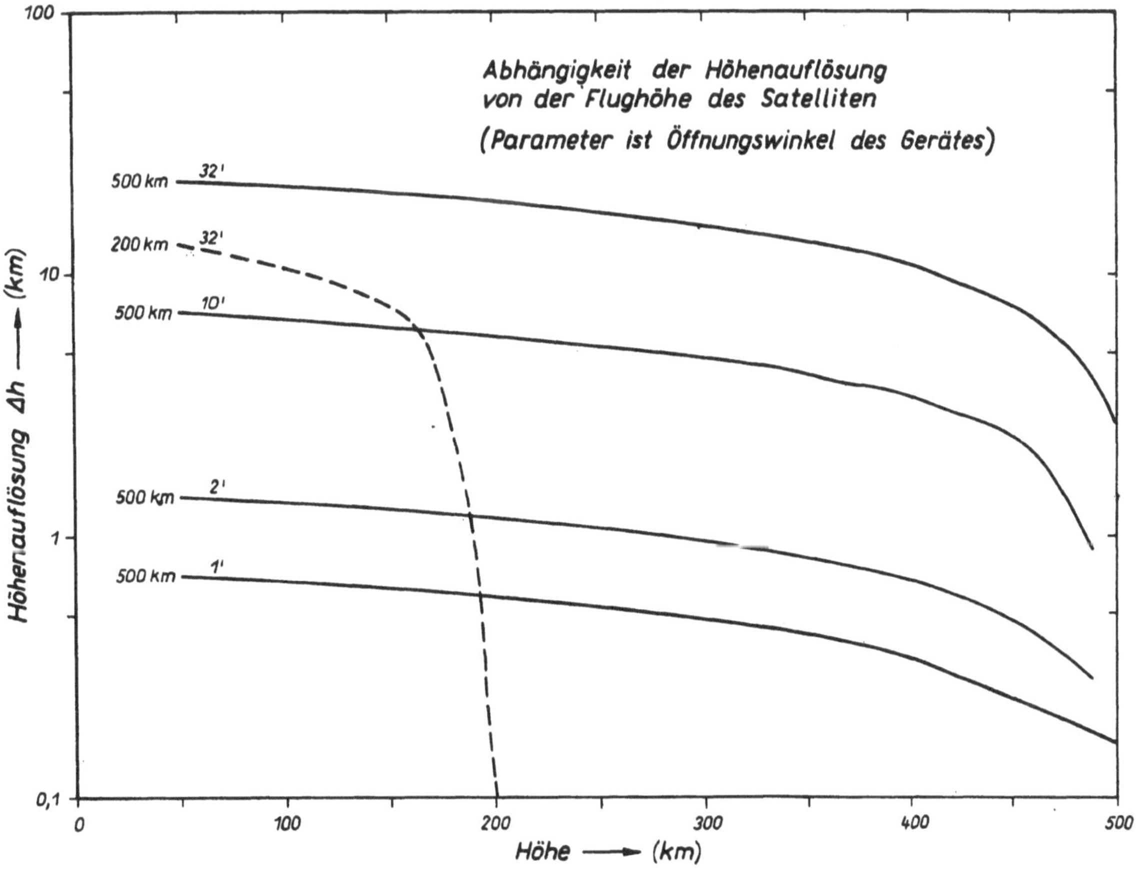

Abb. 61. Flughöhenabhängige Höhenauflösung

der Solarstrahlung mittels Scannierung des Wellenlängenbereiches mit Kommandostop bei spezifischen Wellenlängen in der Okkultationsphase dar,

f) Meßdatenrate: $\geqq 2$ Hz (um die Forderung unter c) vernünftig zu erfüllen),

g) mechanische Optimierung zur Anpassung des Gerätes an die Bedingungen der Bahn, zur Ausrichtung auf die Sonne, in bezug auf das vorgegebene Gewicht, das Volumen und den Energieverbrauch zur bestmöglichen Erfüllung der wissenschaftlichen Aufgabenstellung.

5.2.1. Problemlösung

Spektrometer für Solarmessungen auf Raketen und Satelliten sollten mechanisch-optisch möglichst einfach und wenig anfällig, optisch aber dennoch leistungsfähig aufgebaut sein. In Abb. 62 sind 2 Spektrometer-Grundtypen mit optischem und ohne optisches Abbildungssystem schematisiert dargestellt. Beide Grundtypen haben sich auf Raketen- und Satelliteneinsätzen bewährt. Da es sich bei Sonnenmessungen um astronomische Beobachtungen eines sehr weit entfernten Objektes mit großem Strahlungsfluß handelt, ist die WADSWORTH-Montierung für viele Zwecke wegen ihrer Einfachheit besonders geeignet. Es kann auf einen Eintrittsspalt verzichtet werden, wobei das Gerät den gesamten, durch die Gitterblende begrenzten Strahlungsfluß bei mittlerer spektraler Auflösung erfaßt.

5.2.2. Theoretische Grundlagen der Spektrometerkonzipierung

Ausgehend von der Tatsache, daß im Spektralbereich des VUV und EUV das Reflexionsvermögen der optischen Materialien stark reduziert ist, sollte im Interesse einer hohen Effektivität des Spektrometers die Zahl der reflektierenden Flächen auf ein Minimum reduziert werden. Durch die Verwendung eines Konkavgitters mit abbildenden Eigenschaften (Abb. 63) kann in Mono- und Polychromatoren die Zahl der Reflexionen an optischen Oberflächen auf nur eine Reflexion beschränkt werden. Im folgenden werden aus diesem Grunde die theoretischen Betrachtungen auf das konkave Diffraktionsgitter beschränkt. Die Verwendung von Plangittern schränkt dabei die Theorie konkaver Diffraktionsgitter nicht ein. Die Theorie des Plangitters stellt einen Spezialfall dar.

Nach Abb. 63 gilt für die Lichtwegfunktion E (auch als Eikonal bezeichnet) [162, 163]:

$$E = r + r' - w(\sin\alpha + \sin\beta) + \frac{m \cdot \lambda \cdot w}{d} + \frac{w^2}{2}\sum_{n=0}^{\infty} w^n \left[\left(\frac{\sin\alpha}{r}\right)^n \cdot \left(\frac{\cos^2\alpha}{r} - \frac{\cos\alpha}{R}\right) + \left(\frac{\sin\beta}{r'}\right)^n \cdot \left(\frac{\cos^2\beta}{r'} - \frac{\cos\beta}{R}\right)\right]; \quad (17)$$

m Ordnungszahl,
n natürliche Zahl,
d Gitterkonstante, d. i. der Abstand zweier aufeinanderfolgender Gitterstriche,
w halbe ausgeleuchtete Gitterbreite,
α Einfallswinkel
β Beugungswinkel
r Abstand Gittermitte — Quellpunkt,
r' Abstand Gittermitte — Bildpunkt,
R Gitterradius.

Die Entstehung eines Bildes von Q in B setzt das Verschwinden der einzelnen Koeffizienten in Gleichung (17) voraus:

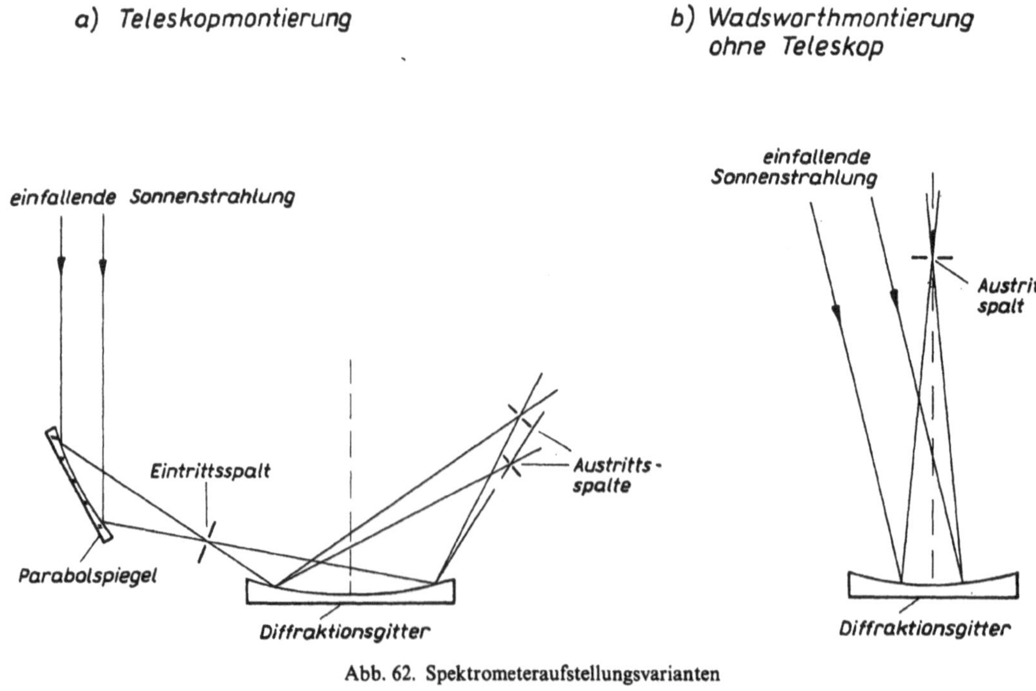

Abb. 62. Spektrometeraufstellungsvarianten

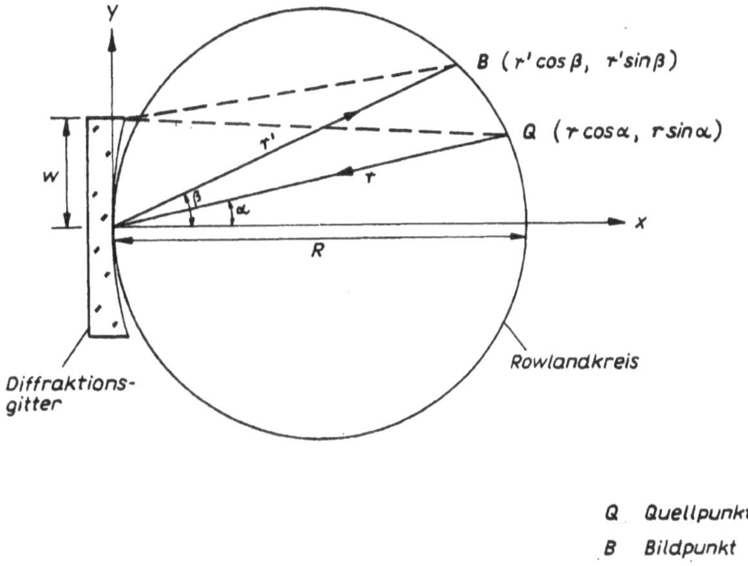

Abb. 63. ROWLAND-Kreis am Konkavdiffraktionsgitter

1. Das Verschwinden der Koeffizienten von w^1 führt zur gewöhnlichen Beugungsbedingung (Gittergleichung):

$$\frac{m \cdot \lambda}{d} = \sin \alpha + \sin \beta \,. \tag{18}$$

Sie beschreibt den Zusammenhang zwischen dem Einfallswinkel, dem Beugungswinkel und der Wellenlänge der gebeugten Strahlung ohne Berücksichtigung abbildender Eigenschaften. Sie ist deshalb sowohl für Plan- als auch für Konkavgitter gültig.

2. Das Verschwinden der Koeffizienten von w^2 führt zu:

$$\frac{\cos^2 \alpha}{r} - \frac{\cos \alpha}{R} + \frac{\cos^2 \beta}{r'} - \frac{\cos \beta}{R} = 0\,, \tag{19}$$

was erfüllt ist durch:

$$r = R \cdot \cos \alpha\,, \qquad r' = R \cdot \cos \beta\,. \tag{20}$$

Die Gleichungen (20) sind die ROWLAND-Bedingungen (Abbildungsbedingungen), die voraussetzen, daß Quellpunkt (Eintrittsspalt) und Bildpunkt (Austrittsspalt) auf dem ROWLAND-Kreis mit dem Durchmesser R (identisch mit dem Radius der Gitterkrümmung) liegen. Sie sind reine Konkavgitterbedingungen.

3. Das Verschwinden der Koeffizienten von w^3 liefert:

$$\frac{\sin \alpha}{r}\left(\frac{\cos^2 \alpha}{r} - \frac{\cos \alpha}{R}\right) + \frac{\sin \beta}{r'}\left(\frac{\cos^2 \beta}{r'} - \frac{\cos \beta}{R}\right) - 0\,. \tag{21}$$

Diese Bedingung ergibt unter Berücksichtgung von Gleichung (19) die Bedingungsgleichung:

$$\left(\frac{\cos^2 \alpha}{r} - \frac{\cos \alpha}{R}\right) \cdot \left(\frac{\sin \alpha}{r} - \frac{\sin \beta}{r'}\right) = 0\,, \tag{22}$$

woraus folgt:

$$\frac{\sin \alpha}{r} = \frac{\sin \beta}{r'}\,. \tag{23}$$

Einsetzen von Gleichung (23) in Gleichung (21) liefert die Bedingungen:

$$r = \frac{R \cdot (\sin \beta \cos^2 \alpha + \sin \alpha \cos^2 \beta)}{\sin \beta \cdot (\cos \alpha + \cos \beta)}\,, \tag{24}$$

$$r' = \frac{R \cdot (\sin \beta \cos^2 \alpha + \sin \alpha \cos^2 \beta)}{\sin \alpha \cdot (\cos \alpha + \cos \beta)} \tag{25}$$

für das Verschwinden der w^3-Koeffizienten.

Für $\beta = 0$ erhält man aus den Gleichungen (24), (25):

$$r = \infty\,, \tag{26}$$

$$r' = \frac{R}{1 + \cos \alpha} \tag{27}$$

die Abbildungsbedingungen für die stigmatische WADSWORTH-Montierung.

Damit stehen die Abbildungsbedingungen für die unterschiedlichen Gerätetypen zur Verfügung, wobei die erreichbare Bildqualität den optimalen Spektralbereich bestimmt. Astigmatismus und Koma sind dabei die die Bildqualität bestimmenden Abbildungsfehler. Der Astigmatismus begrenzt den ausnutzbaren Spektralbereich, während die Koma die Auflösung einschränkt. Die Länge l eines astigmatischen Bildes eines punktförmigen Quellpunktes auf dem Rowlandkreis ist gegeben durch den Ausdruck:

$$l = z \cdot \left(\sin^2 \beta + \sin^2 \alpha \cdot \frac{\cos \beta}{\cos \alpha}\right), \tag{28}$$

z beleuchtete Gitterlinienhöhe.

Aufstellungen mit kleinem Einfallswinkel α (Normalinzidenz-Aufstellung) und kleinem Beugungswinkel β liefern quasi stigmatische Bilder, während Aufstellungen mit großem Einfallswinkel α (grazing incidence-Aufstellung) stark astigmatische Bilder ergeben. Astigmatismus bedeutet darüber hinaus Effektivitätsminderung des Spektrometers infolge Energieverlustes. Das Problem der Koma ist äußerst komplex. JAMES und STERNBERG [163] geben eine ausführliche, rein praxisbezogene Diskussion dieses Phänomens.

Weitere bei der Konzipierung von Spektrometern für aeronomische Aufgabenstellungen äußerst wichtige Fragen sind das Auflösungsvermögen und die Dispersion des Gerätes. Es soll auf zwei wichtige Dinge hingewiesen werden, die oft nur sehr oberflächlich behandelt werden. Ausgehend von dem bekannten Ausdruck für das Auflösungsvermögen:

$$A = \mathrm{m} \cdot N\,, \tag{29}$$

m Ordnungszahl,
N Zahl aller Gitterstriche,

soll auf die Gefahr des Gebrauches dieser Formel hingewiesen werden, der zu unangenehmen Fehlern Anlaß geben kann. Eine Erhöhung des Auflösungsvermögens ist nicht in jedem Falle einfach durch eine Vergrößerung von N zu erreichen, indem pro Längeneinheit mehr Gitterstriche bei gleichbleibender Gittergröße untergebracht werden. Die Größen m und N sind nicht linear unabhängig voneinander. Einwandfrei ist der Gebrauch des äquivalenten Ausdruckes:

$$A = \frac{W}{\lambda} \cdot (\sin\alpha + \sin\beta)\,, \tag{30}$$

W ausgenutzte Gitterbreite ($= d \cdot N$) .

Diesen Ausdruck erhält man, wenn für m in Gleichung (29) der Ausdruck der Gittergleichung (18) eingesetzt wird. Ähnlich ist der Sachverhalt bei der für geometrische Fragen und die Problematik des Auflösungsvermögens so entscheidenden Dispersion, d. h. bei der Winkel- oder Längentrennung für zwei unterschiedliche Wellenlängen. Der gewöhnlich benutzte Ausdruck für die Winkeldispersion lautet:

$$\frac{d\beta}{d\lambda} = \frac{m \cdot k}{\cos\beta}\,, \tag{31}$$

k Zahl der Gitterstriche pro Längeneinheit $\left(= \frac{1}{d} \right)$.

Da auch in diesem Falle die Größen m und k nicht linear unabhängig sind, kann der Gebrauch dieses Ausdruckes zu Irrtümern führen. Korrekt ist es, unter Verwendung der Gittergleichung (18) für die Winkeldispersion zu schreiben:

$$\frac{d\beta}{d\lambda} = \frac{\sin\alpha + \sin\beta}{\lambda \cdot \cos\beta}\,. \tag{32}$$

Dieser Ausdruck stellt einen eindeutigen Zusammenhang zwischen der Dispersion und den Winkelbeziehungen her.

5.2.3. Vergleich zwischen den Grundaufstellungen Normalinzidenz-grazing incidence (streifender Einfall)

Der im vorangehenden Kapitel dargestellte Sachverhalt verleitet leicht zu dem Schluß, die Aufstellung mit streifendem Einfall wegen der Verluste infolge des starken Astigmatismus aus den weiteren Betrachtungen auszuschließen. Da jedoch, wie Abb. 64 zu entnehmen ist, für kleine Einfallswinkel das Reflexionsvermögen aller bekannten Materialien bei Wellenlängen kleiner als 90 nm

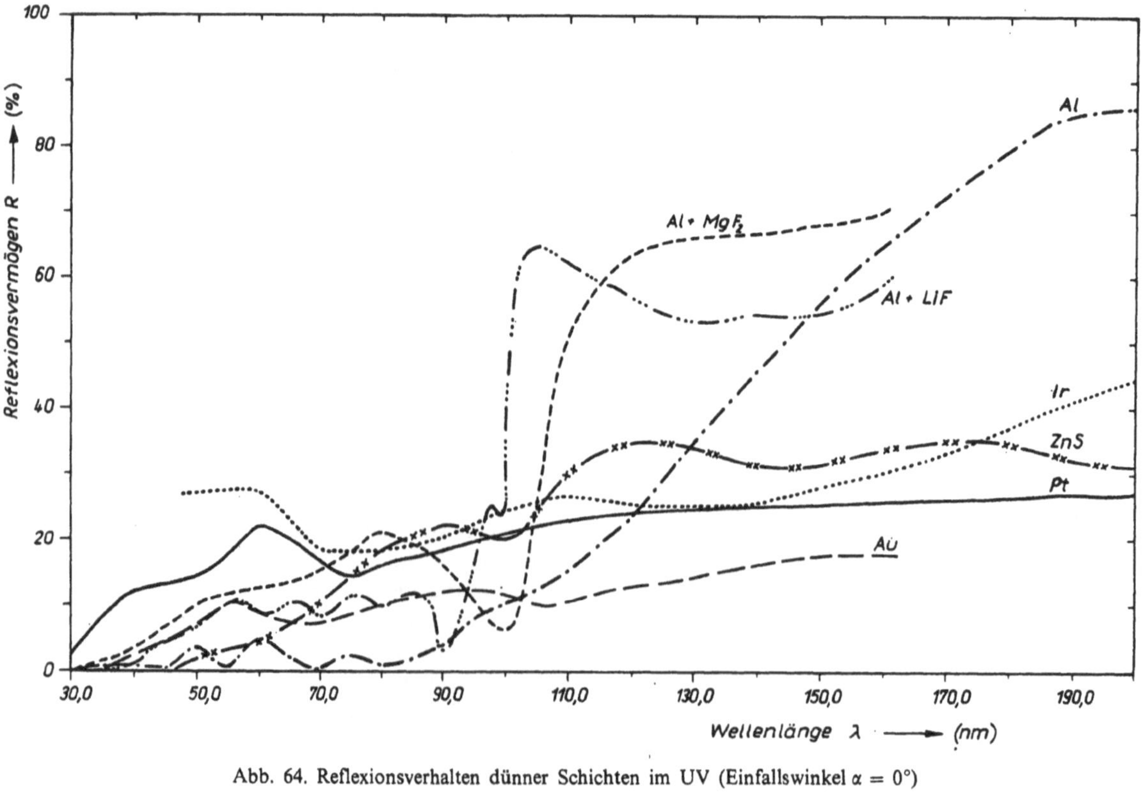

Abb. 64. Reflexionsverhalten dünner Schichten im UV (Einfallswinkel $\alpha = 0°$)

Tabelle 6
Unterscheidungsmerkmale zwischen den beiden Grundaufstellungsarten

Merkmale	Aufstellungsart		
	Normalinzidenz	streifender Einfall	Bemerkungen
Winkelbereich des Strahlungseinfalls	0°—10°	80°—90°	= 35° Seya-Namioka-Aufstellung
Arbeitswellenlängenbereich	60 nm—300 nm	10 nm—200 nm	für Normalinzidenz ist der Bereich 60—90 nm nur mit speziell geblazten Gittern möglich für den Fall des streifenden Einfalls ist der Wellenlängenbereich > 100 nm nicht sehr effektiv
Öffnung	klein (wegen der begrenzten Gittergröße)	größer (begrenzt durch die Gittergröße)	
geometr. Abmessungen	große Baulänge	kleine Baulänge, sehr flacher Bau möglich	
Variabilität der Aufstellungsmöglichkeit	große Vielfalt möglich	nur Rowland-Kreismontierung möglich	bei streifendem Einfall und Verwendung von Plangittern ist ein Kollimator nötig
Abbildungsfehler	nur geringer Astigmatismus, Koma	starker Astigmatismus, Koma	starker Astigmatismus bei streifendem Einfall durch Spiegel zu korrigieren
Strahlungsleitwert	hoher Strahlungsleitwert	geringer Strahlungsleitwert, Verluste durch starken Astigmatismus	

stark reduziert ist, stellt der streifende Einfall für Strahlung des Wellenlängenbereiches 15 ... 90 nm eine wirksame Methode für den Bau von Spektrometern mit ausreichender Effektivität dar. In der Tabelle 6 sind die wesentlichen Unterscheidungsmerkmale der beiden Aufstellungsarten zusammengestellt. Samson [164] gibt einen Überblick über alle praktisch ausführbaren Aufstellungen mit ausführlichen Beschreibungen ihrer spezifischen Merkmale.

5.2.4. Dimensionierungsbeispiel eines Spektrometers für Sonnenmessungen in Normalinzidenzaufstellung auf Satelliten

5.2.4.1 Aufgabenstellung und Theorie

Als Aufgabe steht die Konzipierung eines Spektrometers zur spektralen Messung der Sonnenstrahlung auf Satelliten. Das Spektrometer soll den folgenden Anforderungen genügen:
- geringe geometrische Abmessungen (z. B. Bauhöhe < 50 cm) und geringes Gewicht,
- mittleres Auflösungsvermögen $A = \frac{\lambda}{\Delta\lambda} > 10$,
- Spektralbereich 90 ... 150 nm,
- ausreichende Stabilität des optischen Aufbaus bei statischen und dynamischen Beschleunigungen,
- ausreichender Strahlungsleitwert.

Für den geforderten Spektralbereich 90 ... 150 nm hat wegen der geringen Abbildungsfehler und wegen des höheren Strahlungsleitwertes die Normalinzidenz-Aufstellung gegenüber der Aufstellung mit streifendem Einfall der Strahlung den Vorzug. Die Wadsworth-Aufstellung erscheint wegen $r = \infty$ geeignet. Nach Gleichung (27) hat die Wadsworth-Aufstellung gegenüber der Rowland-Aufstellung den Vorteil der Verringerung der Baulänge um den Faktor 2 für ein Konkavgitter mit gegebenem Krümmungsradius. Streng gilt die Wadsworth-Aufstellung nach den Gleichungen (26), (27) nur für den Diffraktionswinkel $\beta = 0$. Praktisch muß also der Einfallswinkel α so gewählt werden, daß entweder der Mittelwert λ_m des zu untersuchenden Wellenlängenbereiches oder die Wellenlänge mit der höchsten geforderten spektralen Auflösung bei $\beta = 0$ liegt. Das bedeutet nach der Gittergleichung (18):

$$\sin \alpha = \frac{m \cdot \lambda_m}{d}. \tag{33}$$

Für ein Diffraktionsgitter mit $d = 4{,}0 \cdot 10^{-5}$ cm und $\lambda_m = 120$ nm (Nähe der Ly-α-Linie) bedeutet das für die 1. Ordnung ($m = 1$) einen Einfallswinkel $\alpha \sim 17°$. Die spektrale Bandbreite dieses Spektrometers wird bestimmt durch die Winkeldivergenz $\Delta\beta$, welche der Ausdehnung des Bildes der Sonne in Dispersionsrichtung entspricht (Abb. 65). Für die Sonne bilden die Randstrahlen einen 32'-Kegel. Die spektrale Bandbreite $\Delta\lambda$ ent-

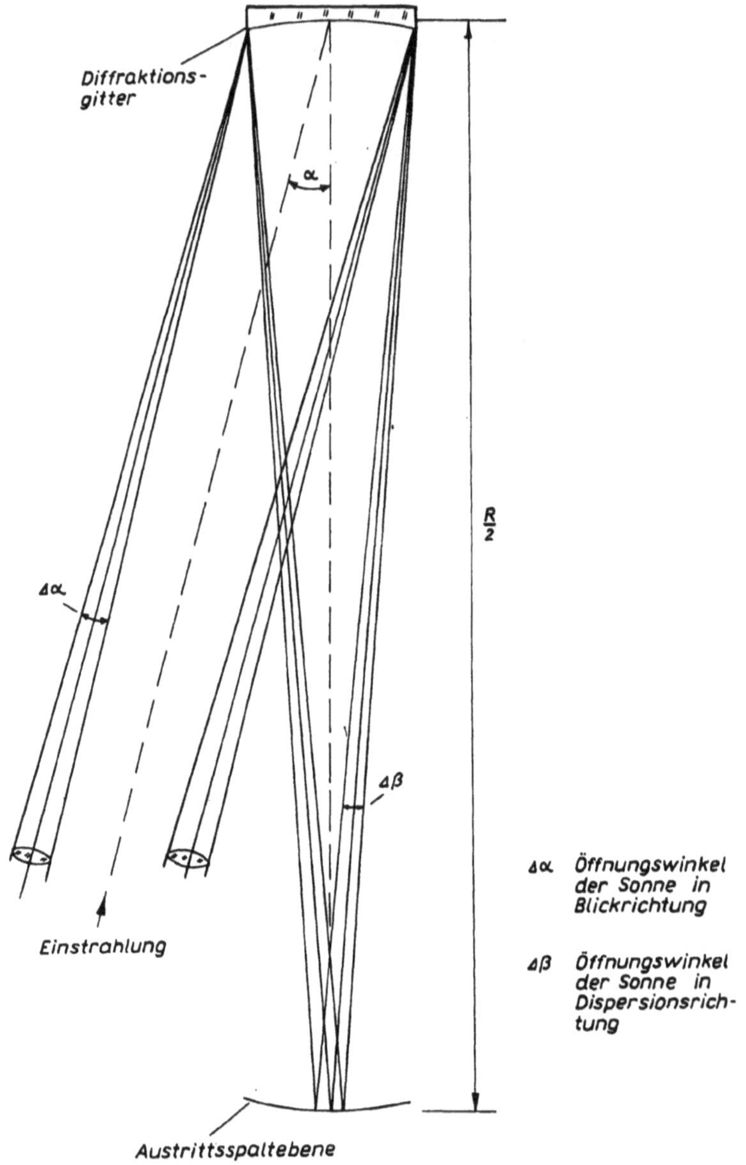

Abb. 65. WADSWORTH-Gitteraufstellung

sprechend der Winkeldivergenz $\Delta\beta$ berechnet sich nach Gleichung (24) durch das vollstandige Differential:

$$\Delta\lambda = \frac{d}{m}(\cos\alpha \cdot \Delta\alpha + \cos\beta \cdot \Delta\beta). \quad (34)$$

Für $\Delta\beta$ gilt:

$$\Delta\beta = \Delta\alpha \cdot \frac{\cos\alpha}{\cos\beta}. \quad (35)$$

In der 1. Ordnung erhält man also mit Gleichung (35) aus Gleichung (34):

$$\Delta\lambda = 2 \cdot d \cdot \cos\alpha \cdot \Delta\alpha.$$

Mit den oben genannten Daten berechnet sich dann eine Bandbreite $\Delta\lambda = 7{,}1$ nm. In Dispersionsrichtung verringert sich der ursprüngliche Sehwinkel der Sonne von $\Delta\alpha = 9{,}3 \cdot 10^{-3}$ rad auf $\Delta\beta = 8{,}9 \cdot 10^{-3}$ rad. Der Durchmesser b der Austrittsöffnungen in der Austrittsebene berechnet sich nach dem Ausdruck:

$$b = \Delta\beta \cdot \frac{R}{2}. \quad (37)$$

Mit $R = 50$ cm wird $b = 2{,}2$ mm. Unter der Voraussetzung, daß die Länge der Fokalkurve gleich dem wirksamen Gitterdurchmesser D_G ist, berechnet sich der durch das Spektrometer erfaßbare Spektralbereich nach Gleichung (18) in der 1. Ordnung:

$$\delta\lambda = d \cdot \sin\delta\beta, \quad (38)$$

$$\overline{\delta\beta} = \frac{2D_G}{R}. \quad (39)$$

Mit $d = 4{,}0 \cdot 10^{-5}$ cm, $D_G = 5{,}0$ cm und $R = 50{,}0$ cm wird $\delta\lambda = 79{,}5$ nm.

Die praktische Auflösung des Spektrometers liegt für den oben geforderten Wellenlängenbereich bei $A = 12$ bis 22. Eine Vergrößerung der Auflösung A über eine Verkleinerung der Bandbreite $\Delta\lambda$ erreicht man nach Gleichung (34) theoretisch durch eine Verkleinerung der Gitterkonstante d und der Objektöffnung $\Delta\alpha$ bzw. eine Vergrößerung des Einfallswinkels α. Eine Vergrößerung von α ist praktisch nicht sinnvoll, da damit notwendig eine Vergrößerung der geometrischen Abmessungen des Gerätes und eine Verkleinerung der wirksamen Gitterfläche verbunden ist. Geht man von der Verwendung holographischer Gitter aus, so läßt sich bei der gegenwärtigen technischen Grenze von 5000 Strichen/mm die Gitterkonstante d auf die Hälfte $d = 2{,}0 \cdot 10^{-5}$ cm gegenüber dem ursprünglichen Wert verkleinern. Reduziert man $\Delta\alpha$ durch Abblendung auf $\Delta\alpha \leqq 16'$, so ist die Bandbreite problemlos auf $\Delta\lambda \leqq 1{,}5$ nm zu reduzieren, was einer Erhöhung der Auflösung um den Faktor $\geqq 4$ entspricht.

5.2.4.2. Prinzipieller optischer Aufbau des Gerätes

Die Größe des Gerätes wird durch die untere Grenze des Gitterkrümmungsradius bestimmt. Bei holographischen Gittern sind keine wesentlichen Probleme für Krümmungsradien $R = 40$—50 cm zu erwarten. Die Längenausdehnung L des optischen Weges muß nach Gleichung (27) deshalb 20—25 cm betragen. Bei Verwendung von Kanal-Elektronen-Vervielfachern (CEM) vergrößert sich die Bauhöhe um etwa 5 cm auf 25—30 cm. Der größte Durchmesser des Gerätes wird wesentlich durch den wirksamen Gitterdurchmesser D_G bestimmt, der 5—7 cm betragen würde. Zu diesem Maß kommen etwa noch 10 cm Baubreite für die in Detektornähe unterzubringende Elektronik der Hochspannungsversorgung und Signalverarbeitung hinzu. Das Ergebnis ist ein kleines, kompaktes, nur etwa 3—4 kg schweres Spektrometer mittlerer Auflösung, das problemlos die Leistungsfähigkeit einiger Spektralphotometer in sich vereinigt (Abb. 66). Soll die spektrale Bandbreite des Spektrometers infolge der Orientierungsungenauigkeit der Längsachse des Satelliten relativ zum Zentrum der Sonne zusätzlich nicht wesentlich erhöht werden, muß die Achse der Strahlungseintrittsöffnung des Spektrometers mit

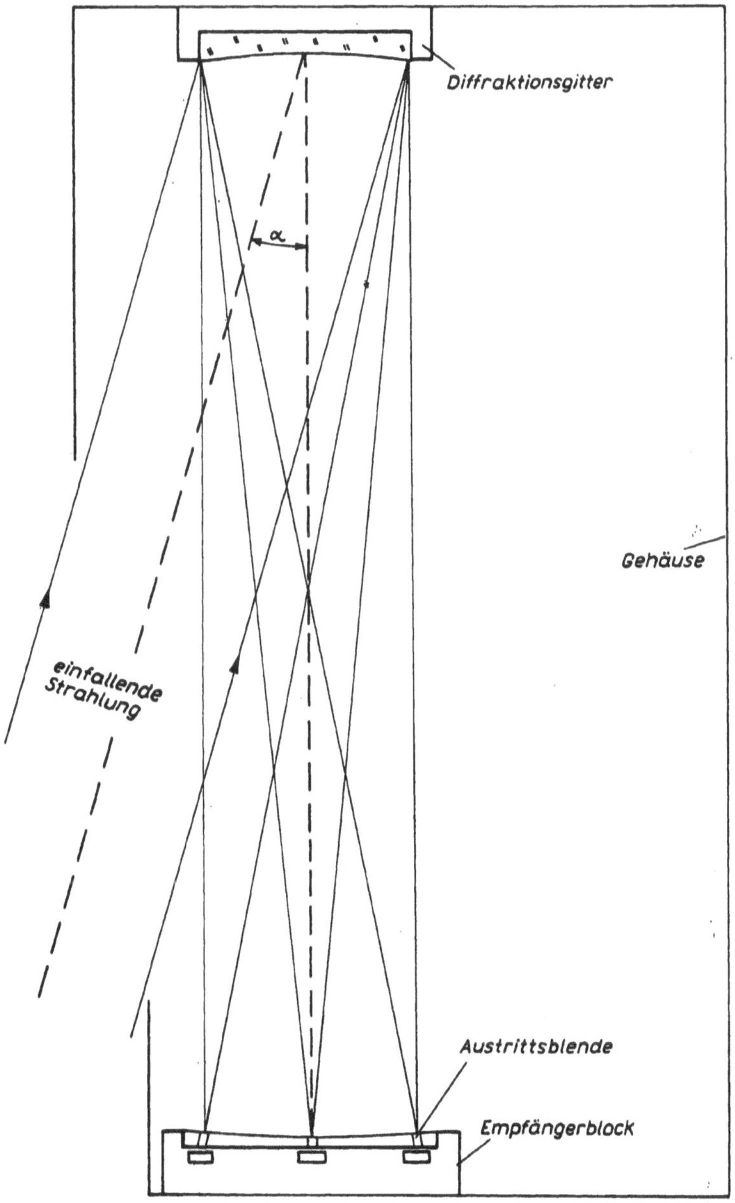

Abb. 66. Schema eines kleinen WADSWORTH-Spektrometers

Tabelle 7
WADSWORTH-Spektrometer-Daten

Spektrometer-Charakteristik	Spektrometerdaten	Bemerkungen
WADSWORTH-Aufstellung	$r' = \infty, r \sim \frac{R}{2}$	gilt streng nur für $\beta = 0°$ und $\alpha = 0°$
fokale Länge	$r \sim 25$ cm	gilt streng nur für $\beta = 0°$, sonst $r = \frac{R}{1 + \cos\alpha}$
Gitter	$R = 50$ cm	holographisches Konkavgitter
Gitterkonstante	$d = 4{,}0 \cdot 10^{-5}$ cm	
Gitterbelegung	Al + MgF_2	für den vorgegebenen Wellenlängenbereich optimal
Einfallswinkel	$\alpha = 17°$	Normalinzidenz
Spektralbereich	80—160 nm	gefordert 90—150 nm
Mittenwellenlänge	120 nm	
Bandbreite	7,1 nm	bestimmt durch die Winkeldivergenz $\Delta\beta$ des Sonnenbildes in Dispersionsrichtung bei voller Sonne
praktische Auflösung	$A \sim 20$	
effektive Gitterfläche	$5{,}0 \cdot 5{,}0$ cm^2	das Gittersubstrat ist etwa 10 cm größer
Spektrometerabmessungen	$20 \cdot 20 \cdot 20$ cm^3	
Gewicht	3—4 kg	
Orientierungsgenauigkeit	5'	
Größe der Austrittsspalte	$b = 2{,}2$ mm	bei Verkleinerung verringert sich der Blickwinkel in Sonnenrichtung
Empfänger	CEM oder sensibilisierte Photodioden	bei Verwendung von CEM's ist das Spektrometer energetisch überdimensioniert; Abblendung ist zu empfehlen

einer Genauigkeit von $\Delta\alpha/6 = 5'$ stabilisiert sein. Es ist eine hohe Aufstellungsgenauigkeit des Gerätes von 1 Bogenminute auf der Meßplattform des Satelliten erforderlich. Die Spektrometerdaten sind in der Tabelle 7 zusammengestellt.

5.2.4.3. Energetische Dimensionierung des Spektrometers

Der am Strahlungsempfänger zu erwartende Strahlungsfluß $J_{\Delta\lambda}(\lambda)$ wird berechnet nach:

$$J_{\Delta\lambda}(\lambda) = \eta(\lambda) \cdot F_G \cdot S(\lambda) \cdot \Delta\lambda\,, \qquad (40)$$

$\eta(\lambda)$ Gittereffektivität,
F_G wirksame Gitterfläche,
$S(\lambda)$ spektrale Strahlungsdichte,
$\Delta\lambda$ Breite des betrachteten Spektralbereiches.

Für die Ly-α-Linie ($\lambda = 121{,}6$ nm) in der Nähe der Mittenwellenlänge ($\beta = 0$) erhält man mit:

$$\eta(121{,}6) = 0{,}2\,; \qquad F = 5{,}0 \cdot 5{,}0 \text{ cm}^2\,;$$

$$S(121{,}6) = 3 \cdot 10^{11} \text{ Phot} \cdot \text{cm}^{-2}\,\text{s}^{-1}\,;$$

$$J(121{,}6) = 1{,}5 \cdot 10^{12} \text{ Phot} \cdot \text{s}^{-1}$$

als Strahlungsfluß am Empfänger. Für einen Kanal-Elektronen-Vervielfacher kann eine Quanteneffektivität von 2% vorausgesetzt werden. Unter dieser Voraussetzung kann mit einer Impulsrate P von:

$$P = 3 \cdot 10^{10} \text{ Impulse} \cdot \text{s}^{-1}$$

gerechnet werden. Die Dunkelimpulsrate beim Durchfliegen von Strahlungsgürteln beträgt etwa 10^1 ... 10^2 Impulse $\cdot$ s^{-1}. Das bedeutet eine Genauigkeit der Ly-α-Strahlungsmessung von etwa 10^{-8}. In benachbarten Spektralbereichen mit um 3—4 Größenordnungen verminderter Strahlungsintensität ist bei vergleichbarer Gitter- und Strahlungsempfänger-Effektivität die Strahlung mit einer Genauigkeit von 0,01% meßbar. Bei Okkultationsmessungen zur Bestimmung der atmosphärischen Konstituenten sind wegen der exponentiellen Strahlungsdämpfung extrem hohe Nachweisgenauigkeiten im Normalfall nicht nötig. Die Verwendung von durch Natriumsalizylat sensibilisierten Phototransistoren liefert bei einer Signalnachweisgrenze von etwa $5 \cdot 10^6$ Photonen $\cdot$ s^{-1} für die oben genannten Strahlungsintensitäten eine Nachweisempfindlichkeit von ca. 1%.

5.3. Photoelektrischer Positionsgeber

5.3.1. Aufgabe des Positionsgebers

Die Kenntnis der Lage der optischen Achse eines Spektrometers relativ zum Sonnenzentrum ist von großer Wichtigkeit für die Aussagefähigkeit der Meßwerte. Bei Sonnenscannierungen mit kleinen beobachteten Bildausschnitten auf der Sonnenscheibe ist die Beobachtungsrichtung direkter Parameter der Messung. Wird die ganze Sonnenscheibe durch ein Spektrometer beobachtet, ist der Ausleuchtungszustand des Eintrittsspaltes für Absolutmessungen von entscheidender Wichtigkeit und direkt verbunden mit der Beobachtungsrichtung zum Sonnenzentrum. In den folgenden Betrachtungen wird ein Positionsgeber vorgestellt, der es gestattet, den Winkel der optischen Achse eines Spektrometers relativ zum Zentrum der Sonne zu bestimmen [165].

5.3.2. Forderungen an den Positionsgeber

Gewöhnlich steht die Aufgabe, die Orientierungsgenauigkeit eines Spektrometers relativ zum Zentrum der Sonne kontinuierlich mit hoher Winkelgenauigkeit messen zu können. In der kosmischen Meßtechnik muß das System mechanisch bei höheren Schwingungsfrequenzen und erhöhten g-Werten beanspruchbar sein, ohne dabei seine Leistungsfähigkeit bezüglich der geforderten Winkelgenauigkeit einzubüßen. In herkömmlichen Systemen wird für die Lösung dieser Aufgabe normalerweise eine geeignet geformte Maske verwendet [166]. Dabei ist der Algorithmus für die Bestimmung der Position gewöhnlich sehr aufwendig und die erreichbare Winkelauflösung für viele Fälle nicht ausreichend.

5.3.3. Funktionsprinzip des Positionsgebers

Fällt ein Lichtbündel schräg auf eine Apertur, so ist auf dem Empfängerschirm hinter der Apertur der Abstand zwischen der Lichtfleckmitte und dem Lotpunkt unter der Aperturmitte bestimmt durch den Einfallswinkel und den Abstand Aperturblende-Empfängerebene. In Abb. 67 ist schematisch der Aufbau des gewählten Meßsystems dargestellt. Bei schrägem Lichteinfall verschiebt sich die Bildpunktmitte relativ zum Lotpunkt.

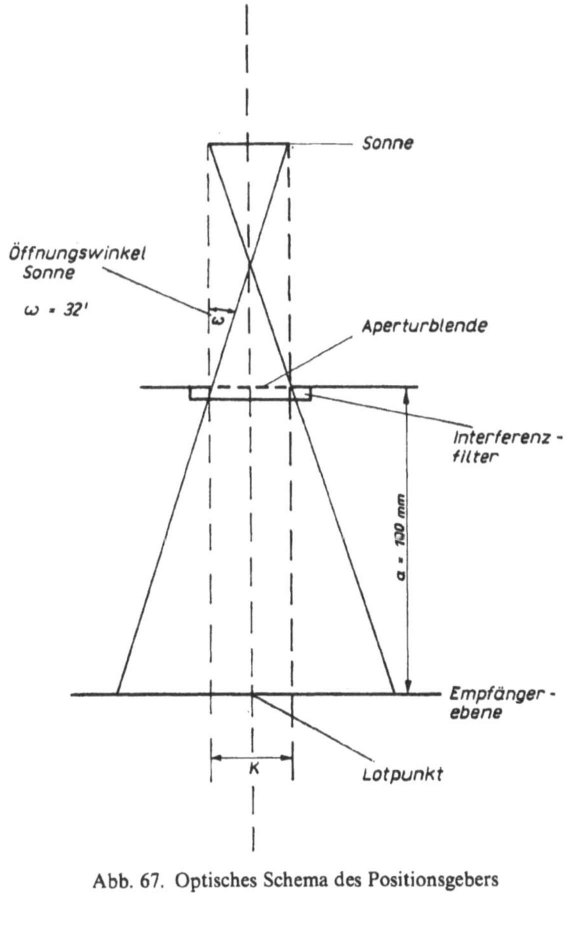

Abb. 67. Optisches Schema des Positionsgebers

Die Sonnenstrahlung fällt durch eine Aperturblende und ein *Zeiß*-Metallinterferenzfilter auf den Empfänger. Als Empfänger werden wahlweise eine zweidimensional ortsauflösende Quadrantenphotodiode (QD) oder eine positionsempfindliche Vollflächendiode (PFD) verwendet [167, 168, 169]. Diese Strahlungsempfänger sind optoelektronische Meßwandler, die es gestatten, die Position des Lichtfleckes auf ihrer Oberfläche zu bestimmen. Dazu werden die vom Lichteinfallsort abhängigen, von den einzelnen Quadranten bzw. von den einzelnen Elektroden der PFD gelieferten Teilströme ausgenutzt.

Aus der Differenz der Photoströme $i_1 - i_3$ und $i_2 - i_4$ der sich paarweise gegenüberliegenden Quadranten bzw. Elektroden läßt sich bei bekannter, auf den Detektor fallender Strahlungsleistung und bekannter Ortsauflösung des Detektors unter Berücksichtigung der in Abb. 67 dargestellten Geometrie des optischen Systems die aktuelle Winkelabweichung direkt bestimmen. Die Quadranten- bzw. Vollflächendiode ist ein analog anzeigender positionsempfindlicher Photoempfänger, der aus einer großflächigen Siliziumdiode besteht. Sein Ausgangssignal ist proportional der Anzahl der einfallenden Photonen. Darüber hinaus liefert es Information über die Lage des Einfallsortes der Photonen auf der Oberfläche des Empfängers.

Bei der Quadrantenphotodiode (QD) ist die gesamte Diodenfläche in vier gleich große Sektoren unterteilt (Abb. 68). Die Ortsanzeige wird durch eine geometrische Aufteilung des auftreffenden Bündels ermöglicht, wobei die einzelnen Quadranten bei ungleicher Ausleuchtung unterschiedliche Teilströme liefern. Die positionsempfindliche Vollflächendiode (PFD) ist so ausgelegt, daß die gesamte Fläche des optischen Bauelements lichtempfindlich ist. Die Ortsanzeige wird hier durch eine elektrische Aufteilung des vom Lichtbündel erzeugten Photostroms auf die lateral getrennten Anschlußkontakte realisiert.

Die Güte der großflächigen Photodioden wird im wesentlichen durch deren Sperrstrom und ihre Durchbruchspannung charakterisiert. Bei den verwendeten

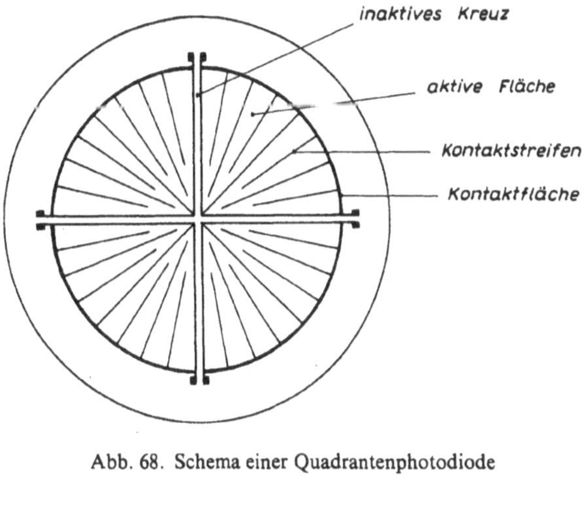

Abb. 68. Schema einer Quadrantenphotodiode

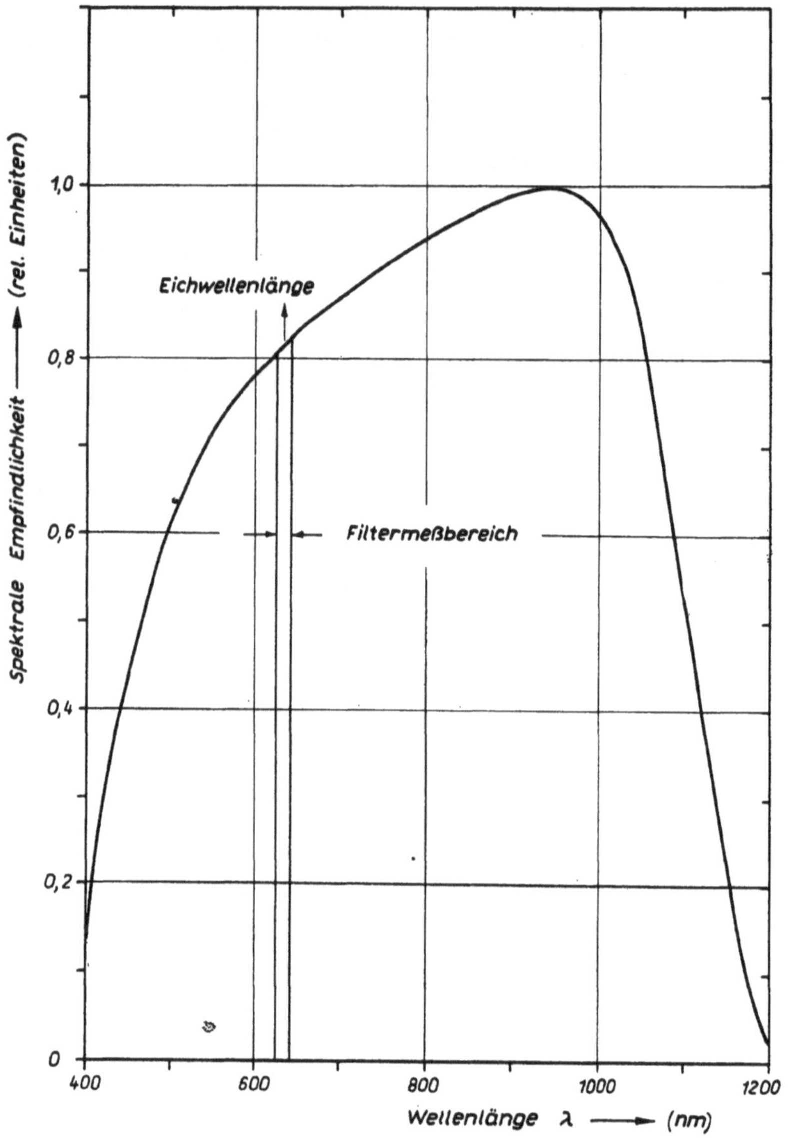

Abb. 69. Empfindlichkeitsverteilung einer Flächendiode

Exemplaren liegen die Werte für den Sperrstrom zwischen 0,16 ... 1,5 μA bei 30 V Sperrspannung und für die Durchbruchspannung bei 100 ... 500 V (i_{Br} < 100 μA). Die relative spektrale Empfindlichkeitsverteilung einer Photodiode zeigt Abb. 69. Die absolute Empfindlichkeit wurde bei der He-Ne-Laserwellenlänge λ = 632,8 nm gemessen. Die Position ist in Abb. 69 markiert. Die erhaltenen Absolutempfindlichkeiten liegen bei 0,3 A · W^{-1}.

Für die Bestimmung der Ortslage des Lichtfleckes wird die Differenz der Photoströme der jeweils gegenüberliegenden Kontaktierungen gebildet. Diese vorzeichenbehafteten Differenzströme sind in einem engen Bereich um das Diodenzentrum linear von der Auslenkung abhängig.

5.3.4. Bestimmung der Ortsauflösung des Empfängers

Die Kenntnis des Ortsauflösungsvermögens des Empfängers ist die grundlegende Voraussetzung für die Bestimmung der Winkelabweichung α der aktuellen Einfallsrichtung der Solarstrahlung von der als 0-Abweichung definierten und justierten Richtung des Sonnenzentrums. Bei Differenzmessung der Teilströme der sich gegenüberliegenden Quadranten ist die Ortsauflösung definiert durch den bei 1 mW Strahlungsleistung und 1 mm Ortsverschiebung des Lichtfleckes resultierenden Differenzstrom. Angegeben wird die Ortsauflösung S in μA · mW^{-1} · mm^{-1}.

Als Lichtquelle für die Bestimmung der Ortsauflösung wurde ein He-Ne-Gaslaser HNJ 25 des VEB Carl Zeiß Jena mit der Wellenlänge λ = 632,8 nm verwendet. Der Lichtfleck auf dem Empfänger hatte einen Durchmesser von 9,0 mm. Meßfleck- und Eichfleckdurchmesser sind damit angenähert gleich groß. Dieser Lichtfleckdurchmesser gestattet lineare Messungen in einem Verschiebungsbereich von ~4,5 mm [168]. Die Laserleistung wurde mit einem Leistungsmesser LM 1 gemessen. Die Laserstrahlung hatte über die Meßdauer eine zeitliche Stabilität von ±5%. Die Verschiebung des Empfängers im Laserstrahlungsfeld wurde mit einem Kreuz-

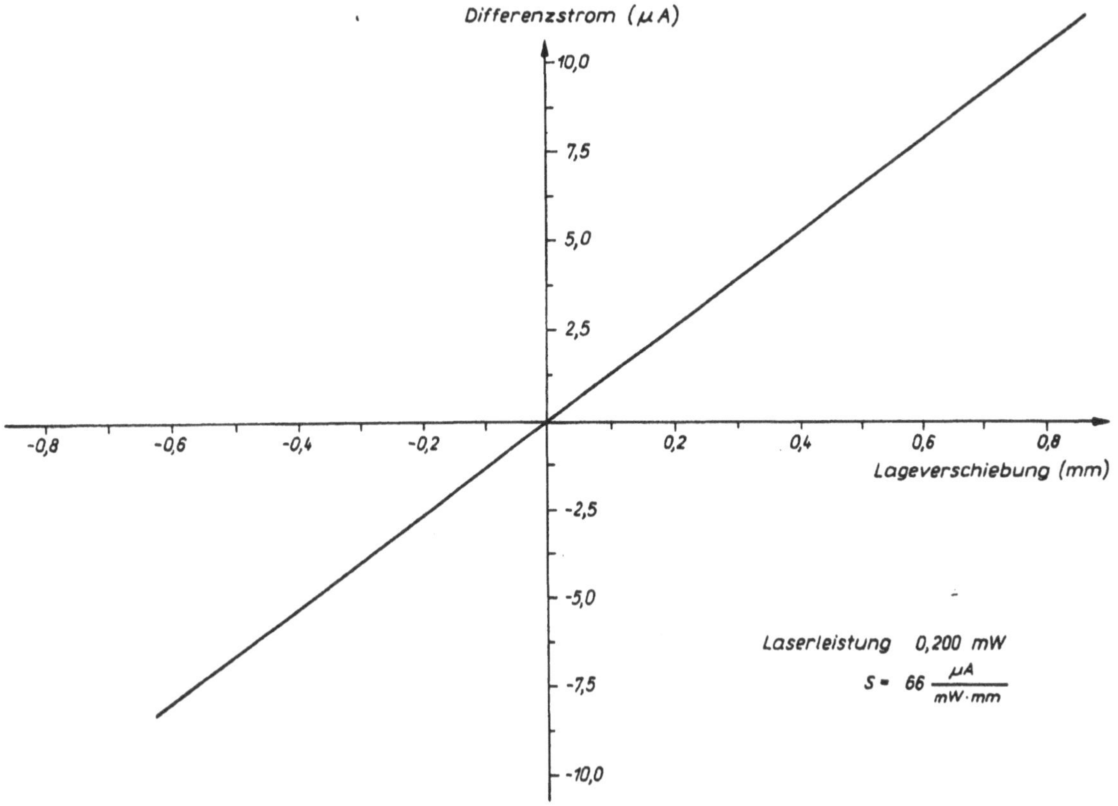

Abb. 70. Ortsauflösung einer Flächendiode

schlitten über Mikrometerschrauben mit einer Genauigkeit von 5 μm durchgeführt. In Abb. 70 ist die Ortsauflösungskurve dargestellt. Ihr entspricht eine Ortsauflösung $S = 66$ μA · mW^{-1} · mm^{-1} bei einer Laserleistung $L = 0{,}2$ mW.

5.3.5. Dimensionierung des Positionsgebers

Ein He-Ne-Gaslaser als Eichlichtquelle für die Bestimmung der Ortsauflösung des Empfängers ist bei Verwendung eines Metallinterferenzfilters IF 625 im Positionsgeber aus der Sicht der Schwerpunktwellenlängen besonders günstig. In Abb. 71 ist das gemessene Transmissionsvermögen eines Metallinterferenzfilters IF 625 des VEB Carl Zeiss Jena dargestellt. Eingezeichnet in das Bild ist die Position der Wellenlänge des verwendeten He-Ne-Lasers. Sie liegt nur etwa 1,7 nm neben der maximalen Transmission des Interferenzfilters.

Faltet man den solaren Strahlungsfluß [170] mit dem in Abb. 71 dargestellten Transmissionsvermögen des Interferenzfilters, so erhält man den auf den Empfänger fallenden spektralen Strahlungsfluß. Integration dieses Strahlungsflusses liefert unter Berücksichtigung der wirksamen Interferenzfilter-Fläche von 0,636 cm^2 einen Gesamtstrahlungsfluß von $E_G = 4{,}292 \cdot 10^{-1}$ mW. Dieser Wert ist gültig unter extraterrestrischen Bedingungen, wie sie sich bei Messungen auf Satelliten und Raketen darstellen.

Die Vorgabe einer gewünschten Winkelauflösung von 1 Bogenminute bedeutet bei einem Abstand Aperturebene-Empfängerebene von 100 mm eine Ortsverschiebung des Lichtfleckmittelpunktes von $\Delta d = 0{,}029$ mm. Der Differenzstrom i_D berechnet sich nach dem folgenden Ausdruck:

$$i_D = S \cdot E_G \cdot \Delta d\,. \qquad (41)$$

Unter extraterrestrischen Bedingungen ergibt sich daraus mit den oben angegebenen Größen ein Differenzstrom von $i_D = 8{,}2 \cdot 10^{-7}$ A. Dieser Strom wird über einen Verstärker telemetriegerecht weiterverarbeitet.

5.3.6. Meßwertverarbeitung

Der Sensor des Positionsgebers stellt eine Stromquelle dar und liefert folglich keine telemetriegerechten Meßgrößen. Die Umwandlung der Diodenteilströme in telemetriegerechte Spannungsdifferenzen U_x und U_y für die beiden Koordinatenrichtungen der Diode erfolgt durch einen Instrumentationsverstärker [170]. Er bietet sich wegen der geforderten hohen Gleichtaktunterdrückung besonders in der Nähe des Koordinatennullpunktes und der notwendigen gleichen Eingangsimpedanz für die jeweils paarigen Elektroden zur Differenzbildung an. Das Verfahren der einfachen Differenzbildung ist abhängig von der Strahlungsintensität. Eine Schwankung der Strahlungsintensität der Sonne würde damit eine Positionsänderung vortäuschen. Es empfiehlt sich deshalb, durch eine einfache Schaltung die Differenzspannungen U_x und U_y durch die Gesamtspannung U_Σ zu dividieren, um Intensitätsunabhängigkeit zu erreichen. Bei kleineren Gesamtströmen

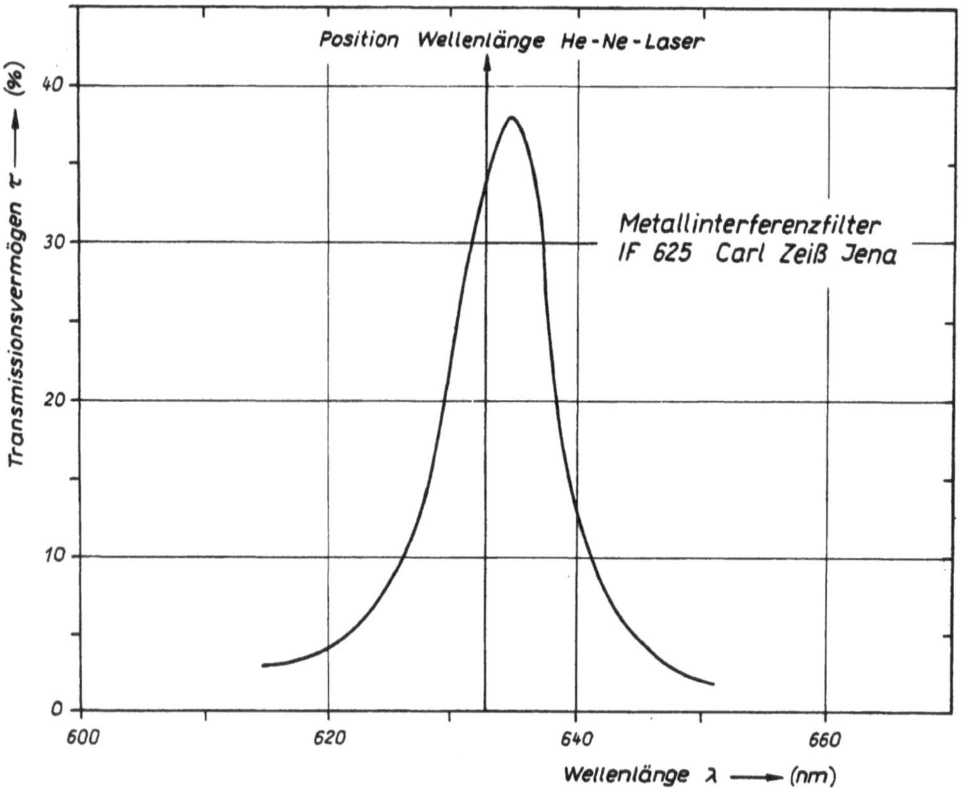

Abb. 71. Transmissionsvermögen eines Interferenzfilters

(i_Σ < 1 mA) können Arbeitswiderstände bis zu 1,5 kΩ eingesetzt werden. Mit einer Verstärkung V = 100 erreicht man also für $\Delta\alpha = 1'$, Δd = 0,029 mm problemlos U_x bzw. U_y = 100–200 mV. Für ein Telemetriesystem mit einem analogen Meßwertbereich 0 ... 6 V ist diese Größe gut nachweisbar. Dabei ist zu bemerken, daß die Verstärkung V des Instrumentationsverstärkers ohne Schwierigkeiten um den Faktor 2 erhöht werden kann.

Mit den angegebenen Größen für i_D, S, E_G und a und ihren Genauigkeiten ergibt sich bei einer Winkelabweichung $\Delta\alpha = 1'$ ein Fehler $\Delta\alpha/\alpha$ von etwa 20%. Dieser Fehler dürfte jedoch problemlos auf unter 10% verkleinert werden können, wenn die Absolutfehler der 4 bestimmenden Größen auf die Hälfte reduziert werden und der Abstand a zwischen Blende und Empfänger verdoppelt werden kann.

5.4. Reflexionsverhalten dünner Schichten

Infolge der stark reduzierten Intensität der Solarstrahlung und des Fehlens intensiver Strahlungsquellen im Bereich des VUV und EUV kommt den Reflexionseigenschaften dünner Schichten eine besondere Bedeutung zu. Das gilt für den Bau von Spektrometern mit hoher Transmissivität ebenso wie für die Entwicklung z. B. effektiver Polarisatoren, selektiv wirkender Spiegelschichten oder schmalbandiger Filter.

Im Wellenlängenbereich 50 ... 150 nm haben WALKER u. a. [171] eine große Zahl von metallischen Schichten in bezug auf ihre Eignung als effektive UV-Reflektoren untersucht. Es hat sich gezeigt, daß es keine Spiegelschicht gibt, die ein annähernd gleichbleibendes Reflexionsvermögen über den Wellenlängenbereich des VUV und EUV hat. Für Wellenlängen größer als 100 nm besitzt nach den Aussagen von Abb. 64 Aluminium das höchste Reflexionsvermögen. Die Oxydation des Aluminiums bewirkt jedoch für Wellenlängen bis zu 200 nm einen Alterungseffekt, der sich in einer merklichen Reflexionsabnahme äußert (Abb. 72) [172]. Im Wellenlängenbereich unter 100 nm ist Platin das am häufigsten verwendete Spiegelbelegungsmaterial [173]. Gold ist nur wenig schlechter in seinem Reflexionsverhalten. Iridium als weiteres Metall der Platingruppe hat zwar im VUV-Bereich bis 30 nm ein höheres Reflexionsvermögen als Platin, doch kann es infolge seines hohen Schmelzpunktes von 2450 °C nicht durch konventionelle Techniken verdampft werden. Ein entscheidender Vorteil von Iridium-Filmen liegt jedoch darin, daß sie neben ihrem hohen Reflexionsvermögen auch in Luft einen nur sehr schwachen Alterungseffekt zeigen [174].

Im Wellenlängenbereich 70 ... 90 nm läßt sich selektiv mit einer Schichtenkombination aus Aluminium und Magnesium-Fluorid (Schichtdicke 15 nm) das höchste Reflexionsvermögen aller im VUV-Spektralbereich verwendeten Schichten bzw. Schichtkombinationen erreichen [175].

Zinksulfid-Schichten in Verbindung mit anderen Dielektrika oder Metallen haben den großen Vorteil, daß sie Spiegel mit einem im VUV-Spektralbereich hohen Reflexionsvermögen darstellen, wobei sie im sichtbaren Spektralbereich weniger als 1% reflektieren [176].

In Abb. 73 ist für die Schichtenkombination Al + MgF_2 (Dicke 15 nm) für drei sehr häufig verwendete Reflexions-

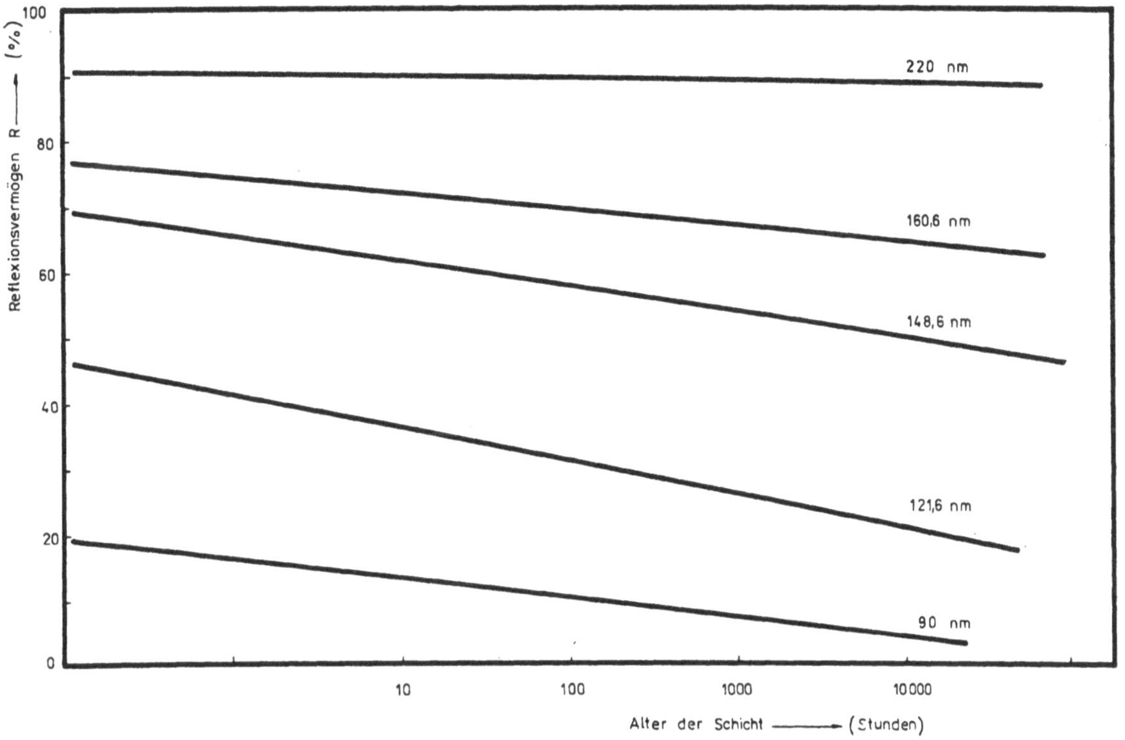

Abb. 72. Alterung einer Al-Spiegelschicht

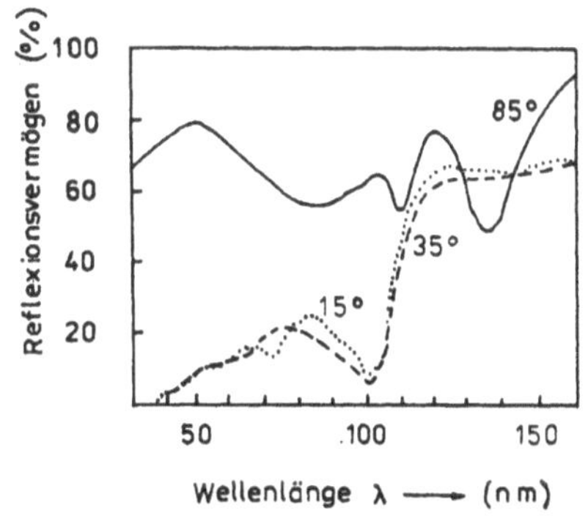

Abb. 73. Reflexionsvermögen einer Al + MgF_2-Schicht für unterschiedliche Einfallswinkel

winkel (15° Normalinzidenz, 35° SEYA-NAMIOKA-Aufstellung, 85° streifender Einfall) das Reflexionsvermögen über der Wellenlänge dargestellt [175]. Für kleine (15°) bis mittlere (35°) Einfallswinkel ist der Einfluß der MgF_2-Schicht auf das Reflexionsverhalten deutlich sichtbar. Unterhalb 115 nm bestimmt das Absorptionsverhalten von MgF_2 wesentlich die Reflexion. Interferenz der an den Grenzflächen MgF_2-Vakuum und Al-MgF_2 reflektierten Strahlung bewirkt in schmalen Spektralbereichen eine erhebliche Verstärkung der Strahlung zwischen 75 ... 90 nm. Dieser Sachverhalt ändert sich, wenn Strahlung unter einem sehr flachen Winkel (z. B. 85°) auf die spiegelnde Fläche fällt. Unter diesen Be-

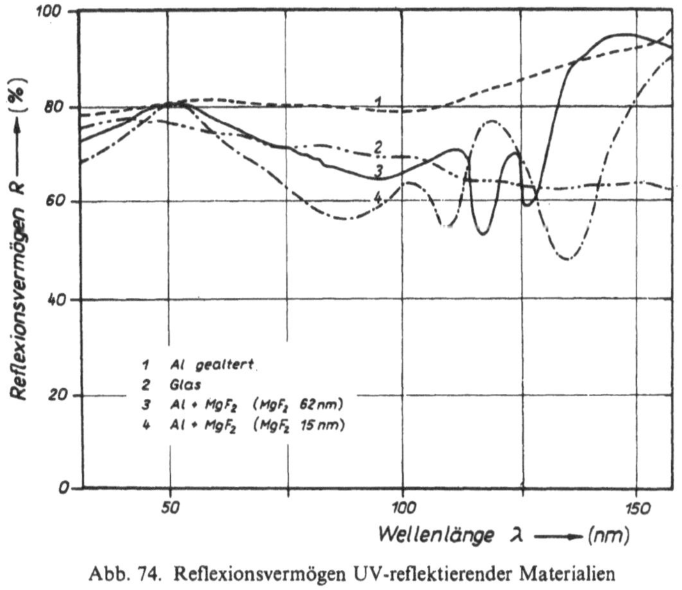

Abb. 74. Reflexionsvermögen UV-reflektierender Materialien

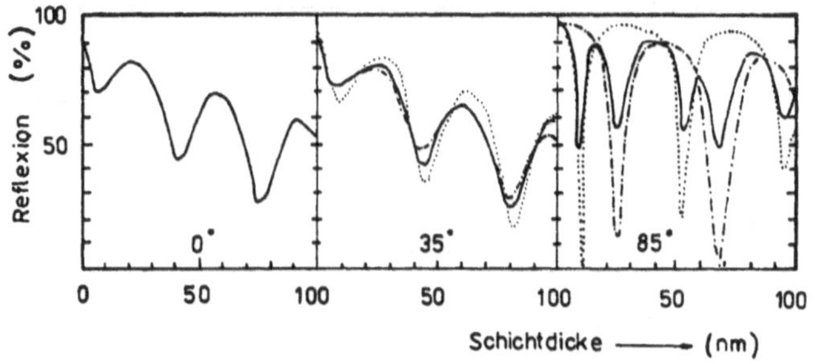

Abb. 75. Polarisation bei Reflexion an dünnen Mehrfachschichten

dingungen ist nur noch eine sehr schwache Wechselwirkung zwischen Strahlung und festem Körper (MgF_2) vorhanden, so daß die Grundgitterabsorption von MgF_2 fast keinen Einfluß mehr auf das Reflexionsverhalten der Doppelschicht hat (Abb. 73).

Für streifenden Lichteinfall ist das Reflexionsverhalten von vier spiegelnden Flächen in Abb. 74 aufgetragen. Da jedoch für streifenden Lichteinfall nur der Wellenlängenbereich $\lambda < 100$ nm von Bedeutung ist, reichen für viele Anwendungsfälle nach Abb. 74 polierte Glasflächen als Spiegelfläche völlig aus. Übertriebener Aufwand bei Spiegelschichten für streifenden Lichteinfall ist in vielen Fällen völlig ungerechtfertigt, da der Gewinn in keinem Verhältnis zum technischen Aufwand steht. Schichtkombinationen aus Al + LiF bzw. Al + MgF_2 können sogar zu Reflexionsdepressionen in bestimmten Wellenlängenbereichen führen.

Ein weiterer zu beachtender Gesichtspunkt bei der Anwendung von Mehrfachschichten, wie Al + Fluoride, ist das Auftreten von ausgeprägten Polarisationseffekten (Abb. 75) [176]. In polarisiertem Licht können bei großen Einfallswinkeln diese Effekte zu Fehlmessungen führen. Die aufgedampfte Fluoridschichtdicke sollte so dimensioniert werden, daß sie in die Kreuzungspunkte der reflektierten Teilkomponenten fällt. Unter diesen Bedingungen sind die Polarisationseffekte minimalisiert.

Andererseits stellt da, wo dieser Effekt erwünscht ist, für streifenden Lichteinfall eine Schichtkombination Al + Fluorid (LiF oder MgF_2) bei optimaler Fluorid-Schichtdicke und Mehrfachreflexion einen idealen Polarisator dar.

6. Problematik der Absoluteichung von Strahlungsmeßgeräten im VUV

Die Bestimmung des Strahlungsflusses für Eichzwecke im sichtbaren und infraroten Spektralbereich ist beim gegenwärtigen Stand der Technik unproblematisch [177]. Weitaus problematischer stellen sich die Verhältnisse im Bereich des VUV und EUV dar, wo eine stark reduzierte Strahlungsleistung der Lichtquellen zusammen mit einer geringen Transmissivität der Monochromatoren zu Schwierigkeiten in der Genauigkeit und gewöhnlich zu Auflösungsproblemen führen.

Die Aufgabe der Absoluteichung kann grundsätzlich nur dann gelöst werden, wenn entweder zum Vergleich ein absoluter Empfängerstandard, dessen Empfindlichkeit (z. B. mV/µW) bekannt ist, oder eine absolute Strahlungsquelle zur Verfügung steht. Die heute international gesetzliche Angabe der Bestrahlungsstärke als empfängerseitige Größe ist:

$$\mathrm{mW \cdot m^{-2}}, \quad \mathrm{W \cdot cm^{-2}}.$$

Die Messung der Solarstrahlung in absoluten Einheiten liefert nicht nur wichtige Erkenntnisse über die Sonne, sie gestattet auch, bei gleichzeitiger Messung von Parametern der Erdatmosphäre (z. B. der Dichte der atmosphärischen Konstituenten) z. B. Aussagen über die Wärmebilanz der Erdatmosphäre zu machen.

6.1. Absolute Strahlungsquellen

Stabile, intensive Strahlungsquellen wie die Wolframbandlampe im sichtbaren Spektralbereich, deren spektrale spezifische Ausstrahlung in absoluten Einheiten bei bekannter Temperatur des emittierenden Bandes nach der PLANCKschen Strahlungsformel angebbar ist, stehen für den UV-Bereich nur unter besonderen Bedingungen zur Verfügung. Speziell konstruierte Plasmabögen [178] strahlen in einigen Spektralbereichen wie ein schwarzer Körper. Ihre technische Realisierung ist aber äußerst aufwendig, wobei die erreichbaren Genauigkeiten in den meisten Fällen nicht ausreichend sind. In der jüngeren Vergangenheit hat besonders die Synchrotronstrahlung durch den Bau großer Elektronenbeschleuniger für die Absoluteichung von Strahlungsmeßgeräten im VUV-Bereich an Bedeutung gewonnen [179]. Dabei wird die elektromagnetische Strahlung ausgenutzt, die zentripetal beschleunigte Hochenergieelektronen aussenden [180].

Die spektrale Energieverteilung eines monoenergetischen, strahlenden Elektrons im Synchrotron läßt sich nach SCHWINGER [181] berechnen, wenn die Elektronenenergie und der Radius der Elektronenbahn, d. h. der Synchrotrondurchmesser, bekannt sind.

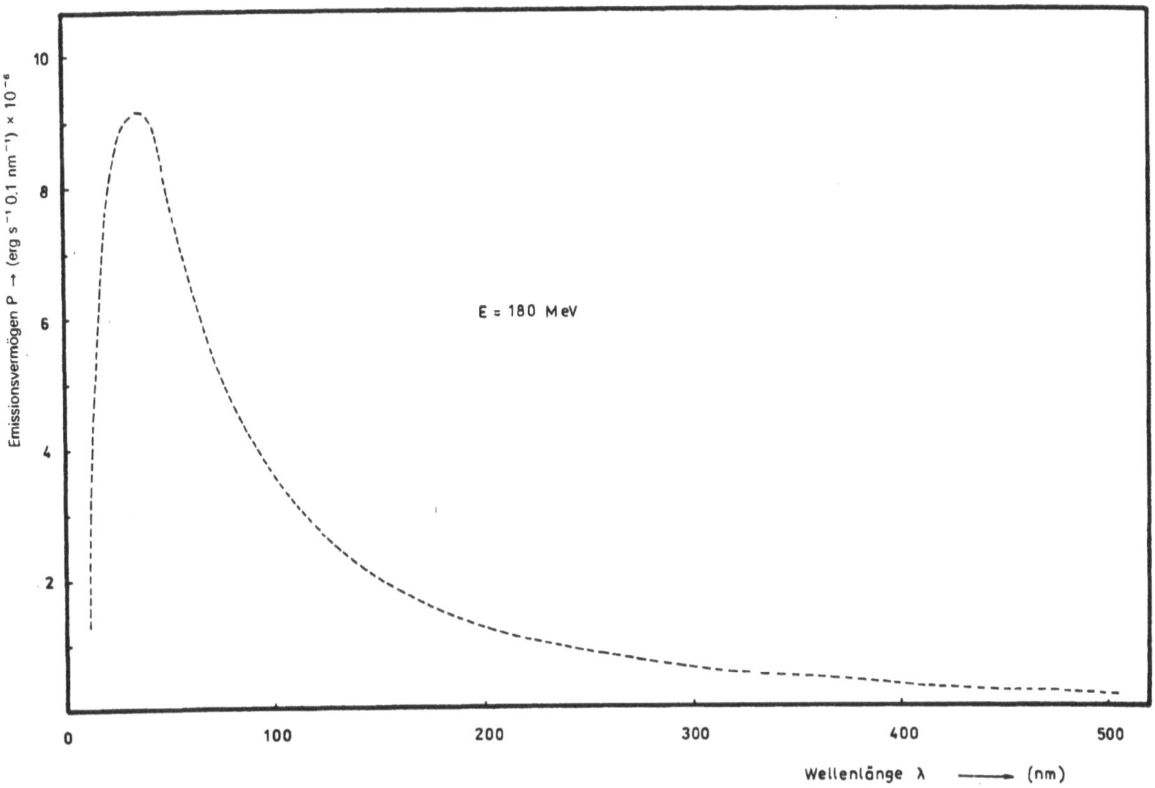

Abb. 76. Spektralverteilung von Synchrotronstrahlung (Elektronenenergie 180 MeV)

Für die Berechnung der Gesamtstrahlungsleistung in einer bestimmten Beobachtungsrichtung kommt es darauf an, mit möglichst großer Genauigkeit die Zahl aller strahlenden Elektronen im Synchrotron zu bestimmen. Es ist möglich, die Strahlungsleistung mit einer Genauigkeit von besser als 1% zu bestimmen [182].

Neben der fundamentalen Bedeutung als radiometrischer Standard vom EUV-Spektralbereich bis an die Grenze des infraroten Spektralbereiches sind als besondere Vorzüge der Synchrotronstrahlung ihr kontinuierlicher Charakter und ihr hoher Polarisationsgrad zu nennen. Das Maximum ihrer spektralen Intensitätsverteilung liegt im Bereich des EUV (Abb. 76).

6.2. Standardstrahlungsempfänger für Eichzwecke

6.2.1. Thermische Strahlungsempfänger

In thermischen Strahlungsempfängern wird Strahlungsenergie in Wärme umgewandelt. Das empfangende Element ist zu diesem Zweck geschwärzt, um einen maximalen Anteil der einfallenden Strahlungsenergie zu absorbieren. Der Grad der Schwärzung ist dabei von entscheidender Wichtigkeit für einen konstanten Wirkungsgrad über einen großen Wellenlängenbereich. Die wichtigsten thermischen Strahlungsempfänger sind:

a) das Thermoelement bzw. die Thermosäule, die eine thermoelektrische Spannung liefern,
b) das Bolometer, das durch eine Widerstandsänderung des empfangenden Elementes charakterisiert ist,
c) pneumatische Empfänger, bei denen sich das Gasvolumen ändert.

Die drei aufgezählten Empfängerarten stellen keine absoluten Detektoren dar. In der Tabelle 8 sind ihre charakteristischen Daten zusammengestellt. Ihr Anschluß an eine Standardstrahlungsquelle oder einen absoluten Standardempfänger ist nötig.

Das Thermoelement hat unter den genannten thermischen Standards eine Sonderstellung. Sein annähernd konstanter Wirkungsgrad schafft die Möglichkeit, die Eichung des Thermoelements im sichtbaren Spektralbereich mit Hilfe intensiver Absolutstrahlungsquellen bei hoher spektraler Auflösung durchzuführen.

Die Nachweisgrenze eines Thermoelementes liegt bei etwa 10^{-11} Watt. Für den Bereich des VUV von 20 bis 200 nm entspricht dieser Nachweisgrenze ein Intensitätsbereich von $10^6 - 10^7$ Photonen · s^{-1}.

Die Wirkungsweise von Bolometern beruht auf der Temperaturänderung des leitenden Materials durch die Absorption der UV-Strahlung. In Abb. 77 ist für einige Wellenlängen im VUV-Bereich die Temperaturerhöhung einer ideal geschwärzten Fläche von 1 cm^2 Größe in Abhängigkeit von der einfallenden Strahlungsleistung dargestellt. Die durch diese Temperaturänderung ΔT bewirkte Widerstandsänderung ΔR berechnet man nach:

$$\Delta R = \alpha \cdot R \cdot \Delta T, \qquad (42)$$

α Temperaturkoeffizient des Widerstandes,
R Widerstand.

Tabelle 8
Thermische Empfänger

Empfänger	Material	Dimension	Impedanz [Ω]	Zeitkonstante [msec]	Empfindlichkeit [Volt/Watt]	Nachweisgrenze NEP [Watt]
Thermosäulen nach SCHWARZ	Halbleiter evak.	2 × 0,2 mm	200	30	90	$2 \cdot 10^{-11}$
	Halbleiter evak.	4 × 0,2 mm	35	35	30	$2{,}5 \cdot 10^{-11}$
	Halbleiter evak.	9 × 0,5 mm	100	300	28	$5 \cdot 10^{-11}$
	Halbleiter in Luft	2 × 0,2 mm	35	5	2,5	$3 \cdot 10^{-10}$
	Halbleiter in Luft	10 × 1 mm	150	30	2,4	$7 \cdot 10^{-10}$
Thermosäulen nach HORNIG und O'KEEFE	Legierung in Luft	0,5 mm²	5	36	6,5	$5 \cdot 10^{-11}$
	Legierung in Luft	4 mm²	12,5	41	3,8	$1{,}4 \cdot 10^{-10}$
Bolometer nach BILLINGS GILLHAM AMMHBOLD	Ni	6 × 6 mm	100	4	0,4	$3{,}3 \cdot 10^{-9}$
	Sb	3 × 0,25 mm	107	14	11800	$1{,}5 \cdot 10^{-9}$
	Au	2,6 × 0,2 mm	15	35	1,5	$3{,}5 \cdot 10^{-10}$
Thermistor-Bolometer nach WORMSER	Halbleiter auf Quarz	2,5 × 0,2 mm	$3 \cdot 10^{6}$	3,5	705	$3 \cdot 10^{-10}$
	Halbleiter auf Glas	2,5 × 0,2 mm	$3 \cdot 10^{6}$	6,5	585	$3{,}3 \cdot 10^{-10}$
	Halbleiter auf Metall	2,5 × 0,2 mm	$3 \cdot 10^{6}$	30	1210	$1{,}7 \cdot 10^{-10}$
Supraleitfähigkeitsbolometer nach ANDREWS, BOYLE-RODGERS	NbN	5 × 0,25 mm	0,2	0,5—50		$1{,}5 \cdot 10^{-11}$
	C	19 mm² bei —271 °C	$1{,}2 \cdot 10^{5}$	10	14000	$6 \cdot 10^{-12}$
Golay-Zelle	Xenon-gefüllt	3 mm ∅		20		$1{,}6 \cdot 10^{-10}$

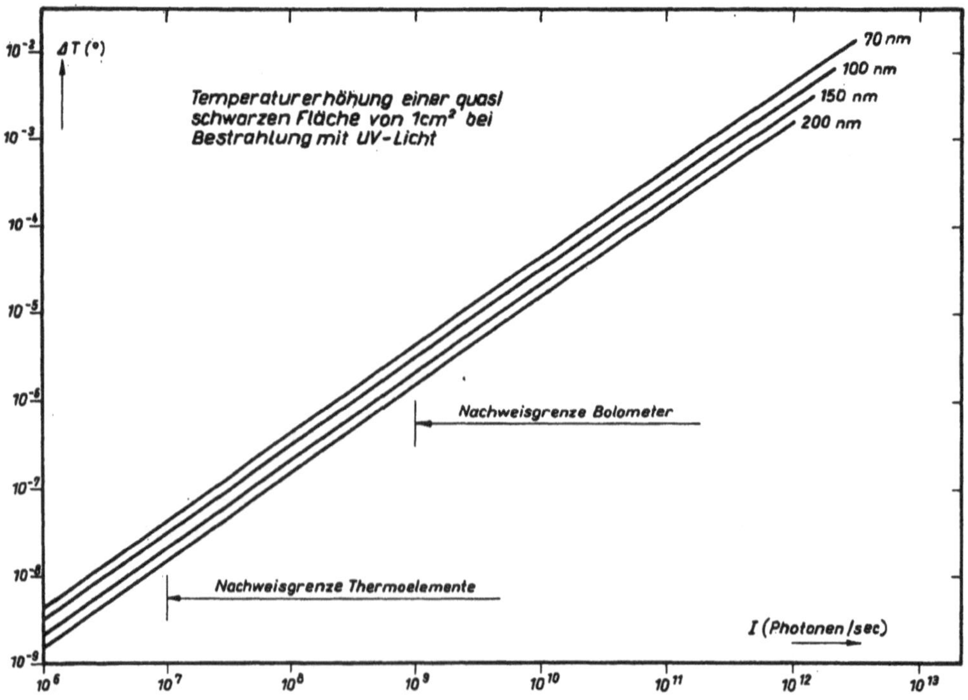

Abb. 77. Temperaturänderung einer schwarzen Fläche bei Strahlungsabsorption

Der pneumatische Empfänger (Golay-Zelle) funktioniert nach dem Prinzip der Ausdehnung eines Gases bei Erwärmung desselben. Die Erwärmung des Gases kann bewirkt werden entweder durch Strahlungsabsorption des Gases selbst oder durch die Strahlungsabsorption einer geschwärzten Folie, mit der das Gas im direkten Kontakt ist [183]. Bei einem Gasvolumen von nur wenigen mm^3 übertrifft die Golay-Zelle die Empfindlichkeit der Thermoelemente und Bolometer. Füllt man die Zelle mit Helium, so hat sie von allen wärmeempfindlichen Empfängern die kleinste Zeitkonstante. Werte von 500 µs sind erreichbar.

6.2.2. Photoionisationsdetektoren

Die auf dem Prinzip der Photoionisation von Gasen beruhenden Eichverfahren sind sehr genau und gut reproduzierbar. Als Eichgase eignen sich besonders die Edelgase. Im Bereich des Ionisationskontinuums haben sie eine Quantenausbeute von 1, d. h., die Zahl der gebildeten Ladungsträgerpaare ist gleich der Zahl der gebildeten Ladungsträgerpaare ist gleich der Zahl der absorbierten Photonen [184, 185]. Dieser Sachverhalt gilt auch für Bereiche mit diskreter Struktur der Absorption, in den autoionisierten Niveaus, wie z. B. für Xenon von MATSUNAGA u. a. [186] experimentell nachgewiesen worden ist.

Mehratomige Gase oder Dämpfe sind für Absolutbestimmungen von Strahlung nicht geeignet, da sie gewöhnlich im Bereich des Ionisationskontinuums infolge von Anregungs- und Dissoziationsprozessen eine Quantenausbeute kleiner als 1 aufweisen. Bei den verwendeten Meßverfahren wird das Edelgas in einer Parallelplatten-Ionisationskammer durch die Meßstrahlung ionisiert. Die entstehenden Ladungsträger werden durch das Feld zu den Elektroden abgeführt. Die notwendige Saugspannung U an den Kammerelektroden liegt in der Größe zwischen 10 V als unterem Spannungswert und einem oberen Spannungswert, der Sekundärionisation des Eichgases hervorrufen würde. In Tabelle 9 sind für die Edelgase die Ionisationspotentiale und die zugehörigen Grenzwellenlängen aufgeschrieben. Für Absoluteichung ist der Wellenlängenbereich zwischen 102,21 nm und etwa 25 nm geeignet. Die obere Grenze ist durch das Ionisationspotential von Xenon festgelegt, die untere durch die Energie des bei der Photoionisation von Helium entstehenden Photoelektrons.

Die Verwendung von Edelgasen im Wellenlängenbereich hochangeregter Zustände ist wegen der starken Variabilität des Absorptionskoeffizienten nicht zu emp-

Tabelle 9
Ionisationspotentiale der Edelgase

Gas	Ionisationspotential (eV)	Grenzwellenlänge (nm)
Xe	12,13	102,2140
Kr	14,00	88,5620
Ar	15,76	78,6721
Ne	21,56	57,4938
He	24,59	50,4259

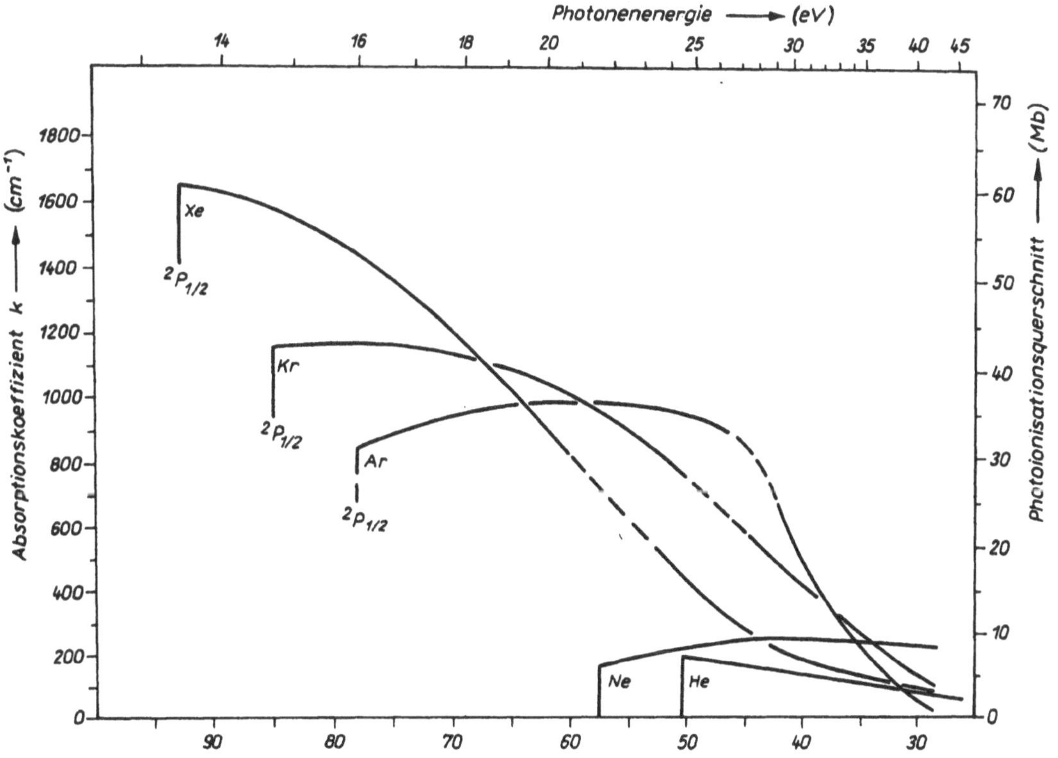

Abb. 78. Absorptionskoeffizient der Edelgase

fehlen. Starke Absorptionsunterschiede können zu experimentellen Schwierigkeiten und beträchtlichen Fehlern führen. Dieser Spektralbereich ist jedoch eng begrenzt [187]. Über den größten Teil des Spektrums ist der Verlauf des Absorptionskoeffizienten glatt (Abb. 78). Dieser Spektralbereich ist für Absoluteichungen geeignet.

Bewährte Ionisationskammertypen sind in Abb. 79 dargestellt. Das Strahlungsfeld sollte im Meßkondensator asymmetrisch verlaufen, um zu verhindern, daß Ladungsträger, die das retardierende Potential überwinden könnten, auf der falschen Elektrode gesammelt werden.

Vor Beginn einer Eichung muß für die verwendete Ionisationskammer eine Strom-Spannungscharakteristik aufgenommen werden. Sie gibt Information darüber, in welchem Saugspannungsbereich Gleichheit zwischen der Zahl der absorbierten Photonen und der Zahl der entstehenden Ladungsträgerpaare herrscht. Die Absorption der Strahlung durch das Gas in der Ionisationskammer wird beschrieben durch das LAMBERT-BEER-Gesetz in der Form:

$$\Phi = \Phi_0 \cdot e^{-\sigma \cdot n \cdot L} \; ; \qquad (43)$$

Φ_0 Intensität der in die Meßkammer eintretenden Strahlung,

Φ Intensität der Strahlung nach Durchstrahlen der Meßstreckenlänge,

σ Absorptionsquerschnitt des Meßgases,

n Zahl der Gasatome pro Volumeneinheit,

L Meßstreckenlänge.

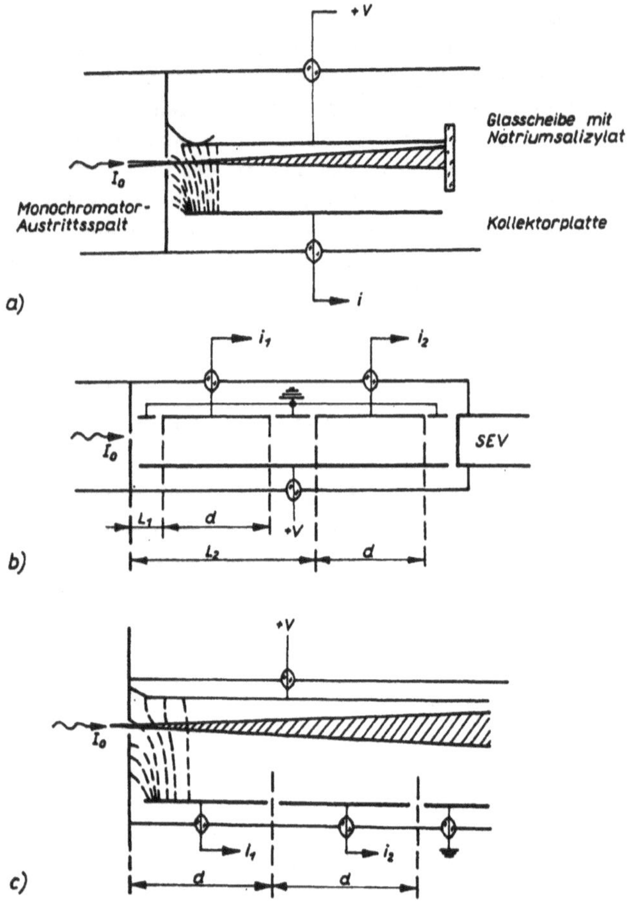

Abb. 79. VUV-Eichkammertypen

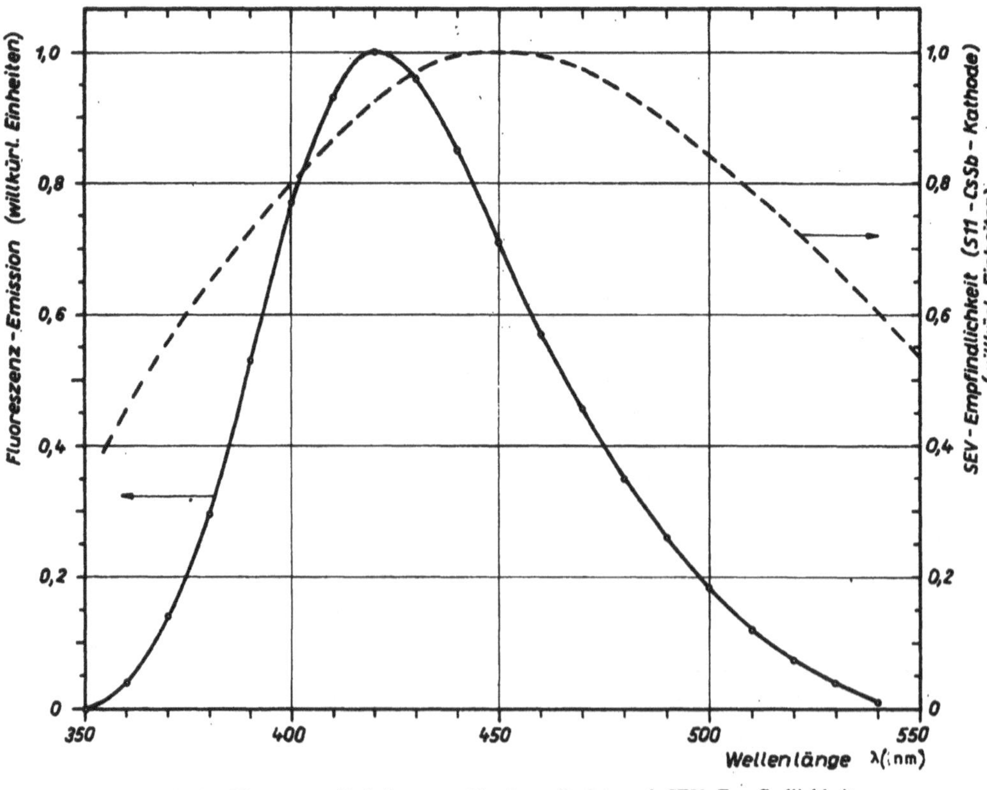

Abb. 80. Fluoreszenz-Emission von Natriumsalizylat und SEV-Empfindlichkeit

Wendet man die Gleichung (43) auf die Definition des Quantenwirkungsgrades eines Gases an:

$$\gamma = \frac{\text{Zahl der gebildeten Ladungsträgerpaare pro Zeiteinheit}}{\text{Zahl der absorbierten Photonen pro Zeiteinheit}}, \quad (44)$$

so erhält man für den speziellen Fall der modifizierten Doppelionisationskammer für die Bestimmung der absoluten Strahlungsintensität die Gleichung:

$$\Phi_0 = \frac{i_1^2}{e \cdot \gamma \cdot (i_1 - i_2)}; \quad (45)$$

i_1, i_2 Strom der 1. und 2. Kollektorplatte,
e Ladung des Elektrons ($1{,}602 \cdot 10^{-19}$ A s),
γ Quantenwirkungsgrad des Gases (für Edelgase gleich 1).

Bei Intensitätsbestimmungen im VUV-Bereich mit Hilfe der Gasionisation von Edelgasen führen bei einem Absorptionsquerschnitt von einigen 10^{-17} cm^2 nur Kammerfülldrücke von $p < 6{,}7$ Pa zu einem vakuumtechnisch vertretbaren Aufwand [188]. Plattenlängen $L = 20$ cm sind dabei erforderlich.

Das hier beschriebene Verfahren gestattet Genauigkeiten von 5–10%. Es ist jedoch technisch sehr aufwendig und für Routineeichungen unökonomisch. Praktisch geht man deshalb so vor, daß nach diesem Verfahren ein mit Natriumsalizylat als Lichttransverter beschichteter Sekundärelektronen-Vervielfacher geeicht und als Sekundärstandard verwendet wird. Dabei nutzt man die Tatsache der quasi konstanten Quantenausbeute von Natriumsalizylat über einen großen Wellenlängenbereich (30 ... 350 nm) aus [189, 190]. Das Fluoreszenzmaximum des Salizylates stimmt gut mit dem Empfindlichkeitsmaximum der S-11-Photokathode von Sekundärelektronen-Vervielfachern überein (Abb. 80) [191]. Bei einer Schichtdicke des Salizylates von 1 mg/cm^2 ist mit einer maximalen Fluoreszenzausbeute zu rechnen [192].

7. Methode der Absorptionsspektroskopie in der Hochatmosphärenforschung

Die für die physikalischen Vorgänge in der Hochatmosphäre wichtigen Gasbestandteile absorbieren nur Strahlung im Wellenlängenbereich unterhalb 300 nm. Der in den folgenden Kapiteln dargestellte Sachverhalt konzentriert sich deshalb wesentlich auf diesen Wellenlängenbereich.

7.1. Kennzeichen der absorptionsspektroskopischen Methode

Grundlage der absorptionsspektroskopischen Methode zur Bestimmung der Gasbestandteile der Hochatmosphäre ist die Messung der Strahlungsdämpfung durch die zu analysierenden Gasbestandteile. Aus der Gesamtabsorption längs tangentialer optischer Wege durch die Atmosphäre können Vertikalprofile atmosphärischer Gaskonstituenten abgeleitet werden.

Dabei nutzt die Methode die Dämpfung der Strahlung von außerirdischen Strahlungsquellen – wie der Sonne, des Mondes und von Sternen – beim Durchstrahlen der Erdatmosphäre aus. Es wird vorausgesetzt, daß sich die ungeschwächte Intensität der Strahlung in der Absorptionsphase nicht wesentlich ändert. Beim Raketenexperiment wird in dieser Phase die absorbierende Atmosphäre von der Rakete selbst durchflogen. Im Satellitenexperiment ist diese Phase die Zeit, kurz bevor der Satellit auf seiner Umlaufbahn in den Erdschatten eintritt bzw. aus dem Erdschatten austritt (Abb. 81). In dieser Flugphase durchläuft die Strahlung, die sich längs des Weges Sonne–Satellit ausbreitet, zunehmend tiefere Atmosphärenschichten. Dabei nimmt ihre Extinktion zu, bis sie schließlich am Satellitenort nicht mehr nach-

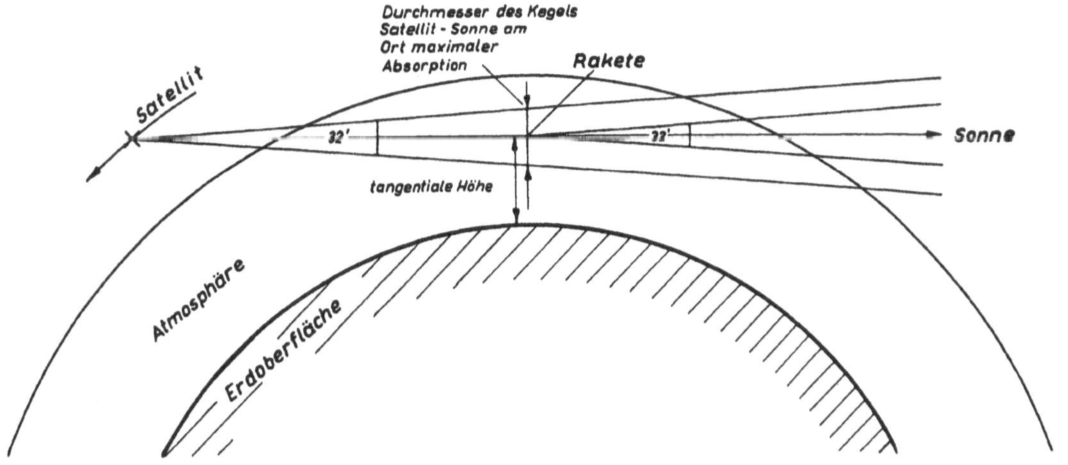

Abb. 81. Okkultation der Sonne durch die Atmosphäre

gewiesen werden kann. In der Astronomie wird diese Methode Okkultation genannt. Als Strahlungsmeßgeräte werden Spektralphotometer mit selektiven Empfängern oder Spektrometer mit geeigneten Empfängern verwendet (Kapitel 5.). Bei der absorptionsspektroskopischen Methode wird die Kenntnis des Extinktionsvermögens bzw. der Absorptionsquerschnitte für die Bestandteile der Hochatmosphäre wie O_2, N_2, O, O_3, NO, CO_2, H_2O im ausgewählten Spektralbereich vorausgesetzt. Spezielle Auswertealgorithmen gestatten dann die Berechnung von Neutralgasdichten einzelner Atmosphärenbestandteile aus gemessenen Strahlungsabsorptionsverläufen.

Da der Subtangentialpunkt von Umlauf zu Umlauf des Satelliten seine geographische Lage ändert, können bei Absorptionsmessungen an Bord von Satelliten über einen großen Zeitraum Meßdaten und damit Neutralgasdichten in Abhängigkeit von der geographischen Breite und Länge sowie der Höhe über der Erdoberfläche erhalten werden.

Die Photonenabsorption im atmosphärischen Neutralgas kann dabei führen zu: Dissoziation, Photoionisation in den Grundzustand oder in einen angeregten Zustand, Anregung, Präionisation, Ionenpaarbildung und kombinierte Prozesse wie Dissoziation und Ionisation oder Ionisation und Fluoreszenz.

Auffallend ist die scharfe Absorptionskante des atomaren Sauerstoffes bei der Ionisationswellenlänge. Bemerkenswert sind darüber hinaus die starken Wellenlängenabhängigkeiten des Absorptionsquerschnittes des molekularen Sauerstoffes mit Unterschieden bis zu 4 Größenordnungen. Molekularer Stickstoff absorbiert nur Strahlung mit einer Wellenlänge kleiner als 104 nm.

Es läßt sich feststellen: Für die Bestimmung von O_3-Dichteprofilen oberhalb des Ozonmaximums in der Hochatmosphäre (40 ... 80 km Höhe, abhängig vom solaren Zenitwinkel) sind Absorptionsmessungen im HARTLEY-Kontinuum bei einer Wellenlänge von etwa 260 nm durchzuführen. O_2-Dichteprofile in großen Höhen (110 ... 240 km Höhe) ermittelt man durch Messung der Strahlungsabsorption im SCHUMANN-RUNGE-Kontinuum des molekularen Sauerstoffes (Wellenlänge 135 ... 160 nm).

Die Ly-α-Strahlung ($\lambda = 121{,}6$ nm) dringt tiefer in die Erdatmosphäre ein. Man kann deshalb O_2-Dichteprofile aus der Messung der Ly-α-Absorption im Höhenbereich 70 ... 120 km ableiten. Zu den Vor- und Nachteilen von Satelliten- bzw. Raketenabsorptionsexperimenten ist zu sagen: Raketenmessungen liefern immer nur einen Vertikalschnitt mit im günstigsten Fall zwei Dichteprofilen, die bei sorgfältiger Präparierung des Meßgerätes und der Meßgeräteumgebung in vakuumhygienischer Hinsicht meist ausgezeichnete Qualität aufweisen. Bei Satellitenexperimenten werden bei jedem Umlauf im günstigen Fall zwei Dichteprofile gewonnen (Sonnenauf- und Sonnenuntergang), d. h., bei einer aktiven Lebensdauer des Satelliten von mehreren Monaten werden eine Vielzahl von längen- und breitenabhängigen Dichteprofilen erhalten. Die Raketenflugbahn wird im allgemeinen durch Radarortung sehr genau vermessen.

Bei Satellitenexperimenten sind die Genauigkeitsanforderungen an die Bahnparameterbestimmung in der Phase des Eintritts des Satelliten in den Erdschatten am schwierigsten zu erfüllen. Ein Nachteil der Satellitenabsorptionsexperimente besteht darin, daß die Messungen vom Satelliten aus immer nur bei etwa gleicher Ortszeit des Subtangentialpunktes erfolgen können. Tageszeitliche Variationen der Neutralgasdichten lassen sich deshalb nicht untersuchen.

7.2. Einige Besonderheiten bei Okkultationsmessungen

Bei Satellitenmessungen durchläuft der Verbindungsstrahl Sonne—Satellit in der Phase des Eintritts des Satelliten in den Erdschatten bzw. bei seinem Austritt aus dem Erdschatten die Atmosphäre in ab- bzw. zunehmendem Minimalabstand (grazing height). Alle aus den Meßwerten abgeleiteten Informationen gelten streng nur für die Zeit des lokalen Sonnenauf- bzw. -untergangs. Es ist zwar eine Vielzahl von längen- und breitenabhängigen Dichteprofilen ableitbar, ihnen haftet aber der Makel an, daß alle unter annähernd gleichen Bedingungen gewonnen wurden, sieht man von jahreszeitlichen Variationen ab. Ein weiteres durchaus seriöses Problem soll in diesem Zusammenhang nicht unerwähnt bleiben: Schwierigkeiten sind bei solchen Gasen zu erwarten, deren Konzentration an der Tag-Nacht-Grenze starken horizontalen Variationen unterliegt. Die Symmetrie der optischen Wege in bezug auf den jeweiligen Ort der Minimalhöhe ist in diesem Falle nicht gewährleistet. Diese Frage ist ein grundsätzliches Problem aller Okkultationsmessungen, bei denen die Sonne als Strahlungsquelle benutzt wird. Die Methode der Okkultation eines Gestirns ist mit Einschränkungen auf relativ kurzzeitige Satelliten- und Raketenmessungen anwendbar, sie ist jedoch z. B. schon bei Ballonmessungen im Bereich von Minuten- bis Stundendauer ernsthaft anzuzweifeln, weil sich in dieser Zeit die atmosphärischen Parameter beträchtlich ändern können.

Die erzielbare Höhenauflösung des aus dem gemessenen Absorptionsprofil abgeleiteten Dichteprofiles wird bestimmt durch:

— den Gesichtsfeld- oder Öffnungswinkel des Meßgerätes,
— die Genauigkeit, mit der die momentane Blickrichtung des Meßgerätes bekannt ist,
— die Genauigkeit der Satellitenbahndaten,
— die Meßdatengenauigkeit des verwendeten Strahlungsmeßgerätes.

Zwei Bereiche von Gesichtsfeldwinkeln sind im Rahmen aeronomischer Aufgabenstellungen interessant:

Der 1. Fall betrifft einen Gerätegesichtsfeldwinkel, der beträchtlich größer ist als der Öffnungswinkel der Sonne (32′). Unter diesen Bedingungen werden keine hohen Anforderungen an die Orientierungsgenauigkeit des Satelliten gestellt. Die momentane Blickrichtung des Meßgerätes relativ zum Sonnenzentrum braucht nicht sehr genau bekannt zu sein. Die im Bereich der

Minimalhöhe erzielbare Höhenauflösung ist gegeben durch den Ausdruck:

$$\Delta h = \Delta\varphi \cdot L/2 ; \quad (46)$$

$\Delta\varphi$ Gesichtsfeldwinkel des Meßgerätes,
$L/2$ Entfernung Satellit-Ort der Minimalhöhe.

Für einen 500 km hoch fliegenden Satelliten ist bei einer Minimalhöhe von 50 km z. B. eine Höhenauflösung von 23 km, für einen 200 km hoch fliegenden Satelliten bei derselben Minimalhöhe eine Höhenauflösung von 13 km zu erreichen. Da jedoch 200 km hoch fliegende Satelliten nur eine kurze Lebensdauer besitzen, sind solche Satelliten für lange Meßreihen ohne Bedeutung.

Einen Ausweg aus dem Dilemma der geringen Höhenauflösung im Bereich der Minimalhöhe stellen die Sonnenokkultation bei stark reduziertem Gesichtsfeld des Meßgerätes und als Grenzfall dieser Methode die Sternokkultation dar. Beide Methoden liefern nach Abb. 61 eine wesentlich bessere Höhenauflösung, erfordern aber eine sehr hohe Orientierungsgenauigkeit des Satelliten, was gewöhnlich mit großen technischen Problemen verbunden ist. Hinzu kommt bei der Sternokkultation, daß Dichteprofile nur für eine Nachtzeitatmosphäre bestimmt werden können. Bei Messungen mit aeronomischer Zielstellung können wegen der Sonnenflecken und der Granulation der Sonnenoberfläche sehr hohe räumliche Auflösungen zu fehlerhaften Ergebnissen führen. Bei der Verwendung von Sonnenorientierungssystemen kann es infolge der Refraktion der Strahlung in der Atmosphäre zu Komplikationen gegenüber den in Abb. 81 skizzierten einfachen geometrischen Zusammenhängen kommen. Die Schwierigkeiten entstehen durch die Wellenlängenabhängigkeit der atmosphärischen Refraktion, da die in Sonnenorientierungssystemen gewöhnlich verwendeten Strahlungsempfänger im sichtbaren Spektralbereich empfindlich sind, während ein großer Teil der wissenschaftlichen Aufgabenstellungen im ultravioletten Spektralbereich liegt. Allerdings ist für Minimalhöhen im Bereich um 50 km, und nur Höhen oberhalb der 50-km-Grenze sind für die UV-Okkultation relevant, die Differenz der Blickrichtungen zwischen dem Sonnenorientierungssystem und der interessierenden UV-Meßstrahlung schon vernachlässigbar klein.

7.3. Theoretische Grundlagen der absorptionsspektroskopischen Methode in der Okkultation

Die Absorption von Strahlung einer gegebenen Wellenlänge in einem absorbierenden Medium längs eines optischen Weges wird beschrieben durch das Beer-Lambert-Gesetz in der Form:

$$I(\lambda) = I_0(\lambda) \cdot e^{-\sigma(\lambda) \cdot n \cdot w} ; \quad (47)$$

I_0 einfallende Strahlungsintensität ($cm^{-2} \cdot s^{-1}$),
I nach Absorption noch vorhandene Strahlungsintensität ($cm^{-2} \cdot s^{-1}$),
σ Absorptionsquerschnitt des absorbierenden Gases (cm^2),
n Teilchendichte (cm^{-3}),
w Länge des absorbierenden Weges (cm).

Die auf die Bedingung von Normaldruck und Normaltemperatur umgeschriebene Gleichung hat die Form:

$$I(\lambda) = I_0(\lambda) \cdot e^{-\sigma(\lambda) \cdot n_0 \cdot x} ; \quad (48)$$

n_0 Loschmidtsche Zahl (cm^{-3}),
x äquivalente optische Weglänge reduziert auf Normaldruck und Normaltemperatur.

Das Beer-Lambert-Gesetz ist exakt nur für monochromatische Strahlung bei einem infinitesimal dünnen Strahl gültig. Seine Anwendung auf atmosphärische Absorptionsprobleme zur Bestimmung atmosphärischer Konstituenten geschieht in Ermangelung eines allgemeingültigen Transmissionsgesetzes auch für die Messung bei großen Bandbreiten. Sind auf einer Rakete oder einem Satelliten I und I_0 gemessen und sind die Größen σ und w bekannt, so ist formal die Inversion der Gleichung (47) möglich nach:

$$n = \frac{-\ln \frac{I}{I_0}}{\sigma \cdot w}, \quad (49)$$

und man kann aus den gemessenen Strahlungswerten unmittelbar ein Dichtehöhenprofil $n(h)$ berechnen. Die Verwendung dieser analytischen Lösung ist in allen Fällen möglich, die man als quasimonochromatisch betrachten kann. Dies ist bei extrem schmalbandigen Messungen möglich, wo quasi keine Variation des Absorptionsquerschnittes σ zu erwarten ist, oder z. B. in Bereichen kontinuierlicher Absorption, in denen die Absorption praktisch frequenzunabhängig ist. Für die meisten in der Erdatmosphäre vertretenen Gase existieren jedoch keine Spektralbereiche, die man als „quasi monochromatisch" ansehen kann. Um bei einer endlichen Gerätebandbreite zur Dichteberechnung dennoch formal Gleichung (49) anwenden zu können, muß man an Stelle des monochromatischen Absorptionsquerschnittes $\sigma(\lambda)$ einen effektiven Absorptionsquerschnitt σ_{eff} benutzen (s. Kapitel 3.1.1., Gl. (4)).

Die eigentliche Schwierigkeit bei der Dichteberechnung nach Gleichung (49) liegt nun in der Darstellung der Absorption für den gesamten inhomogenen Weg der Strahlung in der Atmosphäre. Dazu unterteilt man die Atmosphäre in Schalen gleicher Dicke Δh, die so klein gewählt wird, daß man die Dichte in dieser Schicht als homogen ansehen kann (Abb. 82). Die Transmissionswegstücke w_i lassen sich geometrisch berechnen. Die Verwendung einer für alle Schichten gleichen Schichtdicke Δh ist rechentechnisch am einfachsten, jedoch nicht Bedingung. Die Absorption wird in den einzelnen Schalen gesondert betrachtet. Dazu schreibt man das Beer-Lambert-Gesetz der Gleichung (47) mit den Bezeichnungen von Abb. 82 in die Integralform um zu:

$$I(\lambda, h_T) = I_0(\lambda) \exp\left[-2 \int_{h_T}^{\infty} \sigma(\lambda) \cdot n(h) \cdot dw\right] ; \quad (50)$$

h_T Minimalhöhe auf dem Verbindungsweg Sonne—Satellit zur Erdoberfläche.

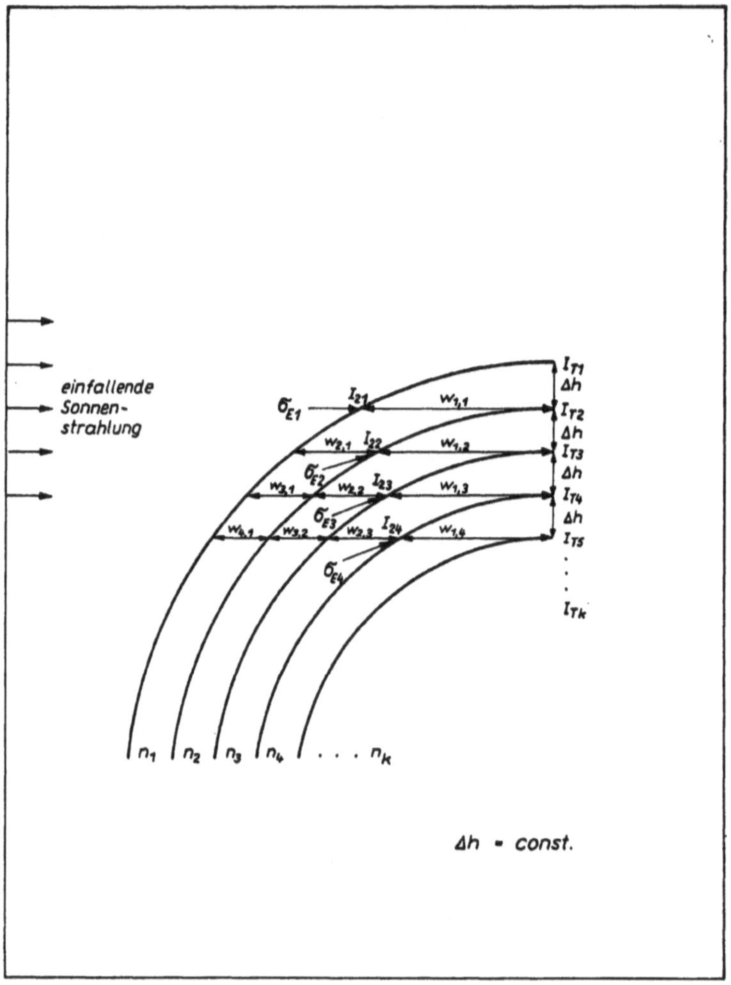

Abb. 82. Geometrische Verhältnisse beim Schalenmodell (Satellitenmessung)

Bei endlicher Bandbreite des Strahlungsmeßgerätes erhält man als Strahlungsmeßwert in der Höhe h_T bezogen auf den ungeschwächten, extraterrestrischen Meßwert durch Integration des Produktes aus dem spektralen Intensitätswert und dem spektralen Empfindlichkeitswert des Meßgerätes:

$$I_T(h_T) = \frac{\int_{\lambda_1}^{\lambda_2} I(\lambda, h_T) \cdot \eta(\lambda) \cdot \mathrm{d}\lambda}{\int_{\lambda_1}^{\lambda_2} I_0(\lambda) \cdot \eta(\lambda) \cdot \mathrm{d}\lambda}. \quad (51)$$

Die hier dargestellten Ausdrücke setzen eine punktförmige Strahlungsquelle voraus. Bei Photometermessungen empfängt jedoch der Detektor gewöhnlich die Strahlung der ganzen Sonnenscheibe, was bei einem 500 km hoch fliegenden Satelliten im Bereich maximaler Absorption nach Abb. 83 einen virtuellen Sonnendurchmesser von etwas mehr als 20 km ausmacht. Diese Größe kann bei O_3-Messungen etwa die Länge eines ganzen Meßprofils ausmachen. Im Bereich des Schumann-Runge-Kontinuums bedeckt diese Größe fast 1/4 des Meßprofils. Über einen Höhenbereich von 20 km ändert sich die zu bestimmende Gasdichte beträchtlich. Es steht deshalb die Aufgabe, das Intensitätsverhältnis I/I_0 in Gleichung (49) unter Berücksichtigung der Strahlungsverteilung auf der endlichen Sonne so zu korrigieren, daß der gemessene Strahlungswert einer scheinbar punktförmigen Sonne entspricht. Nach May [193] errechnet sich der korrigierte, relative Strahlungswert:

$$\left.\frac{I_{hT}}{I_0}\right|_f = \frac{2}{\pi \cdot r^2} \int_{-r}^{+r} \sqrt{r^2 - l^2} \left(\left.\frac{I_{hT}}{I_0}\right|_p \right)^{(1+\beta l/H_h)^{(-1/\beta + 1/2)}} \mathrm{d}l; \quad (52)$$

$\left.\frac{I_{hT}}{I_0}\right|_f$ relativer Strahlungswert für flächenhafte Sonne,

$\left.\frac{I_{hT}}{I_0}\right|_p$ relativer Strahlungswert für punktförmige Sonne,

r scheinbarer Radius der Sonnenscheibe in der Höhe maximaler Absorption,

l Integrationsvariable längs des scheinbaren Sonnendurchmessers,

β Skalenhöhengradient,

H_h Skalenhöhe.

Bei der Ableitung dieses Ausdruckes wurde von einer gleichmäßigen Flächenhelligkeit der Sonne ausgegangen.

Berücksichtigt man die Mitte-Rand-Variation der Solarstrahlung (Abb. 84), die bei den einzelnen Wellenlängen unterschiedlich stark ist, so zeigt sich eine leichte Abschwächung des Effektes der endlichen Ausdehnung

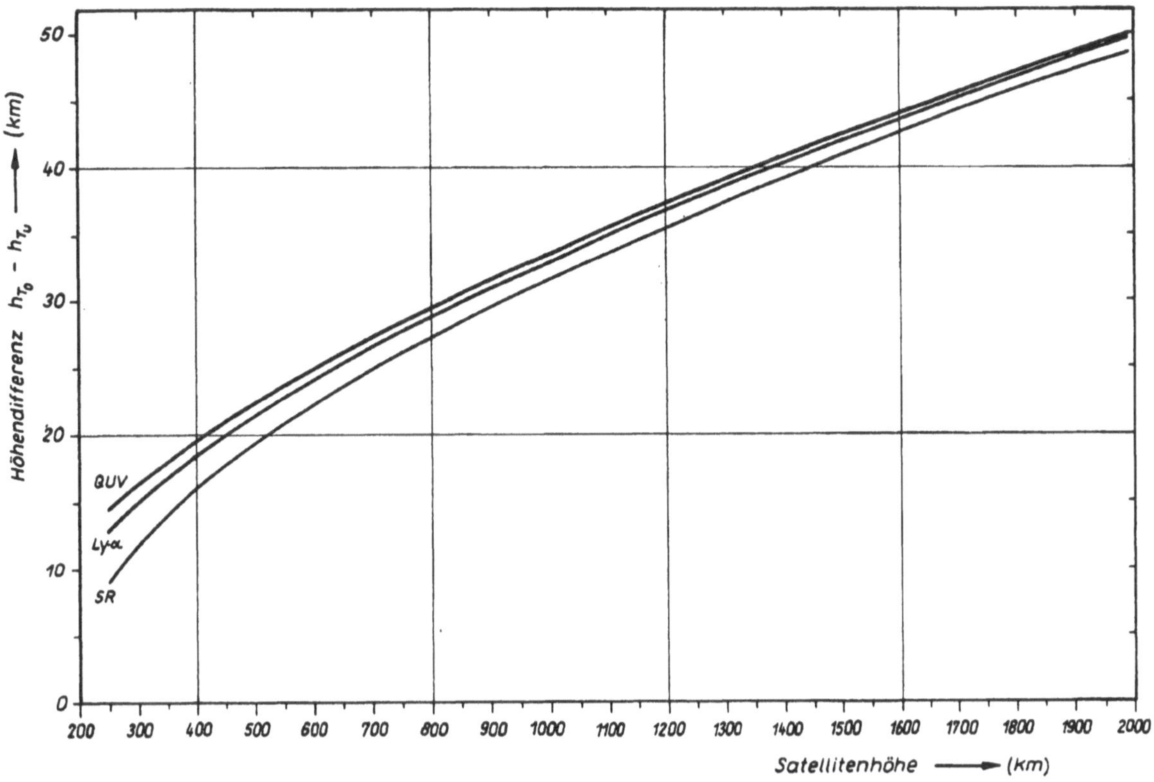

Abb. 83. Höhendifferenz der Begrenzungsstrahlen bei Sonnenbeobachtungen

der Sonne, d. h. eine Verringerung der effektiven Ausdehnung der Sonne. Die Auswirkung der Nichtberücksichtigung der Mitte-Rand-Variation ist am Beispiel eines Ozondichteprofils in Abb. 85 demonstriert. Ein praktisches Verfahren zur Berücksichtigung der endlichen Ausdehnung der Sonne bei der Berechnung von Dichteprofilen aus gemessenen Absorptionsverläufen bei der solaren UV-Okkultation unter Berücksichtigung der örtlichen Strahlungsverteilung auf der Sonne bzw. der Mitte-Rand-Variation der Solarstrahlung geben SONNEMANN [194] und TRINKKELLER [195] an.

Die Notwendigkeit einer weiteren Korrektur der Meßwerte ergibt sich infolge der exponentiellen Luftdichtezunahme mit abnehmender Höhe für tangentiale Strahlhöhen $h < 60$ km aus der Molekülstreuung (RAYLEIGH-Streuung). Die Transmissionsfunktion T_R für RAYLEIGH-Streuung bei verschiedenen Wellenlängen für eine exponentielle Atmosphäre zeigt Abb. 86. Sie errechnet sich nach dem Ausdruck:

$$T_R - \exp\left[\frac{-32\pi^3}{3\lambda^4} \cdot k^2(\lambda) \cdot M^2 \cdot N(r_T) \cdot \sqrt{2\pi H \cdot r_T}\right]; \quad (53)$$

k Dispersionsparameter,
M Masse der Luftmoleküle,
N Anzahl der streuenden Moleküle.

Für die Ozondichtebestimmung bei Wellenlängen $\lambda > 200$ nm wird die RAYLEIGH-Streuung jedoch erst in Höhen $h < 60$ km wirksam. Infolge der λ^{-4}-Abhängigkeit dieser Streuung ist ihr Effekt auf die Ly-α-Strahlung zwar schon für Höhen $h < 80$ km nicht mehr zu vernachlässigen, doch ergibt sich die Notwendigkeit einer Korrektur nur für Ly-α-Raketenmessungen. Strahlung, die oberhalb 100 km Höhe bereits vollständig absorbiert ist, bedarf keiner Korrektur infolge Molekülstreuung.

Im Hinblick auf eine Erweiterung des Verfahrens zur Bestimmung mehrerer Konstituenten soll an dieser Stelle erwähnt werden, daß das BEER-LAMBERT-Gesetz in der Form der Gleichung (50) auch für den Fall mehrerer absorbierender Konstituenten in erweiterter Form gültig ist:

$$I(\lambda, h_T) = I_0(\lambda) \exp\left[-2\int_{h_T}^{\infty} \sum_j (\sigma_j(\lambda)\, n_j(h)) \cdot \mathrm{d}w\right]. \quad (54)$$

In der Literatur wird dieses Verfahren als Multikonstituenten-Methode bezeichnet.

7.3.1. Konstituentendichte — Berechnung aus Satellitenmessungen

Auf der Grundlage des im vorangehenden Kapitel dargestellten BEER-LAMBERT-Gesetzes wurde ein sowohl für Satelliten- als auch Raketenmessungen gültiges Auswerteverfahren für die Bestimmung von atmosphärischen Konstituentendichten aus Okkultationsmessungen erarbeitet [196]. Es kommt im Gegensatz zu anderen häufig verwendeten Verfahren [154, 155, 197, 198, 199] ohne die Benutzung der Dichteskalenhöhen aus, die per definitionem die zu bestimmende Größe in der Form des Dichtegradienten enthalten.

Das Verfahren ist ein Näherungsverfahren mit iterativem Charakter. Vorausgesetzt ist die Zerlegung der Atmosphäre in dünne Kugelschichten. Der Iterationsprozeß beginnt bei derjenigen Schicht, wo zum ersten Mal eine Absorption in Erscheinung tritt. Zunächst

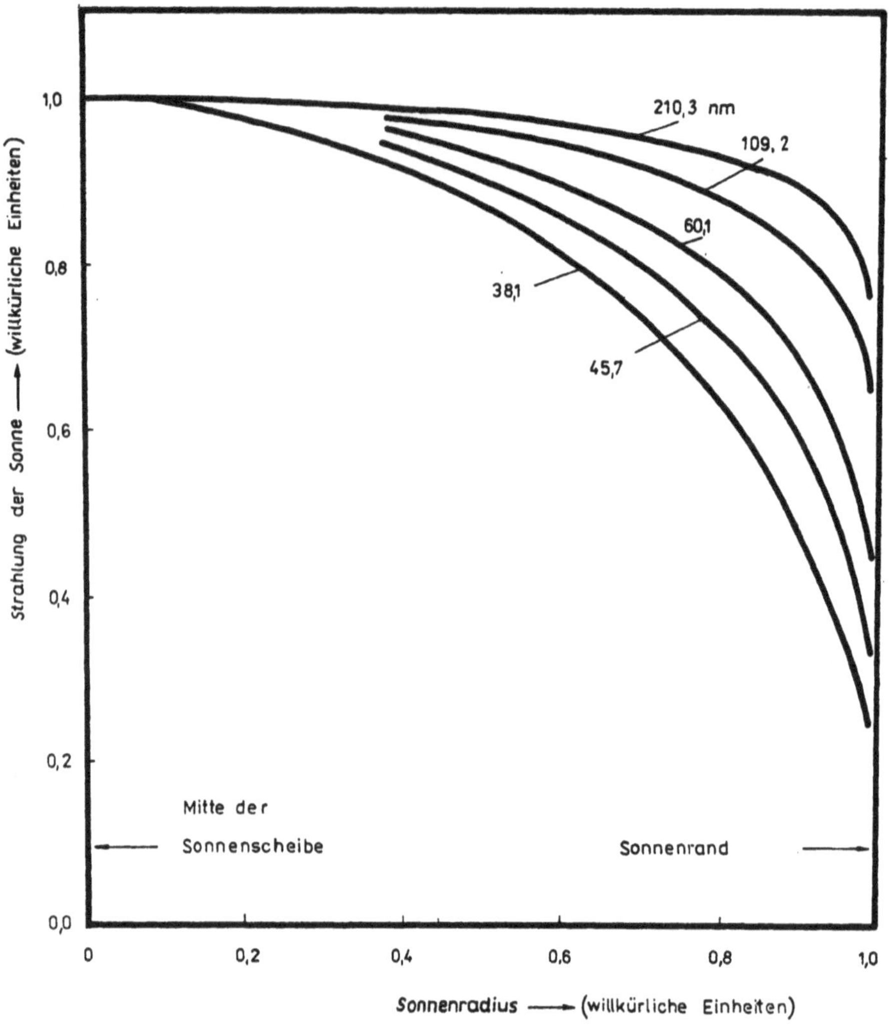

Abb. 84. Mitte-Rand-Variation der Sonnenstrahlung

wird nach Gleichung (4) an der oberen Grenze, d. h. vor dem Wirksamwerden der Absorption, ein effektiver Absorptionsquerschnitt σ_E errechnet. Dann wird mit σ_E für die erste absorbierende Schicht mit Hilfe der spezialisierten Gleichung (49) unter Berücksichtigung des Transmissionsweges $w_{1,1}$ eine mittlere Dichte berechnet (Abb. 82):

$$n\left(h - \frac{\Delta h}{2}\right) = \frac{-\ln \dfrac{I_T(h - \Delta h)}{I_2(h)}}{2 \cdot \sigma_E(h) \cdot w_{1,h-1}} ; \qquad (55)$$

$I_T(h - \Delta h)$ gemessene Strahlungsintensität in der Höhe $(h - \Delta h)$,

$I_2(h)$ Strahlungsintensität am Anfang des letzten Transmissionsweges $w_{1,h}$,

$w_{1,h-1}$ spezieller Transmissionsweg (Abb. 82).

Mit dieser errechneten Dichte wird zuletzt für jedes Wellenlängenintervall die nach Durchlaufen der speziellen Schicht noch vorhandene Strahlungsintensität ermittelt nach:

$$I(\lambda, h - \Delta h) = I(\lambda, h) \cdot \exp\left[-\sigma(\lambda) \cdot n\left(h - \frac{\Delta h}{2}\right) \cdot w_{1,h-1}\right]. \qquad (56)$$

Zu Beginn des zweiten und allgemein der folgenden Iterationsschritte werden aus den Werten $I(\lambda, h - \Delta h)$ jeweils neue effektive Absorptionsquerschnitte berechnet und die Dichteberechnung nach der beschriebenen Art durchgeführt.

Das Iterationsverfahren ist beendet, wenn der letzte Meßwert I_T abgearbeitet worden ist. Dabei wird die Korrektur der endlichen Ausdehnung der Sonne nach Gleichung (52) durchgeführt.

7.3.2. Andere Auswerteverfahren für Satellitenmessungen — Sonnenokkultation

Ausgehend von der Geometrie für Okkultationsexperimente (Abb. 87) kommt man unter Verwendung des BEER-LAMBERT-Gesetzes unter idealisierten Bedingungen am Punkte maximaler Absorption (grazing height h_t) für die Berechnung der Dichte zu folgendem Ausdruck [200]:

$$n(h_t) = \ln\left(\frac{I_0}{I}\right) \cdot \left[2 \cdot \sigma \cdot H \cdot \sqrt{\frac{\pi \cdot (R + h_t)}{2H}}\right]^{-1} \qquad (57)$$

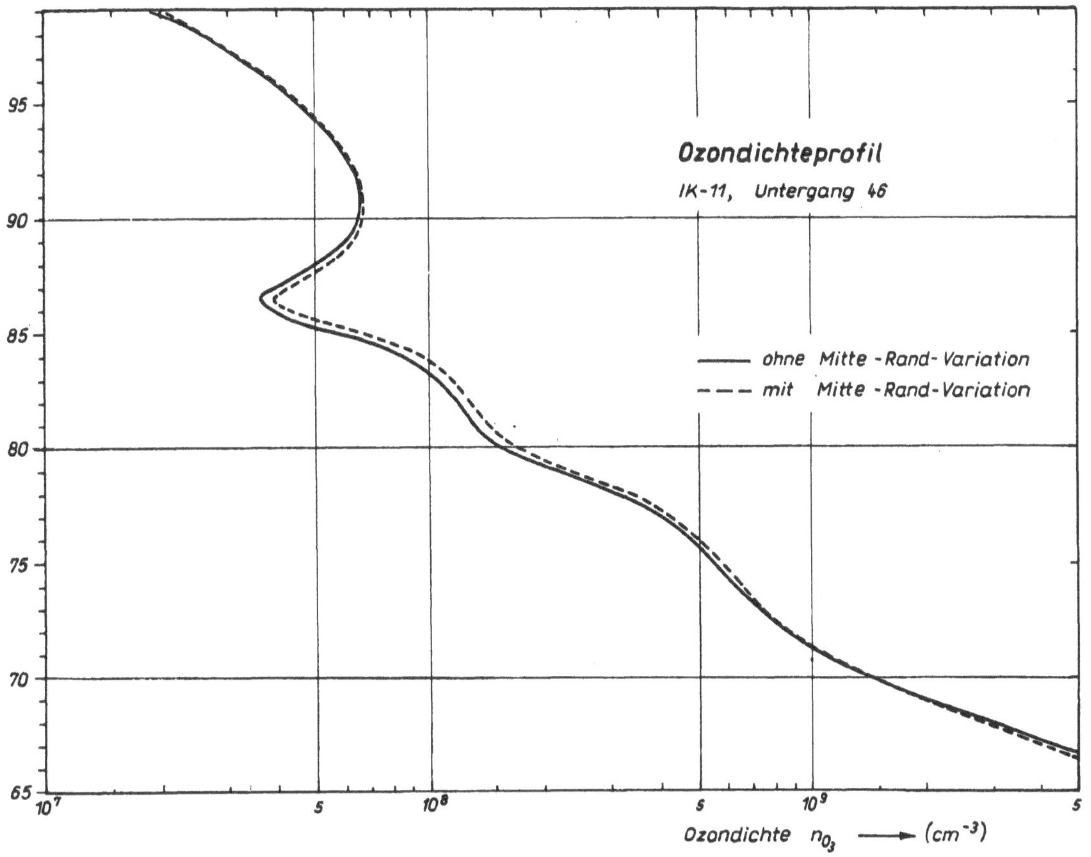

Abb. 85. Ozondichte-Profil unter Berücksichtigung der Mitte- Rand-Variation der Sonnenstrahlung

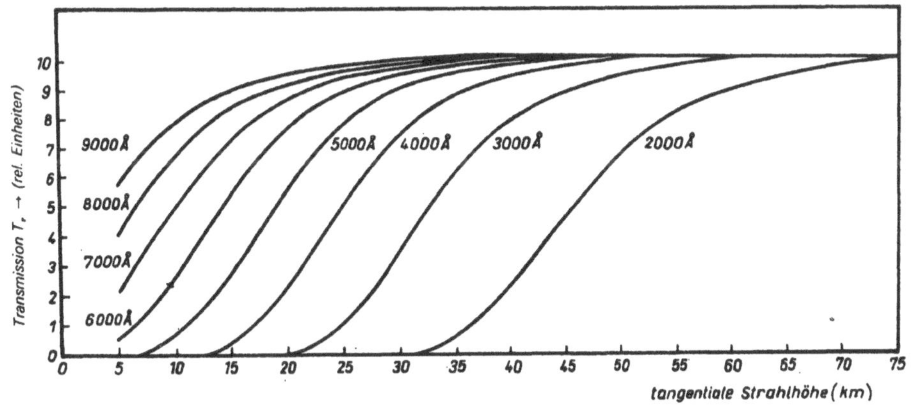

Abb. 86. Transmissionsfunktion für RAYLEIGH-Streuung

mit:

$$H(h_t) = -n(h_t) \cdot \left(\frac{dn(h_t)}{dh_t}\right)^{-1}; \tag{58}$$

R Erdradius,
H Dichteskalenhöhe.

Die Größe

$$\frac{R + h_t}{H} = X \tag{59}$$

unter der Quadratwurzel bedeutet hierbei eine Approximation der CHAPMAN-Funktion [197]:

$$F(X, \chi) = X \cdot \sin \chi \int_0^\chi \operatorname{cosec}^2 \vartheta \cdot \exp\left[X\left(1 - \frac{\sin \chi}{\sin \vartheta}\right)\right] d\vartheta; \tag{60}$$

χ solarer Zenitwinkel.

Der Gebrauch der Größe X anstelle des Ausdruckes für die CHAPMAN-Funktion unter der Wurzel in Gleichung (57) bewirkt für Satellitenmessungen ($\chi = 90°$) nach [200] einen Fehler von maximal 5%.

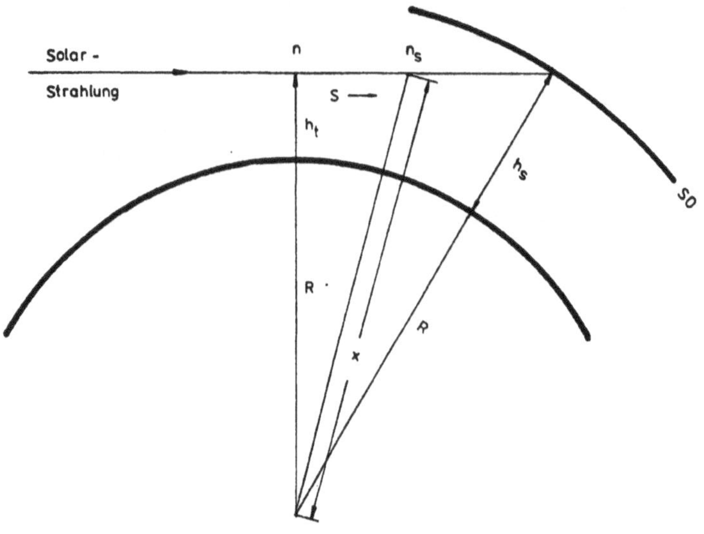

n Gasdichte bei grazing height

n_s Gasdichte bei einem Abstand s auf dem Verbindungsstrahl Sonne Satellit vom Punkt w

Abb. 87. Geometrie für Okkultationsexperimente

SONNEMANN [194] hat durch die Einführung einer effektiven Skalenhöhe $\bar{H}$ längs der Ausbreitungsrichtung der Strahlung anstelle der Skalenhöhe bei der grazing height eine merkliche Verbesserung der Gleichung (57) erreicht. $\bar{H}$ errechnet sich nach:

$$\bar{H}(h_t) = \frac{\left[2 \int\limits_{R+h_t}^{\infty} \frac{x \cdot \exp\left\{-\int\limits_{R+h_t}^{x} \frac{1}{H(x')} \, dx'\right\}}{\sqrt{x^2 - (R+h_t)^2}} \, dx\right]^2}{2\pi \cdot (R+h_t)}. \quad (61)$$

In Abb. 88 [199] ist für die atmosphärischen Hauptkonstituenten der Unterschied zwischen der effektiven Skalenhöhe $\bar{H}$ und der Skalenhöhe H bei der grazing height dargestellt.

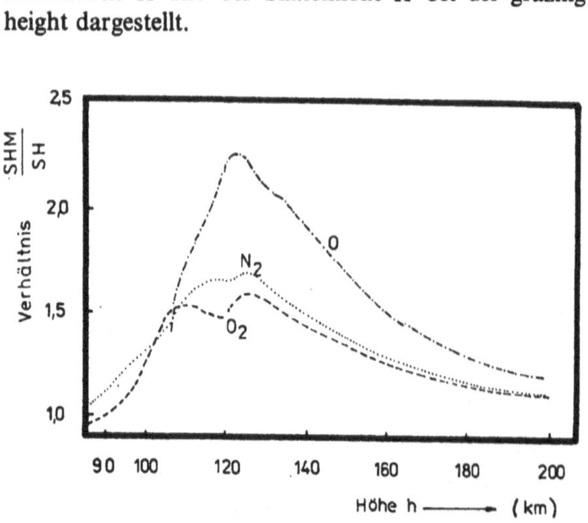

Abb. 88. Verhältnis von effektiver Skalenhöhe $\bar{H}$ zur Skalenhöhe H

7.3.3. Sternokkultation

Okkultationsmessungen von UV-Sternen ermöglichen die Bestimmung der Nachtzeit-Konstituentenverteilung. Dieser Sachverhalt ist von großer Bedeutung für die Bestimmung von Ozon, dessen Verteilung besonders starken Tag- und Nachtänderungen unterliegt. HAYS und ROBLE [201, 202] haben die Verwendung von UV-Sternen für Okkultationsmessungen vorgeschlagen und die stellare Okkultationstechnik im Detail beschrieben.

Die mit einem Strahlungsmeßgerät gemessene Strahlungsintensität bezogen auf die ungeschwächte extraterrestrische Strahlungsintensität in einer tangentialen Säule wird beschrieben durch [202, 203]:

$$\frac{I(R+h_t)}{\bar{I_0}} = \left\{\int\limits_0^{\infty} T(\lambda)\, I_0(\lambda) \cdot \exp\left[-\sigma(\lambda) \cdot N(R+h_t)\right] d\lambda\right\} \times \left\{\int\limits_0^{\infty} T(\lambda) \cdot I_0(\lambda)\, d\lambda\right\}^{-1}; \quad (62)$$

$T(\lambda)$ Gerätefunktion,
$N(R + h_t)$ tangentiale Säulendichte.

Zwischen der tangentialen Säulendichte N und der lokalen Dichte n besteht folgender Zusammenhang:

$$N(R+h_t) = 2 \int\limits_{R+h_t}^{\infty} \frac{n(x) \cdot x \cdot dx}{\sqrt{x^2 - (R+h_t)^2}}. \quad (63)$$

Die lokale Dichte n in einem Punkte x (s. Abb. 87) erhält man durch Inversion der ABELschen Integralgleichung (63):

$$n(x) = \frac{1}{2\pi} \frac{d}{dx} \left\{\int\limits_x^{\infty} \frac{x}{R+h_t} \cdot \frac{N(R+h_t)}{\sqrt{(R+h_t)^2 - x^2}}\, d(R+h_t)\right\}. \quad (64)$$

Da ein Stern eine quasi punktförmige Lichtquelle darstellt, entfällt bei der Sternokkultation die Korrektur auf eine punktförmige Lichtquelle. Ein wesentlicher Nachteil bei der Sternokkultation liegt wegen der geringen Strahlungsleistungen der Sterne in der Notwendigkeit eines Teleskops zur Erhöhung der Strahlungsleistung am Ort des Empfängers.

7.3.4. Konstituentendichte — Berechnung aus Raketenmessungen

Raketenmessungen liefern unter günstigen Bedingungen zwei Dichteprofile für einen Ort, die zeitlich nur unwesentlich auseinander liegen und so praktisch denselben atmosphärischen Zustand repräsentieren. Nach Abb. 81 sind bei einer Raketenmessung der Ort der Strahlungsmessung und der Ort der Bestimmung der Konstituentendichte identisch. Damit entfällt die Notwendigkeit der Korrektur auf eine punktförmige Sonne.

7.3.4.1. Kugelschichtverfahren

Das im Kapitel 7.3.1. beschriebene Verfahren zur Ableitung von Dichtewerten aus Satellitenmessungen läßt sich völlig analog auf Raketenmessungen übertragen. Die Geometrie des Strahlenverlaufes zeigt Abb. 89. Die Verdopplung des geometrischen Weges entfällt im Gegensatz zu Satellitenmessungen. Wegen des solaren Zenitwinkels $\chi < 90°$ sind die Dreiecke, die zwischen den Kugelschichtdicken Δh am Ort der Dichtebestimmung und den Strahlungswegen in der Atmosphäre aufgespannt werden, nicht mehr rechtwinklig, so daß der Kosinussatz zur Berechnung der Absorptionsweglängen benutzt werden muß. Der weitere Rechengang ist völlig analog dem im Kapitel 7.3.1. beschriebenen [195].

7.3.4.2. Andere Raketenauswerteverfahren

Für solare Zenitwinkel $\chi < 80°$ kann das System Erde—umgebende Atmosphäre im Strahlungsfeld der Sonne als ebenes System approximiert werden [198]. Der Fehler im berechneten Dichtewert für diese Approximation bei $\chi < 75°$ beträgt nur 1% [197, 198, 200]. Er vergrößert sich auf 5% bei $\chi = 82°$ und auf 10% bei $\chi = 85°$. Die geometrischen Verhältnisse für den Fall der ebenen Erde demonstriert Abb. 90. Danach erhält man nach Differentiation des Beer-Lambert-Gesetzes und Auflösung nach $n(h)$:

$$n(h) = \frac{1}{\sigma(\lambda) \cdot \sec \chi} \cdot \frac{1}{I(\lambda, h)} \cdot \frac{dI(\lambda, h)}{dh}. \qquad (65)$$

Ein praktisches Verfahren hierzu für eine endliche Gerätebandbreite geben Stark u. a. [204].

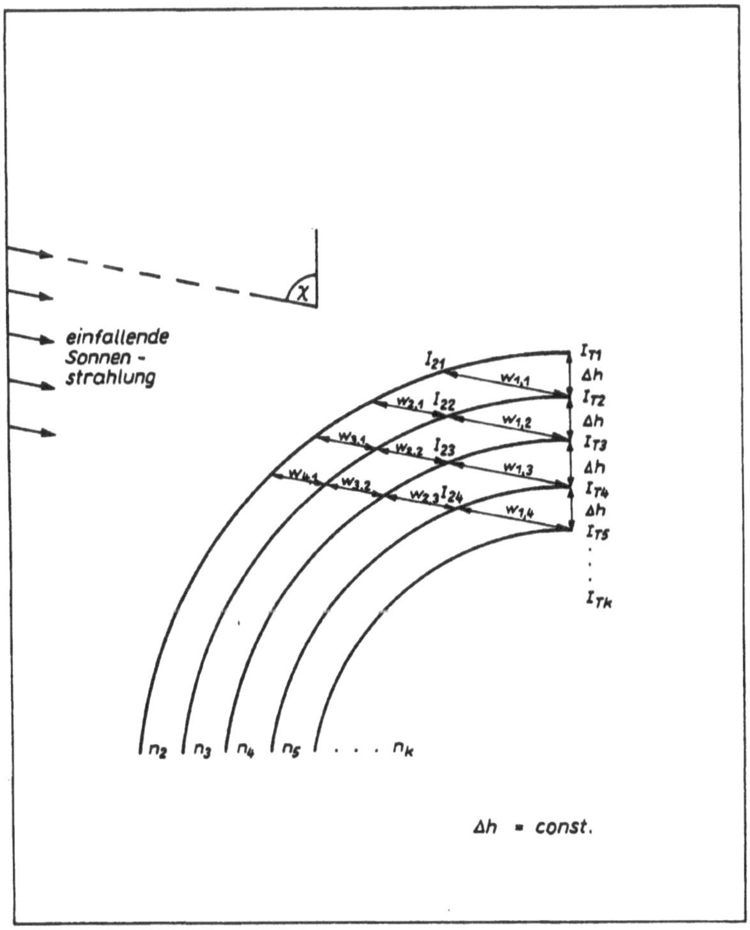

Abb. 89. Schalenmodell (Raketenmessung)

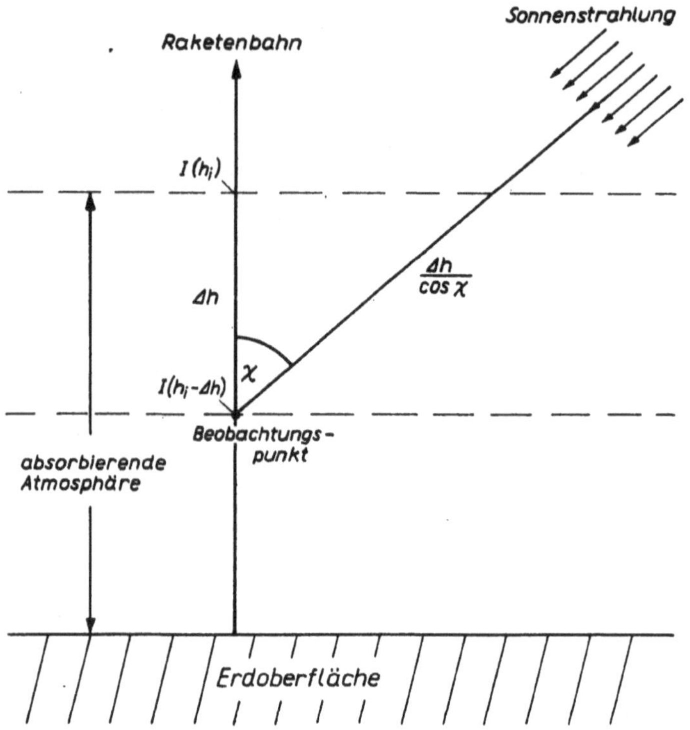

Abb. 90. Geometrische Verhältnisse für Raketenabsorptionsmessung (ebene Erde)

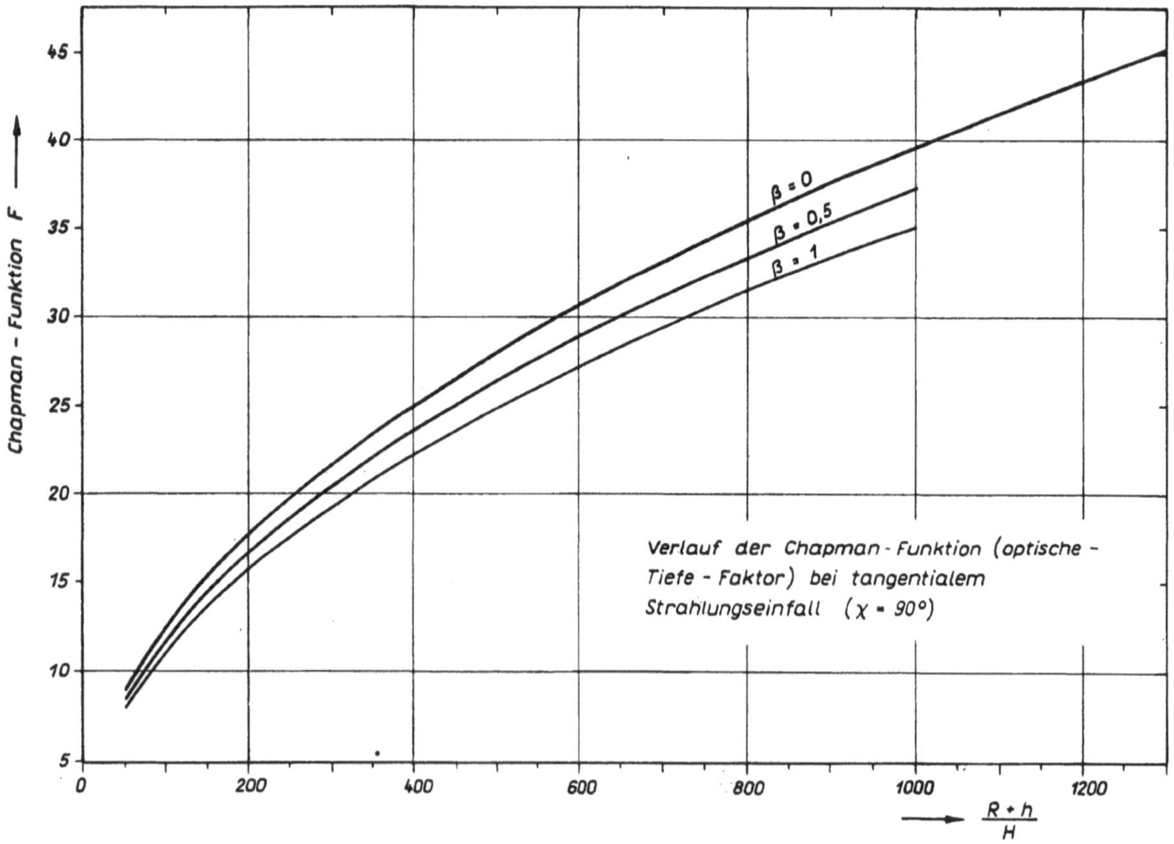

Abb. 91. CHAPMAN-Funktion für tangentialen Strahlungseinfall

Für den Fall einer sphärischen Erde für $\chi \geqq 80°$ wird $\sec \chi$ durch die CHAPMAN-Funktion [195] (Gleichung 60) ersetzt. Die Dichte $n(h)$ errechnet sich dann nach:

$$n(h) = \frac{1}{\sigma(\lambda) \cdot F(X, \chi)} \cdot \frac{1}{I(\lambda, h)} \cdot \frac{\mathrm{d}I(\lambda, h)}{\mathrm{d}h}. \qquad (66)$$

Umfangreiche Berechnungen der CHAPMAN-Funktion $F(X, \chi)$ für X-Werte bis 1000 und χ-Werte bis 100° haben WILKES [205] und SWIDER [197] vorgelegt. TRINKKELLER [195] hat für $\chi = 90°$ (Satellitenbedingung) und $\beta = 0$, 0,5, 1,0 die F-Wert-Daten erweitert für $X > 1000$ (Abb. 91).

7.4. Verfahren zur gleichzeitigen Messung mehrerer Konstituenten

Isolierte Einzelmessungen nützen beim gegenwärtigen und in weitaus stärkerem Maße unter den Bedingungen des zukünftigen Erkenntnisstandes nicht mehr viel. Sie bringen kaum noch Erkenntnisgewinn, da im komplexen Geschehen der Hochatmosphäre zu viele freie Parameter verbleiben. Der internationale Trend geht zu Komplexuntersuchungen eines bestimmten Höhenbereiches, um Aussagen über das Temperaturverhalten, speziell aber über die Zusammensetzung von Major- und Minorkonstituenten eines besonders wichtigen Höhenbereiches machen zu können.

Voraussetzung für die Durchführbarkeit dieser Aufgabenstellung mit Hilfe der Okkultationsmethode ist wieder nur das BEER-LAMBERT-Gesetz. Für eine exakte mathematische Abwicklung des Verfahrens muß dabei die Zahl der Intensitäts-Höhenprofile gleich der Zahl der zu bestimmenden Gaskonstituenten sein. Für diesen Fall lautet das BEER-LAMBERT-Gesetz in der Form eines inhomogenen, linearen Gleichungssystems:

$$\ln \frac{I_0(\lambda_i)}{I(\lambda_i)} = \sum_{j=1}^{n} N_j \cdot \sigma_j(\lambda_i); \qquad i = 1 \ldots j. \qquad (67)$$

Der Index j bezeichnet die Konstituentenart. Anstelle der lokalen Dichte n steht hier die Säulendichte N.

Allgemein kann je nach den gegebenen Umständen aus den superponierten Absorptionskurven die Dichte der einzelnen Konstituenten bestimmt werden. Dazu wird jeder Konstituente j eine signifikante Wellenlänge aus dem Sonnenspektrum zugeordnet. Schreibt man für die linke Seite des Gleichungssystems (67) A_{ij}, so lautet es in Determinantenschreibweise:

$$A_{ij} = (\sigma_{ij})\, N_j\,. \qquad (68)$$

Man kann für jede Höhe h unter der Voraussetzung, daß die Koeffizientendeterminante $(\sigma_{ij}) \neq 0$ ist, die Dichten berechnen. Formal mathematisch läßt sich dieses Verfahren immer anwenden. Es existieren jedoch bei der Anwendung eines solchen Prinzips verschiedene Einschränkungen. So sind z. B. die einzelnen Meßwellenlängen bzw. Spektralbereiche im Sonnenspektrum so den Konstituenten zuzuordnen, daß die den Produkten $\sigma_j(\lambda_i) \cdot N_j$ in den Gleichungen (67), (68) äquivalente Absorption meßbar ist. Zum anderen müssen die einzelnen Wellenlängen so aufeinander abgestimmt sein, daß eine ausreichend gute Konditionierung der Determinante gegeben ist, um einen möglichst großen Höhenüberdeckungsbereich bei der Konstituentenbestimmung zu erreichen.

8. Strahlungsabsorptionsmessungen mit Hilfe der Okkultation auf IK-Satelliten und -Raketen

Das Ziel der Strahlungsabsortionsmessungen im UV-Bereich war es, den höhenabhängigen Dichteverlauf der absorbierenden Gasbestandteile der Hochatmosphäre abzuleiten. Dabei stand die Aufgabe der Bestimmung von molekularem Sauerstoff über einen möglichst großen Höhenbereich und von Ozon. Beide Konstituenten sind wegen ihrer starken Strahlungsabsorption energetisch sehr wirksame Bestandteile der irdischen Atmosphäre [206]. Satellitenmessungen gestatten dabei die Untersuchung breitenabhängiger Effekte des Dichteverhaltens der Konstituenten, die Aufdeckung jahreszeitlicher Unterschiede im Dichteverlauf (Hochatmosphären-Zirkulation) und auch die Feststellung von Unterschieden in der Zusammensetzung des Neutralgases über den Ozeanen und den Erdteilmassiven. Raketenmessungen sind von großem Wert bei der Stützung von Satellitenmessungen durch Koinzidenz von Raketenstart und Satellitendurchgang und vor allem bei der gezielten Untersuchung z. B. des Einflusses des Durchlaufens einer Schwerewelle auf das Dichteverhalten der atmosphärischen Konstituenten. Darüber hinaus sind Raketenstarts sehr nützlich bei der Erprobung von Geräteveränderungen im Hinblick auf den Langzeiteinsatz der Geräte auf Satelliten.

8.1. Darstellung der eingesetzten UV-Strahlungsmeßgeräte

Alle durch das IKF der AdW der DDR im Rahmen der IK-Zusammenarbeit auf Raketen und Satelliten durchgeführten Okkultationsmessungen wurden mit Spektralphotometern mittlerer Bandbreite (20—30 nm) durchgeführt. Eine Zusammenstellung aller vom IKF durchgeführten Strahlungsmessungen mit Angabe der Bahncharakteristiken enthält die Tabelle 10. Die Geräte bestanden auf allen Trägern grundsätzlich aus zwei Teilgeräten: dem Geberblock und dem Energieversorgungsteil. Auf den IK-Satelliten IK-1, IK-4, IK-7, IK-11 und IK-16 waren zusätzlich spezielle Sender zur Expreßübertragung der Photometer-Meßdaten zur Satel-

Tabelle 10

	Bezeichnung des Objektes	Startdatum	Art der Spektralphotometerexperimente	Bahncharakteristik			
				Perigäum (km)	Apogäum (km)	Umlaufzeit (min)	Bahnneigung (°)
1.	Interkosmos 1 erstes aktives Kosmosexperiment der DDR	14. 10. 1969	[Ly-α]	260	640	93,3	48,4
2.	Interkosmos 4	14. 10. 1970	[Ly-α]	263	668	93,6	48,5
3.	Interkosmos 7	30. 6. 1972	[Ly-α/SR]	267	568	92,6	48,4
4.	Interkosmos 11	17. 5. 1974	[Ly-α/SR/QUV]	484	526	94,5	50,7
5.	Interkosmos 16	27. 7. 1976	[SR/QUV]	465	523	94,4	50,6
6.	Kosmos 900	30. 3. 1977	[Ly-α]	460	523	94,4	83
				Startzeit (Mosk. Zeit; Ortszeit + 2^m)	Höhe (km)	Solarer Zenitwinkel (°)	
7.	Vertikal 1*	28. 11. 1970	[Ly-α]	8^h30^m	468,8	80,9 (82,2)	
8.	Vertikal 2	20. 8. 1971	[Ly-α]	6^h20^m	462,6	75,3 (77,1)	
9.	Vertikal 3	2. 9. 1975	[Ly-α/SR]	7^h41^m	502	66,6	
10.	Vertikal 4	14. 10. 1976	[Ly-α/SR]	13^h50^m	1512	65,5 (63,6)	
11.	M 100**	13. 9. 1974	[QUV]	17^h22^m	90,44	82,3	
12.	M 100	20. 9. 1974	[QUV]	17^h28^m		85,7	
13.	M 100	12. 9. 1975	[QUV]	6^h55^m	81,81	76,3	
14.	M 100	12. 9. 1975	[Ly-α]	16^h55^m	96,72	77,4	
15.	M 100	19. 9. 1975	[QUV]	7^h08^m	78,90	75,9	
16.	M 100	19. 9. 1975	[Ly-α]	16^h35^m	92,51	76,6	
17.	MR 12**	7. 12. 1976	[Ly-α/SR/QUV]	14^h20^m	163,26	79,0	
18.	MR 12	8. 12. 1976	[Ly-α/SR/QUV]	14^h20^m	157,68	79,1	
19.	M 100	28. 6. 1978	[QUV]	17^h40^m	76,3	69,7	
	Koordinaten des Startpunktes: 48° 41′ nördl. Breite, 46° 3′ östl. Länge						
	Indischer Ozean (MONEX-1979)			(UT)			
20.	M 100	2. 5. 1979	[QUV]	3^h25^m	89,9	75,2	
21.	M 100	18. 5. 1979	[QUV]	13^h24^m	88,5	75,2	
22.	M 100	25. 5. 1979	[QUV]	13^h23^m	84,6	74,8	
23.	M 100	27. 5. 1979	[QUV]	3^h15^m	89,0	74,5	

* Geophysikalische Großrakete ** Meteorologische Raketen

liten-Empfangsstation Neustrelitz installiert. Die auf den Satelliten IK-7 und IK-11 benutzten Sender waren Kooperationsgeräte zwischen dem tschechoslowakischen Forschungsinstitut TESLA-VUST und dem Institut für Elektronik (jetzt IKF) der AdW der DDR. Im Geberblock waren die Photonendetektoren (Ionisationskammern bzw. Photozellen mit Metallinterferenzfiltern) mit den zugehörigen Gleichstromverstärkern untergebracht. Im Energieversorgungteil wurden alle für die Spektralphotometer und die Sender notwendigen Versorgungsspannungen aus der Bordspannung erzeugt und zur Verfügung gestellt.

Die oben genannten Satelliten der 3-IK-Serie und die Vertikal-Raketen waren mit einer Genauigkeit von $\pm 3°$ sonnenorientiert, die meteorologischen Raketen M-100 und MR-12 waren spinorientiert mit nur geringer Präzession ihrer Körperachse. Infolge der großen Öffnungswinkel der Photometer waren zusätzliche Meßeinrichtungen zur Bestimmung der Mißweisung der Photometer und einer daraus folgenden notwendigen Korrektur der Meßwerte nicht nötig. Messungen wurden in drei Wellenlängenbereichen durchgeführt:

– Bereich der Ly-α-Linie
  105 ... 135 nm Ly-α-Photometer,
  115 ... 135 nm
– Bereich des SCHUMANN-RUNGE-Dissoziationskontinuums 135,5 ... 158 nm
  SCHUMANN-RUNGE-Photometer,
– Bereich des HARTLEY-Kontinuums
  250 ... 280 nm
  Quarz-UV-Photometer.

Die Tabelle 11 gibt eine Übersicht aller vom IKF eingesetzten Spektralphotometer mit den wesentlichen Daten und Charakteristiken der Geräte.

8.1.1. Ly-α-Photometer — Photonendetektor

Der im Ly-α-Photometer verwendete Photonendetektor ist eine Gasionisationskammer des im Kapitel 5.1.2.1. beschriebenen Typs [207]. Abb. 92 illustriert die Konstruktion der verwendeten Metall-Keramik-Ionisationskammer. Als Kammerfüllgas wurde Stickoxid (NO), als Kammerfenster Lithium-Fluorid (LiF) bzw. Magne-

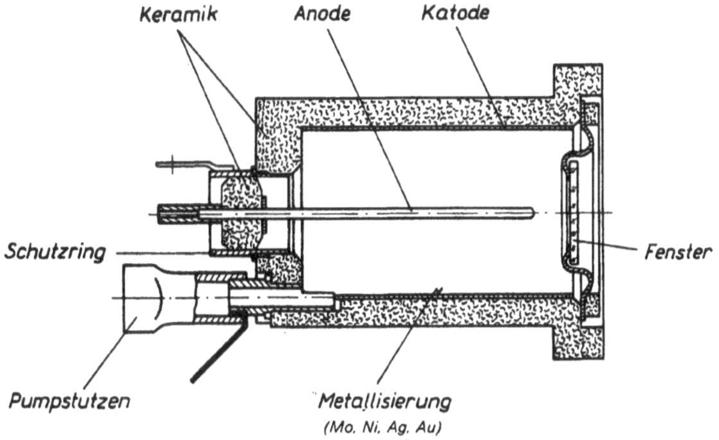

Abb. 92. Ionisationskammer

sium-Fluorid (MgF_2) verwendet. Aus der Faltung des Ionisationsquerschnittes des NO (Abb. 26, gepunktete Kurve) und des Transmissionsvermögens des MgF_2 ergibt sich der durch eine Absoluteichung experimentell verifizierte, spektrale Verlauf des Quantenwirkungsgrades (Abb. 42). Als Eichmethode wurde das im Kapitel 6.2.2. beschriebene Verfahren angewandt. Absoluteichungen wurden im Physikalischen Institut der AdW der UdSSR (Lebedjew-Institut) und im IKF durchgeführt.

Unterschiedliches Transmissionsverhalten der Kammerfenster bestimmt wesentlich die Kammercharakteristik. Stark voneinander abweichende Transmissionsvermögen entstehen bei VUV-Materialien leicht durch OH-Radikale, die durch die Hydrolyse von Restwasserdampf im evakuierten Kristallzüchtungsofen gebildet werden. Magnesium-Fluorid hat Lithium-Fluorid gegenüber folgende Vorteile:

- wegen des langwelligeren cut off von MgF_2 besitzt eine Ionisationskammer mit MgF_2-Fenster eine beträchtlich höhere Selektivität,
- MgF_2 hat infolge höherer Strahlungsresistenz ein weitaus besseres Langzeittransmissionsverhalten als LiF (Abb. 58),
- MgF_2 ist weniger stark hygroskopisch.

Eine Erhöhung der Lebensdauer der Ionisationskammern wurde durch spezielle Maßnahmen zur Verringerung der Strahlungsbelastung der Fenster erreicht. Dazu gehörte ein selektives Doppelspiegelsystem mit einer Belegung aus Al + MgF_2 nach dem Schema in Abb. 93, das die zur Farbzentrenbildung führende Strahlung im LiF-Fundamentalband bei $\lambda < 115$ nm weitgehend wegfiltert [208]. Eine weitere Erhöhung der Kammerlebensdauer wurde durch einen Strahlungsdiffuser bewirkt. Die dadurch erreichte Schwächung des extrem hohen Ly-α-Strahlungsflusses wurde experimentell problemlos verkraftet.

Die Winkelempfindlichkeit eines Ly-α-Photometers mit vorgesetzter Kreisblende zeigt Abb. 94. Sie wurde experimentell ermittelt. Das Bild zeigt eine deutliche Abweichung des Signals von der theoretischen Kosinus-Abhängigkeit.

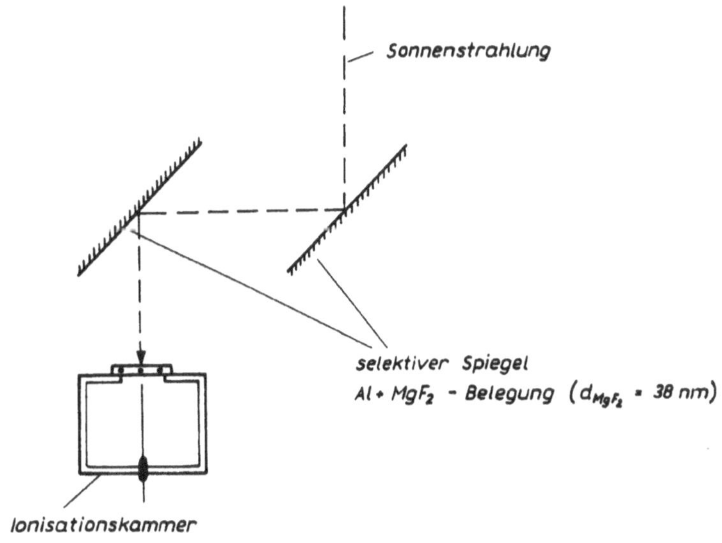

Abb. 93. Selektives Doppelspiegelsystem

Tabelle 11
Ionisationskammer

	Experiment	Orientierung (Grad)	Photometer	Spektralband (nm)	Zahl der Strahlungsempfänger	Fenstermaterial	Gasfüllung: Gas	Gasfüllung: Druck (Pa)	Photozelle: Fenster-mat.	Photozelle: Katode	optischer Eingangsteil	Öffnungswinkel (Grad)	Elektronik	Zahl der Meßkanäle Meßpunktfolge: groß	Zahl der Meßkanäle Meßpunktfolge: klein	Bemerkungen
1	Interkosmos 1	Sonnenorientiert ±3	Ly-α (121,567 nm)	105—135	1	LiF	NO	$2{,}7 \cdot 10^3$			Blende	±34	dc-Verstärker 2 Empfindlichkeiten	2		
2	Interkosmos 4	Sonnenorientiert ±3	Ly-α	105—135 115—135	2	LiF MgF_2	NO NO	$2{,}7 \cdot 10^3$ $2{,}7 \cdot 10^3$			Doppelspiegelsystem Al—MgF_2-beschichtet	±5	dc-Verstärker 2 Empfindlichkeiten	2	2	
3	Interkosmos 7	Sonnenorientiert ±3	Ly-α Schumann-Runge	115—135 135,5—156	2 3	MgF_2	NO	$2{,}7 \cdot 10^3$	BaF_2	KBr	Spiegelsystem u. automatische Verschlußblenden	±5 ±15	dc-Verstärker je 2 Empfindlichkeiten automatische Bereichsumschaltung	2	2	
4	Interkosmos 11	Sonnenorientiert ±3	Ly-α Schumann-Runge Quarz-UV	115—135 135,5—158 250—280	2 2 2	MgF_2 BaF_2	NO Dimethylhydrazin	$2{,}7 \cdot 10^3$ $6{,}7 \cdot 10^2$	Quarz	Cd	Diffus. u. autom. Verschl. Blenden Blenden u. Metallinterferenzfilter	±5 ±30 ±10	dc-Verstärker je 2 Empfindlichkeiten und automatische Bereichsumschaltung	2	2	Ly-α-Ionisationskammer m. MgF_2-Fenster 0,2 mm stark automat. Umschaltung SR/QUV alle 3 Sek.
5	Interkosmos 16	Sonnenorientiert ±3	Schumann-Runge Quarz-UV	135,5—158 250—280	2 2	BaF_2	Dimethylhydr.	$6{,}7 \cdot 10^2$	Quarz	Cd	Blenden Blenden u. Metallinterferenzfilter	±30 ±10	dc-Verstärker je 2 Empfindlichkeiten und Eichmarken	2	2	

6	Kosmos 900	Erdorientiert	Ly-α	115—135	1	MgF_2	NO	$2{,}7 \cdot 10^3$			Blende	±34	dc-Verstärker mit extrem gr. Empfindlich keit	2	für Untersuchungen der Aurora
7	Vertikal 1 u. 2 u. 2 M 100	Sonnenorient. ±3 Spinorientiert	Ly-α	115—135	1	MgF_2	NO	$2{,}7 \cdot 10^3$			Blende	±34	dc-Verstärker 2 Empfindlichkeiten	2	
8	Vertikal 3 u. 4	Sonnenorientiert ±3	Ly-α Schumann-Runge	115—135 135,5—158	1 2	MgF_2 BaF_2	NO Dimethylhydr.	$2{,}7 \cdot 10^3$ $6{,}7 \cdot 10^2$			Blende Blenden	±34 ±30	dc-Verstärker je 2 Empfindlichkeiten m. automatischer Bereichsumschaltung	4	
9	M 100 (4 Versuche)	Spinorientiert	Quarz-UV	250—280	2				Quarz	Cd	Blenden u. Metallinterferenzfilter, um 20° versetzte Eingangsoptik	±42	dc-Verstärker 2 Empfindlichkeiten	2	
10	MR 12 (2 Versuche)	Spinorientiert	Ly-α Schumann-Runge Quarz-UV	115—135 135,5—158 250—280	1 1 1	MgF_2 BaF_2	NO Dimethylhydr.	$2{,}7 \cdot 10^3$ $6{,}7 \cdot 10^2$	Quarz	Cd	Blende Blende Blende m. interferenzfilter	±34 ±30 ±32	dc-Verstärker mit je 2 Bereichen	3	automatische Umschaltung QUV/SR in 85 km Höhe

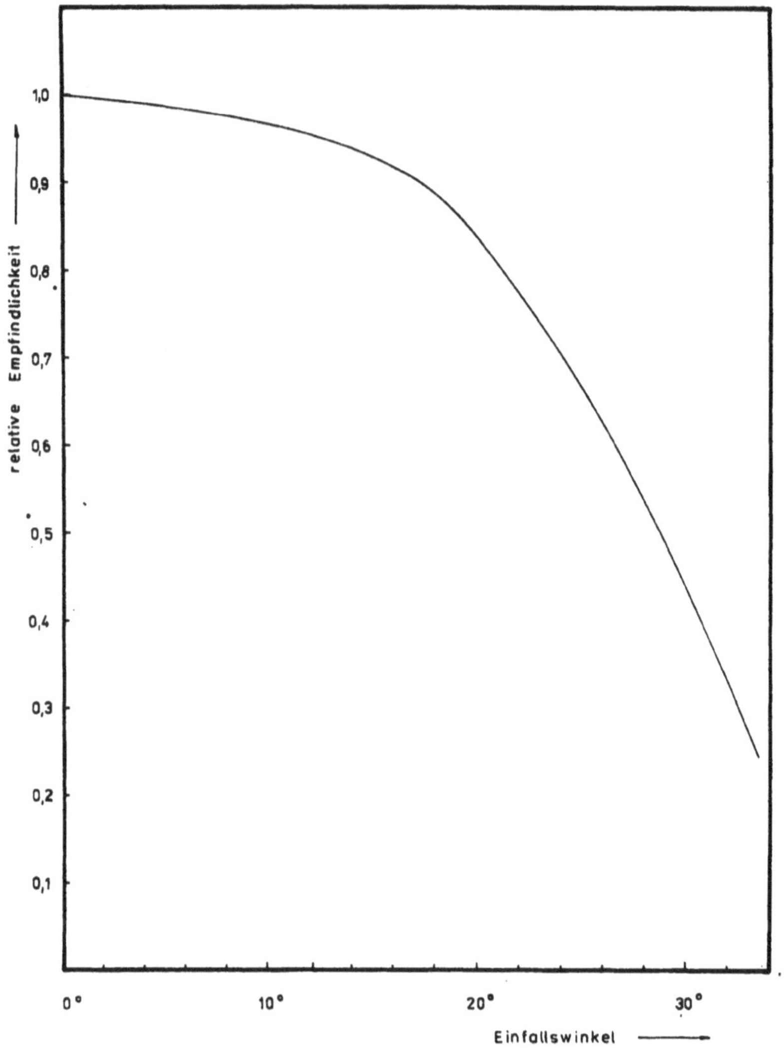

Abb. 94. Winkelempfindlichkeit des Ly-α-Photometers

Die Orientierungsgenauigkeit der IK-Satelliten und Vertikalraketen von $\pm 3°$ bewirkt nach Abb. 94 eine Ungenauigkeit der gemessenen Strahlung von weniger als $\pm 1\%$.

8.1.2. Ionisationskammerpräparierung

Als Keramik für den Kammerkörper wurde Forsterit-Keramik verwendet. Forsterit hat gegenüber der alternativen Al_2O_3-Keramik folgende Vorteile:
- größerer spezifischer Volumenwiderstand,
- niedrigere Dichtbrenn-Temperatur
  Forsterit 1300—1350 °C
  Al_2O_3 1600—1700 °C,
- niedrigere Metallisierungs- und Löttemperatur
  Forsterit 900—1000 °C
  Al_2O_3 1300 °C.

Forsterit ist eine Keramik, die als Hauptbestandteil das Mineral Forsterit (2 MgO · SiO_2) enthält.

Bei der Anwendung von Forsterit-Keramik ist für die Herstellung von Metall-Keramik-Verbindungen „Dilasil 93" (48,7% Ni; 51,3% Fe) als Einlötmetall zu verwenden.

Die Ausdehnungskoeffizienten von Forsterit-Keramik und „Dilasil 93" sind:

Forsterit	$105 \cdot 10^{-7}$ grad^{-1}	von 20—400 °C
Dilasil	$93 \cdot 10^{-7}$ grad^{-1}	von 20—500 °C.

Die Technologie der Forsterit-Keramik-Herstellung, ihre Metallisierung und Lötung wurde im VEB Werk für Fernsehelektronik, Berlin durchgeführt. Der technologische Arbeitsablauf für die Herstellung des Kammerrohlings ist in Abb. 95 in Form eines Blockschemas dargestellt.

Als geeignetes Material für die Herstellung des Fensterbleches hat sich vom mechanischen Standpunkt sauerstofffreies Kupfer (SE-Kupfer oder OF HC) erwiesen. Infolge einer geeignet gewählten Form des Fensterbleches werden die thermisch bedingten Spannungen zwischen dem Fensterblech und dem für die Fensterklebung verwendeten Harz durch das Fensterblech aufgenommen. Die Trennung der gefüllten Ionisationskammer vom Vakuumpumpstand erfolgt durch eine Kaltpreßschweißung. Diese Technologie erfordert die Verwendung von sauerstofffreiem SE-Kupfer als Pumpstutzenmaterial. Die Drücke bei der Preßschweißung müssen 50—75 kp · mm^{-2} betragen. Die Breite der

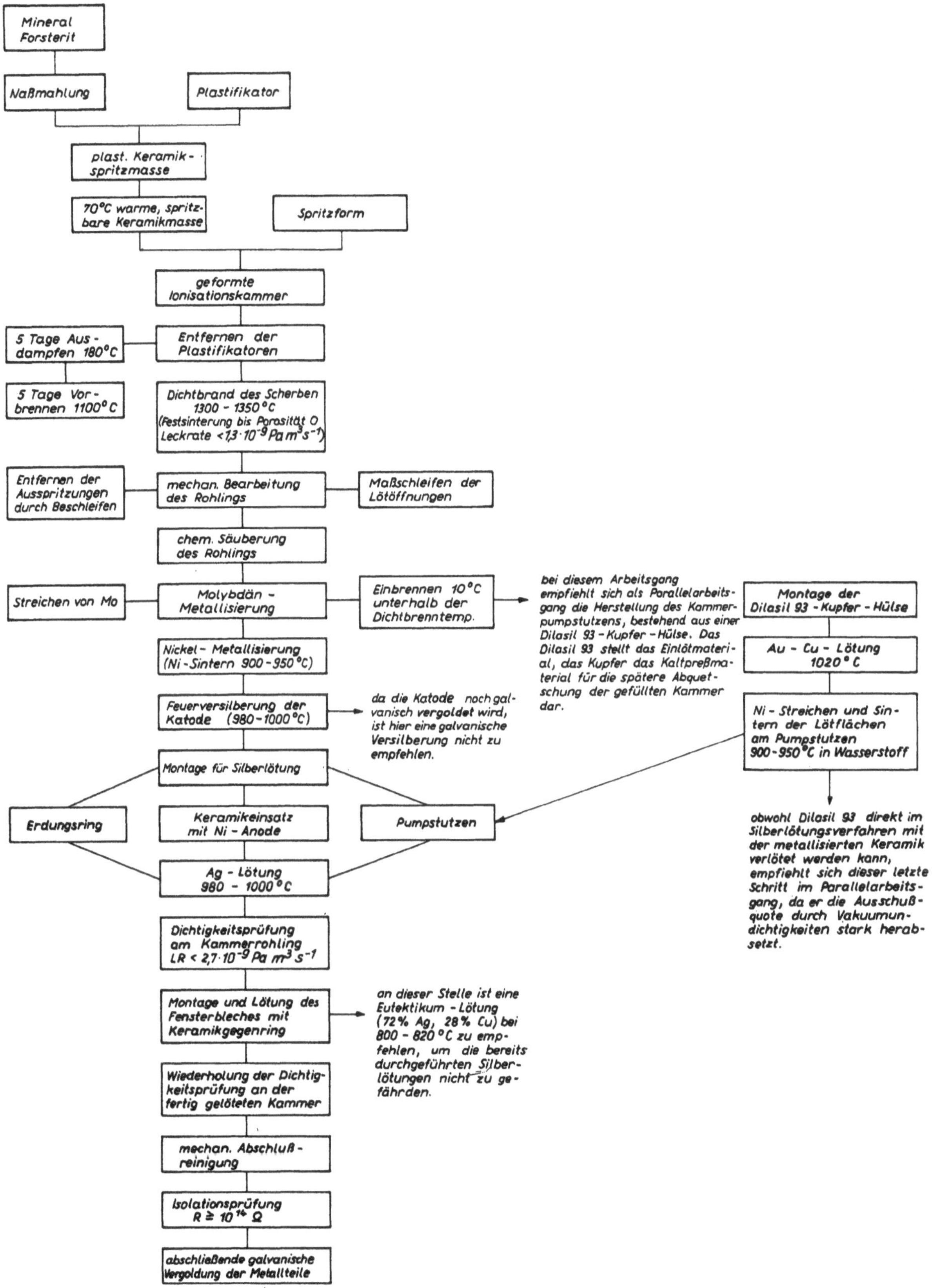

Abb. 95. Technologischer Arbeitsablauf für die Herstellung eines Keramik-Ionisationskammerkörpers

Preßbacken soll etwa doppelt so groß wie der Rohrdurchmesser sein. Die weitere Präparierung des Kammerrohlings bis zur pumpreifen Kammer wird wesentlich bestimmt durch das vakuumdichte Einfügen des MgF_2-Fensters in den Fensterträger. Bei diesem Arbeitsschritt sind folgende Gesichtspunkte von entscheidender Bedeutung:

- Verbindung unterschiedlicher Werkstoffe Metall–Kristall
- Anwendung eines möglichst wärmearmen Fügeverfahrens,
- ausreichende Resistenz des Fügematerials gegenüber Temperaturwechseln, energiereicher Strahlung und UV-Strahlung beim Einsatz auf Satelliten,
- hohe Festigkeit des Fügematerials bei großen plastischen Verformungen,
- Vakuumdichtheit der Verbindung Fenster–Fensterdeckel.

Die gestellten Forderungen sind zu erfüllen bei Verwendung des organischen CIBA-Harzes AY 105 mit dem Härter HT 972 [209].

Der Fülldruck für das verwendete Stickoxid NO betrug 1,6 kPa.

Bei der Präparation der Ionisationskammern stand das Problem der Herstellung einer vakuumdichten Verbindung zwischen Metall und Kristall. Verbindungen unterschiedlicher Werkstoffe stellt man in der modernen Technologie u. a. durch Kleben mit organischen Harzen (Epoxid-Harzen) her.

Die Eigenfestigkeit und das Verformungsvermögen eines organischen Klebstoffes wie z. B. des Epoxid-Harzes werden dabei von seinem Molekularaufbau bestimmt, insbesondere von der räumlichen Verkettung der Einzelmoleküle. Durch äußere Einflüsse auf das Klebmittel kann sich jedoch die Festigkeit der Klebung ändern, was zu einer frühzeitigen Unbrauchbarkeit der Ionisationskammer speziell bei Langzeit-Experimenten auf Satelliten führen kann. Nach Abb. 96 sind in einem Raumfahrzeug etwa die dort mit ihren Grenzwerten aufgezählten Umwelteinflüsse wirksam. Bei erdumkreisenden Satelliten können die Oberflächentemperaturen im Bereich −75 °C bis +120 °C wechseln, je nach Absorption und Emission der Wärmestrahlung durch die Oberfläche des Satelliten und der auf dem Satelliten montierten Geräte. Dem Sachverhalt wurde bei der Epoxidharz-Wahl und der konstruktiven Gestaltung des Fügeteils (Fensterdeckel) Rechnung getragen. In Versuchen mit Metallklebungen unter simulierten Weltraumbedingungen wurde besonders die Eignung von Epoxidharz für die Anwendung auf Satelliten und anderen Raumfahrzeugen nachgewiesen [210]. Vakuum beeinflußt die Festigkeit von Epoxidharz nicht [211]. Festigkeitsänderungen durch die Umgebungstemperatur kann man durch geeignete Epoxidharz-Auswahl weitgehend unwirksam machen. Der Festigkeitsabfall einer Epoxidharz-Klebung durch energiereiche Strahlung im erdnahen Orbit ist unbedeutend.

8.1.3. Photometerelektronik

8.1.3.1. Allgemeiner Aufbau

Die Elektronik für das Ly-α-Photometer war Bestandteil der Gesamtelektronik für das Ultraviolett-Photometer, zu dem im Falle des Komplexphotometers neben dem Ly-α-Photometer ein SCHUMANN-RUNGE-Photometer und ein QUV-Photometer gehörten. Dabei war aus Gründen der Stabilität die Elektronik der Photometer grundsätzlich in zwei Blöcke geteilt:

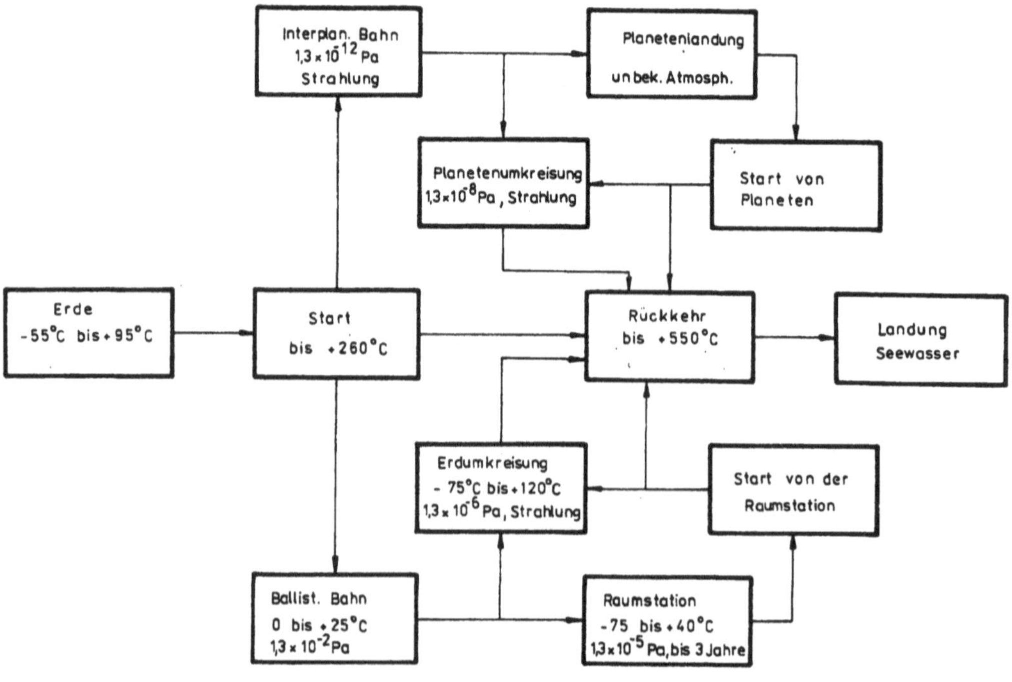

Abb. 96. Umwelteinflüsse in einem Raumfahrzeug

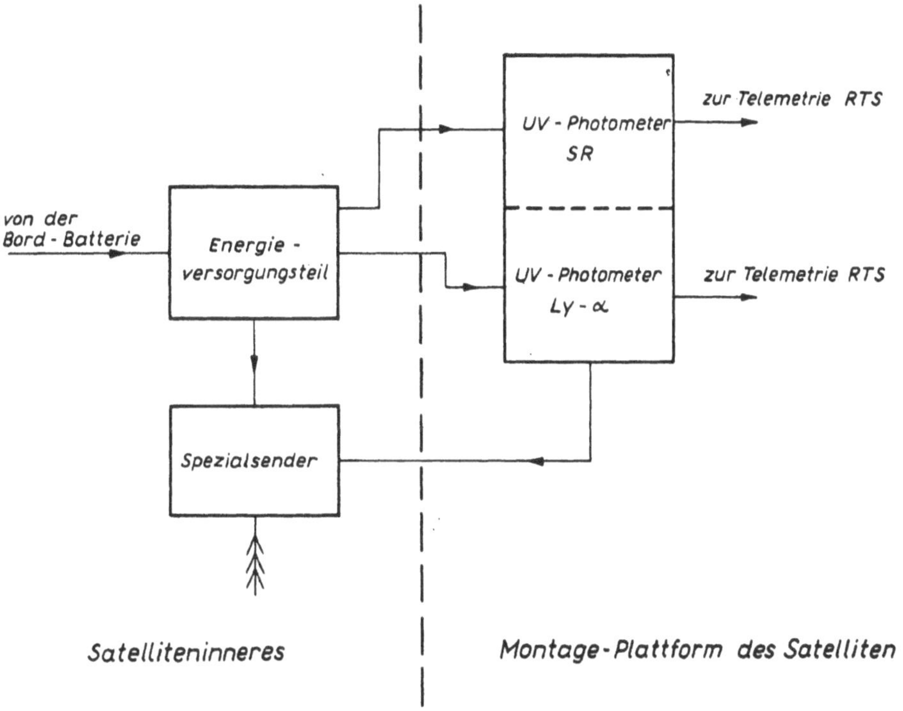

Abb. 97. Blockschaltbild eines Satelliten-Spektralphotometers

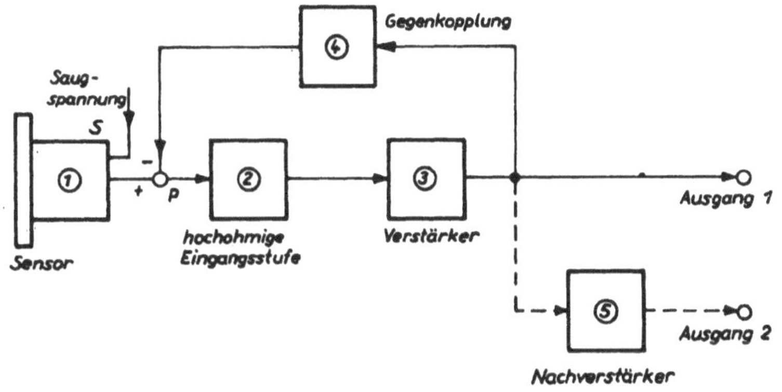

Abb. 98. Blockschaltbild des Analogverstärkers

– Photometerverstärker im Geberblock auf der Montageplattform des Satelliten,
– Energie-Versorgungsteil im Inneren des Satelliten.

Abb. 97 zeigt diese Zweiteilung in einem Blockschaltbild für eine Zwei-Photometervariante.

8.1.3.2. Photometerverstärker

Das Signal der Strahlungsempfänger wurde auf einen Analogverstärker gegeben. Der Verstärker funktioniert so, daß durch ihn die analogen Meßwerte in Form sehr kleiner Ströme I_e aus der Ionisationskammer als Signalquelle mit hohem Innenwiderstand R_i in Ausgangssignale U_a umgewandelt werden, die dem Meßwert proportional sind. Die schaltungsmäßige und konstruktive Gestaltung des Verstärkers ist durch einige einsatzbedingte Besonderheiten wie großer Arbeitstemperaturbereich, Schüttelfestigkeit und Stabilität der Daten über einen großen Zeitraum charakterisiert. Die folgenden Kennwerte können als typisch angesehen werden:

Detektorstrom	$I_e = 10^{-6} \ldots 10^{-12}$ A ,
Innenwiderstand des Detektors	$R_i \sim 10^{11}\ \Omega$,
Schüttelfestigkeit	bis 40 g ,
Arbeitstemperaturbereich	$\vartheta = -20\ °C \ldots +60\ °C$.

Abb. 98 zeigt das Blockschaltbild des analog arbeitenden Verstärkers. Er funktioniert nach dem Gegenkopplungsprinzip. Durch die Dimensionierung des Gegenkopplungsnetzwerkes *4* wird die Empfindlichkeit des Photometers festgelegt. Der Gegenkopplungswiderstand muß je nach gewünschter Empfindlichkeit des Photometers geeignet gewählt werden. Da der Innenwiderstand des Sensors sehr groß ist, muß auch der Gegenkopplungswiderstand sehr groß gewählt werden, um Ausgangssignale von geeigneter Größe zu erhalten. Beide Widerstandswerte liegen im GOhm-Bereich. Widerstände dieser Größe führen schon bei Vorhandensein kleiner Kapazitäten (pF-Bereich) zu Zeitkonstanten, die die obere Grenzfrequenz des Systems stark herabsetzen.

Die Verstärkung des Systems ist frequenzabhängig:

$$[V] = \frac{R2}{R1} \cdot \frac{1}{1 + j \cdot \omega \cdot C \cdot R2}, \qquad (69)$$

$$R2 \cdot C = \tau\,; \qquad (70)$$

τ Zeitkonstante des Systems,
j $\sqrt{-1}$,
ω Kreisfrequenz = $2\pi\nu$ (ν Arbeitsfrequenz des Verstärkers),
C parasitäre Kapazität im Gegenkopplungszweig,
$R1$ Vorwiderstand,
$R2$ Gegenkopplungswiderstand.

Die Zeitkonstante τ des Systems kann also bis $0{,}1^{1}$s betragen, wenn man einen Gegenkopplungswiderstand von 10 GΩ und Kapazitäten bis 10 pF annimmt. Im günstigsten Fall läßt sich andererseits bei dieser Schaltung für kleine Ströme eine obere Grenzfrequenz von etwa 100 Hz erreichen.

Aus der Tatsache, daß die von den Strahlungssensoren gelieferten Ströme im Bereich von $10^{-8}-10^{-12}$ A liegen und die Sensoren selbst einen extrem großen Quellwiderstand besitzen, ergibt sich die Notwendigkeit, Eingangsstufen mit sehr großem Eingangswiderstand zu verwenden.

Die verwendeten Gleichstromverstärker benutzen das Differenzverstärkerprinzip mit Gleichtaktunterdrükkung. Die temperaturabhängigen Driftspannungen sind Gleichtaktsignale (bei Verwendung von symmetrischen Eingangsstufen) und können daher bei dieser Schaltungsart weitgehend unterdrückt werden.

Es war nötig, die Empfindlichkeit des Verstärkers in der Phase des Eintritts des Satelliten in den Erdschatten ohne merklichen Informationsverlust zu erhöhen. In Abb. 99 ist eine Verstärkerschaltung angegeben, deren elektronischer Umschalter zusammen mit dem Verstärker die in Abb. 100 angegebene Photometerkennlinie für zwei unterschiedlich empfindliche Ausgänge A_1 und A_2 liefert.

8.1.4. SCHUMANN-RUNGE-Photometer

Das SCHUMANN-RUNGE-Photometer diente zur Messung des solaren Strahlungsflusses im Wellenlängenbereich 135 ... 158 nm. Aus der gemessenen Strahlungsdämpfung wurden O_2-Dichten im Höhenbereich 120 bis 220 km abgeleitet. O_2 stellt in diesem Höhenbereich für den Empfindlichkeitsbereich des SCHUMANN-RUNGE-Photometers den einzigen wirksamen Absorber dar. Die Konzeption des SCHUMANN-RUNGE-Photometers ist der des Ly-α-Photometers analog. Unterschiede gibt es nur in der Spezifik der Photonendetektoren. Als Photonendetektor wurde im SCHUMANN-RUNGE-Photometer eine Gasionisationskammer verwendet [212]. Der Kammerkörper ist dem in Abb. 92 gezeigten gleich. Als Füllgas wurde N, N-Dimethylhydrazin $[H_2N-N(CH_3)_2]$ verwendet. In Verbindung mit Barium-Fluorid (BaF_2) hatte die Ionisationskammer den in Abb. 43 gezeigten Verlauf des Quantenwirkungsgrades. Aus energetischen Gründen und Gründen der Funktionssicherheit des Gerätes wurden im SCHUMANN-RUNGE-Photometer drei nahezu identische Ionisationskammern parallel geschaltet und die Einzelsignale gemeinsam auf den Eingang des Analogverstärkers geschaltet. Die effektive Fensterfläche betrug 0,5 cm² je Ionisationskammer. Damit stellte sich ein Ionisationsstrom von 10^{-11} ... 10^{-10} A ein. Die Photometerkennlinie mit automatischer Bereichsumschaltung für diesen Strombereich war der in Abb. 100 gezeigten ähnlich.

8.1.5. QUV-Photometer

Es wurden Messungen der Solarstrahlung im Wellenlängenbereich um 260 nm durchgeführt. Strahlung dieses Wellenlängenbereiches wird durch das atmosphärische Ozon im Maximum der HARTLEY-Bande (260 nm) absorbiert. Aus der Strahlungsabsorption dieses Wellenlängenbereiches läßt sich die Dichte des atmosphärischen Ozons im Bereich der Stratosphäre und Mesosphäre bestimmen. Für das QUV-Photometer gibt es wesentliche Unterschiede zu den anderen Teilphotometern nur in der Spezifik der Detektoren.

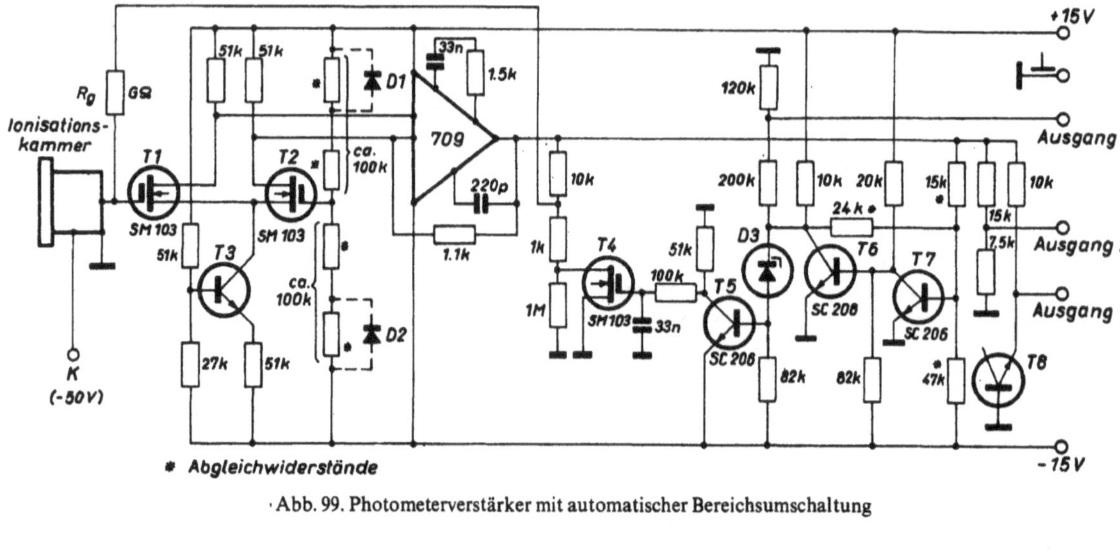

Abb. 99. Photometerverstärker mit automatischer Bereichsumschaltung

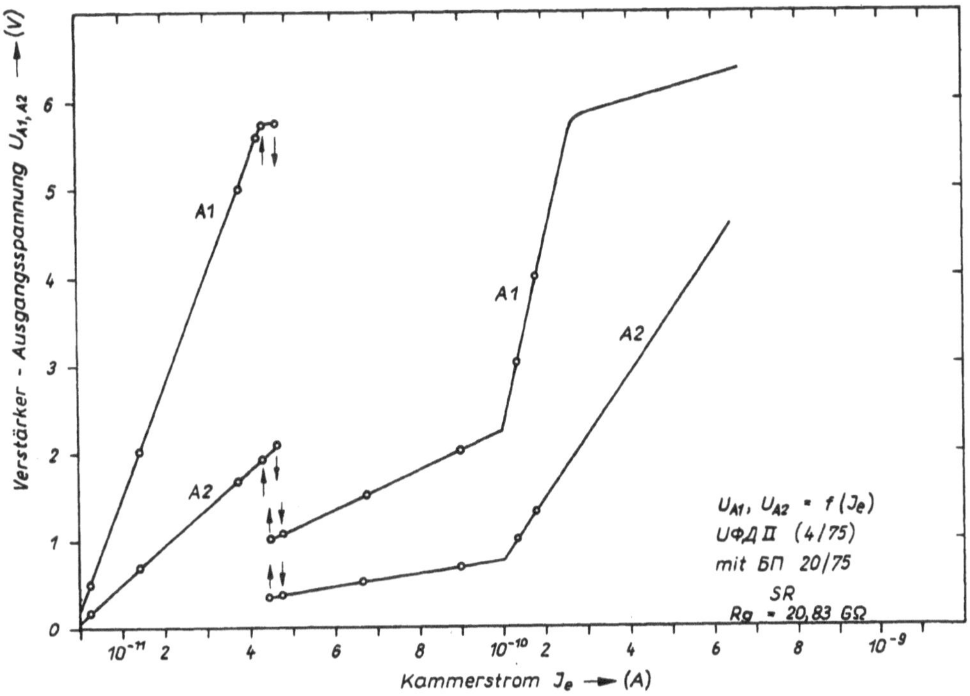

Abb. 100. Verstärkerkennlinie

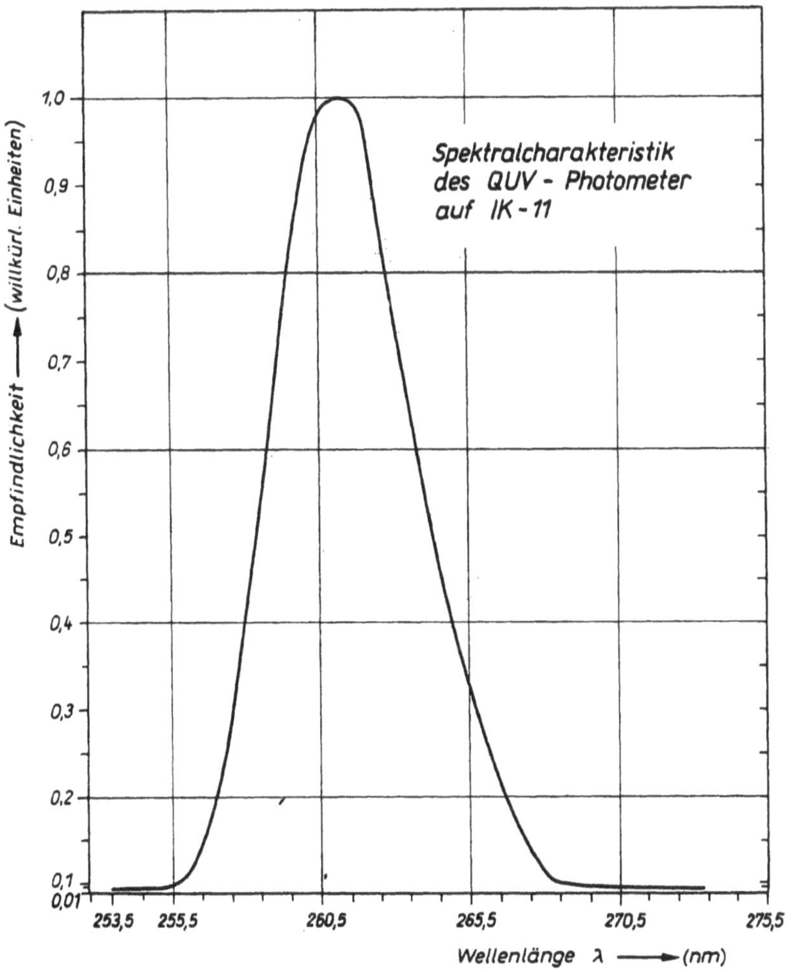

Abb. 101. Spektralcharakteristik des QUV-Photometers (260 nm)

8.1.5.1. Photonendetektoren

Als Photonendetektoren in den QUV-Photometern wurden Photozellen in Verbindung mit vorgesetzten UV-Kopplungsspezialinterferenzfiltern des VEB Carl Zeiß Jena verwendet [213]. Den schmalbandigen Interferenzfiltern kommt dabei die Aufgabe zu, neben der Selektion des gewünschten Wellenlängenbereiches vor allem sichtbare Strahlung fernzuhalten. Es wurde das Kopplungsinterferenzfilter 42 68 25:007.24 mit einer maximalen Durchlässigkeit bei 260 nm in Verbindung mit einer Cadmium-Photozelle verwendet. Die Cadmium-Photozelle ist für Strahlung langwelliger als 300 nm nahezu unempfindlich. Die Durchlässigkeit 2. Ordnung des Interferenzfilters bei 220 nm wurde durch ein aufgekittetes Farbglas abgeblockt. Die aus der Faltung der Interferenzfilter-Durchlaßkurve, der Farbglasfilter-Durchlaßkurve und der spektralen Empfindlichkeitsverteilung der Cadmium-Photozelle resultierende spektrale Empfindlichkeit des Photometers ist in Abb. 101 dargestellt. Die erreichte Halbwertsbreite von 8,6 nm entspricht internationalem Standard.

8.1.5.2. Absoluteichung des QUV-Photometers 260 nm

Die Absoluteichung des Photometers wurde am Amt für Standardisierung und Material- und Warenprüfung der DDR (ASMW) durchgeführt. Die Bestimmung der Absolutempfindlichkeit erfolgte im homogenen Strahlungsfeld eines Quecksilber-Niederdruckstrahlers bei der Wellenlänge $\lambda = 253{,}7$ nm durch Anschluß an eine Thermosäule als Sekundärstandard. Die Eichgenauigkeit betrug $\pm 5\%$. Als Beispiel soll hier die Empfindlichkeit des auf dem Satelliten IK-11 eingesetzten QUV-Photometers genannt werden, das bei einer Bestrahlungsstärke der Quecksilberlampe von:

$$E_{253{,}7\,\mathrm{nm}} = 0{,}63\,\frac{\mu\mathrm{W}}{\mathrm{cm}^2} \pm 5\%$$

am Ausgang des Photometers eine Spannung von $U_A = 0{,}962$ V anzeigte, womit sich eine Eichkonstante von der Größe:

$$K = 0{,}655\,\frac{\mu\mathrm{W}}{\mathrm{cm}^2\,\mathrm{V}} \pm 5\%$$

ergab.

Die Gesamtempfindlichkeit des Photometers berechnet sich aus diesem Eichwert und der bekannten Relativempfindlichkeit des Photometers.

8.1.6. Telemetriesystem

Dem Telemetriesystem kommt die Aufgabe zu, die während des Raketen- bzw. Satellitenfluges gewonnenen Meßdaten zur Erde zu übertragen.

Bei Satellitenmessungen gibt es grundsätzlich zwei Arten der Übertragung von Meßdaten zur Erde:

- Befindet sich der Satellit im Empfangsbereich einer Bodenstation, werden die einfallenden Meßdaten direkt in der „real time"-Übertragungsart zur Bodenstation übertragen. In dieser Übertragungsperiode werden auch gespeicherte Meßdaten abgefragt und so das Speichersystem wieder für den Meßdatenempfang bereit gemacht.
- Befindet sich keine Bodenstation im Sendebereich des Satelliten, werden die Meßdaten in einem Speichersystem gesammelt und auf Befehl von einer Bodenstation vom Satelliten abgefragt.

Da Satelliten im Orbit große Wasserflächen auf der Erde überfliegen, befinden sie sich nicht ständig im Empfangsbereich von Bodenstationen. Bei dem normalerweise großen Anfall von Meßdaten stellt dieser Sachverhalt höchste Anforderungen an die Satellitenspeichersysteme unter den Bedingungen starker Gewichtsreduzierung.

Auf den IK-Satelliten standen zwei Telemetriesysteme zur Verfügung. Im sowjetischen Telemetriesystem wurde in zwei Regimen gearbeitet:

- direkte Datenübertragung für den Fall, daß sich der Satellit im Empfangsbereich einer Bodenstation befindet,
- Datenaufzeichnung über einen Speicher im Falle, daß sich der Satellit außerhalb des „Hörbereiches" einer Bodenempfangsstation befindet.

In dem Telemetriesystem, das in Kooperation zwischen dem IKF und TESLA-VUST (CSSR) entstanden ist, wurde die Information mit Hilfe von 6 Unterträgern der IRIG-Norm (Frequenz-Multiplex-System) übertragen. Die Senderfrequenz betrug 136 MHz bei etwa 0,3 Watt Sendeleistung. Im Blockschaltbild (Abb. 102) ist das Übertragungsprinzip nach dem Frequenz-Multiplex-Verfahren verdeutlicht [214]. Dabei wird in den Unterträger-Modulatoren nach IRIG-Norm die zwischen 0 ... +6 V liegende Ausgangsspannung eines Photometers in eine Frequenz umgesetzt, mit der die Sendefrequenz von 136 MHz des Senders moduliert wird. In den IRIG-Kanälen 3—8 in Abb. 102 entsprechen die unteren Grenzfrequenzen einer Photometerausgangsspannung von 0 V, die oberen Grenzfrequenzen einer Photometerausgangsspannung von +6 V. Zur Mehrfachausnutzung von Telemetriekanälen wurden Kommutatoren entwickelt, die mehrere Meßsignale, Kontrollparameter usw. nacheinander auf einen einzelnen Telemetriekanal schalten.

8.1.7. Empfindlichkeitsabnahme der Photometer

In den Kapiteln 5.1.2.1.1. und 5.1.3. dieser Arbeit wurde bereits auf Erscheinungen eingegangen, die unter den extremen Bedingungen des Kosmos eine Veränderung von Strahlungsmeßgeräten im UV-Spektralbereich bewirken können. An dieser Stelle soll am konkreten Beispiel des zeitlichen Empfindlichkeitsverhaltens des Schumann-Runge-Photometers und des QUV-Photometers auf dem Satelliten IK-16 der Einfluß kosmischer Bedingungen auf ein Strahlungsmeßgerät diskutiert werden (Abb. 103).

Auffallend ist bei den beiden Photometern auf den ersten 20 bis 25 Umläufen (dem entspricht ein etwa 35stündiger Aufenthalt im Kosmos) ein völlig entgegengesetztes Empfindlichkeitsverhalten. Dem steilen Empfindlichkeitsabfall des QUV-Photometers steht ein stei-

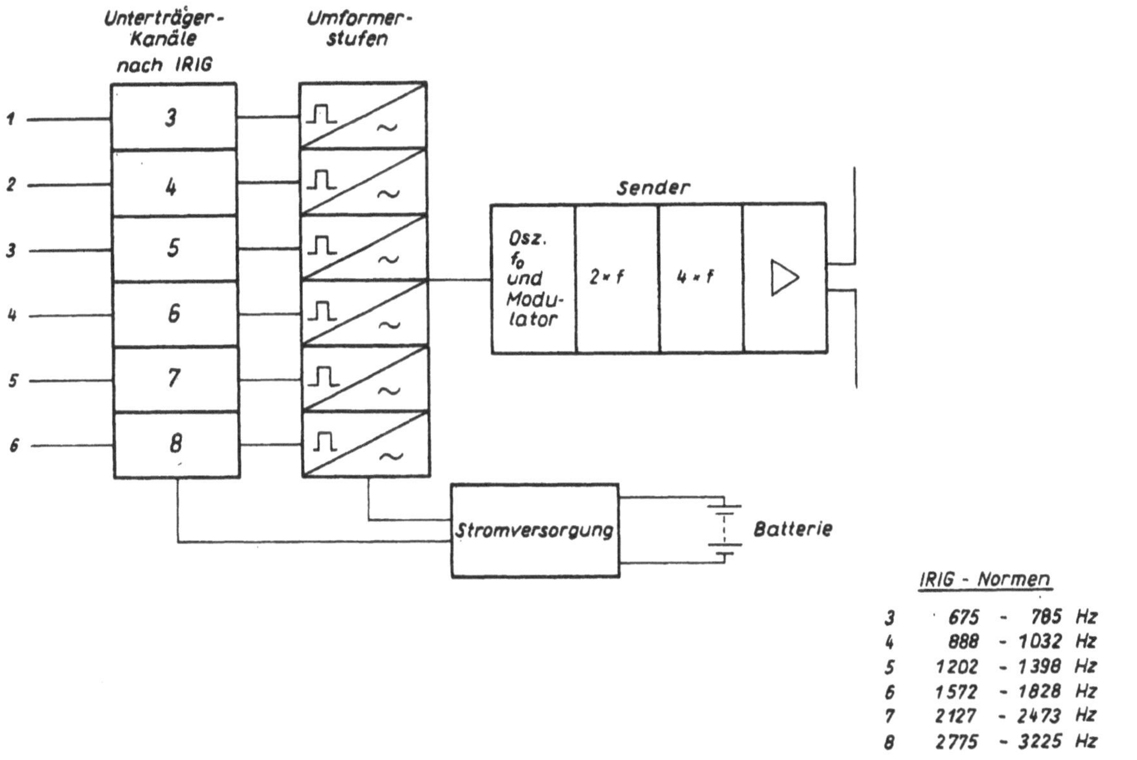

Abb. 102. Übertragungsprinzip des Frequenz-Multiplexverfahrens

ler Empfindlichkeitsanstieg des SCHUMANN-RUNGE-Photometers gegenüber. Dieser kräftige Empfindlichkeitsanstieg dürfte in erster Linie eine Folge des von den Ionisationskammerfenstern abdampfenden Feuchtigkeitsfilmes sein, der sich im Wellenlängenbereich 135 bis 158 nm weitaus stärker bemerkbar macht als bei Wellenlängen größer als 200 nm. Ein ähnliches Verhalten haben auch WILDMAN u. a. [215] bei Raketenstarts in Australien beobachtet, die in der Phase der Messung des ungeschwächten extraterrestrischen Signals einen steti-

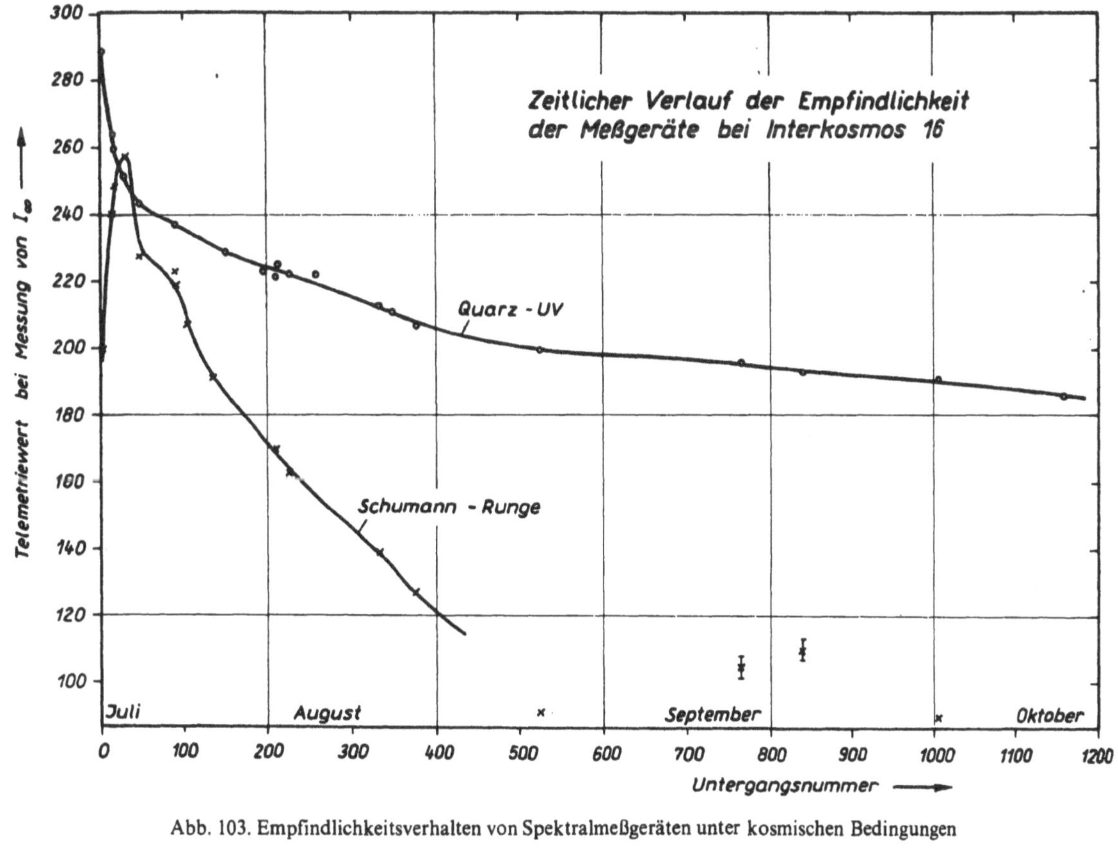

Abb. 103. Empfindlichkeitsverhalten von Spektralmeßgeräten unter kosmischen Bedingungen

gen Anstieg des Photometerausgangssignals zu verzeichnen hatten. Beim SCHUMANN-RUNGE-Photometer ist nach etwa 45stündigem Aufenthalt im Kosmos das Maximum des Ausgangssignals erreicht. Es folgt dann ein stetiger Abfall der Empfindlichkeit des Gerätes. Bei dem verwendeten BaF_2-Fenstermaterial macht sich Farbzentrenbildung im Empfindlichkeitsbereich des Gerätes nach Untersuchungen von HEATH und SACHER [216] (Abb. 51, 52) kaum störend bemerkbar. Das Verhalten des Photometers ist so zu deuten, daß nach etwa 2tägigem Aufenthalt im Kosmos die Verdampfung der Wasserhaut auf dem Gerät abgeschlossen ist. Anschließend überwiegt wahrscheinlich eine Abnahme der Empfindlichkeit als Folge der Dissoziation des Füllgases und damit verbunden einer Bildung neuer Gaskomponenten.

Anders gestalten sich die Verhältnisse beim QUV-Photometer im Wellenlängenbereich um 260 nm. Eine dünne Wasserhaut ist in diesem Wellenlängenbereich infolge des weitaus kleineren Absorptionsvermögens von Wasser gegenüber dem SCHUMANN-RUNGE-Bereich fast ohne Wirkung. Das führt dazu, daß der im SCHUMANN-RUNGE-Photometer beobachtete anfängliche Empfindlichkeitsanstieg hier nicht zu beobachten ist. Quarz als wesentliches, Licht transmittierendes Material der verwendeten Interferenzfilter und als Fenstermaterial der Photozelle zeigt jedoch bei Wellenlängen oberhalb 200 nm nach Abb. 52 eine nicht sehr starke, aber dennoch deutlich nachweisbare Abnahme in der Transmissivität infolge Farbzentrenbildung. Dieser Effekt ist gewöhnlich in der Anfangsphase der Bestrahlung intensiver und läuft dann nach Erreichen einer gewissen Sättigung nur noch langsam ab. Dieses Verhalten bildet sich praktisch im Empfindlichkeitsverlauf des QUV-Photometers (Abb. 103) deutlich ab. Es ist jedoch nicht auszuschließen, daß dem hier geschilderten Verhalten des Quarzes eine langsame Ermüdung der Photozelle überlagert ist.

8.2. Resultate — eine Auswahl der aus Strahlungsabsorptionsmessungen im Kosmos erzielten Ergebnisse

8.2.1. Messung extremer Abschwächungen der solaren Ly-α-Strahlungsintensität

Neben anderen Strahlungsmeßgeräten befand sich auf dem am 30. 06. 1972 gestarteten Satelliten IK-7 mit den Bahnparametern:

Apogäum	568 km
Perigäum	267 km
Inklination	48,4 Grad
Umlaufzeit	92,6 Minuten

ein Ly-α-Spektralphotometer mit zwei Empfindlichkeitsbereichen. Die Eichgenauigkeit des Photometers bei der Ly-α-Resonanzlinie des atomaren Wasserstoffes mit der Wellenlänge $\lambda = 121{,}6$ nm betrug $\pm 5\%$.

Das Hauptziel des Ly-α-Experiments war zunächst, während der Phase des Eintritts des Satelliten in den Erdschatten die höhenabhängige Absorption der Ly-α-Strahlung in der Hochatmosphäre zu bestimmen. In der aktiven Phase des Satelliten wurde jedoch eine Reihe von markanten solaren Ly-α-Intensitätsänderungen registriert [217].

In der ersten Augusthälfte des Jahres 1972 zeigte die Sonne ein außergewöhnlich aktives Verhalten, das nicht zu erwarten war. Normalerweise befand sich in dieser Zeit der Solarzyklus 20 (Abb. 39) in einer Phase abklingender Aktivität.

Am 4. 08. 1972, 7. 08. 1972 und 11. 08. 1972 wurden drei extreme Abschwächungen der Intensität der solaren Ly-α-Strahlung registriert. Abb. 104 zeigt die Abschwächung am 4. 08. 1972. Ein Vergleich mit den im gleichen Zeitraum registrierten Radiostrahlungsbursts bei 3 cm Wellenlänge findet sich in der Tabelle 12 [218].

Prüfungen hatten ergeben, daß weder eine unzureichende Orientierung des Satelliten noch eine Beeinflussung des Gleichstromverstärkers durch Partikel der Grund für eine solche Meßwertdepression sein konnten. MONSIGNORI FOSSI [219] hat auf dem Satelliten Solrad-8 ebensolche Ly-α-Depressionen bei solaren flare-Ereignissen gemessen. Es scheint, daß die kurzzeitige Verminderung der gemessenen Ly-α-Strahlungsflüsse unter bestimmten Bedingungen ein Charakteristikum bei solaren flare-Ereignissen ist. MONSIGNORI FOSSI registrierte am 20. 03. 1966 einen 20%igen Ly-α-Intensitätsabfall in der Zeit von 9.56 Uhr bis 10.04 Uhr Weltzeit (UT). Die auf dem Satelliten IK-7 gemessenen Ly-α-Strahlungsflußabfälle waren bis zu einem Faktor 3 größer. Es ist nicht wahrscheinlich, daß die beobachteten starken Intensitätsänderungen der Ly-α-Strahlung durch Änderungen der Strahlungseigenschaften der Ausstrahlungsgebiete erzeugt werden. Eine mögliche Erklärung wäre, daß die Ly-α-Strahlungsintensität, die in der Nähe der Erde gemessen wird, durch Streuprozesse an Wasserstoffgas vermindert wird, das sich vor der Sonne befindet. Hauptsächlich kommen Resonanzfluoreszens-Streuung und RAYLEIGH-Streuung in Betracht. Dieses Wasserstoffgas könnte durch Ausschleudern von chromosphärischer Materie bei eruptiven Protuberanzen in die Sonnencorona bzw. in den interplanetaren Raum gelangen [220]. Da es sich hierbei zunächst um relativ dichte und kühle Materie handelt, wäre eine solche Beeinflussung der Ly-α-Strahlung durchaus denkbar. In diesem Zusammenhang stellt sich natürlich die Frage, ob die seit Jahren registrierten Ly-α-Intensitätsschwankungen, wie sie z. B. in der Arbeit von MONSIGNORI FOSSI u. a. [219] dargestellt werden, direkt Vorgängen auf der Sonnenoberfläche zuzuordnen sind oder ob es sich auch hierbei teilweise um den Einfluß von Dichteänderungen des Wasserstoffes handelt, der in die Sonnencorona bzw. in den interplanetaren Raum gelangt ist.

Im letzten Fall wäre die Messung der Intensitätsänderungen der Ly-α-Strahlung eine Möglichkeit zur Bestimmung von atomaren Wasserstoffkonzentrationen in der Corona bzw. im angrenzenden interplanetaren Raum.

Das Ly-α-Photometer hat nicht nur die direkte Ly-α-Strahlung registriert, sondern auch einen indirekt durch Resonanzfluoreszens-Streuung und RAYLEIGH-Streuung

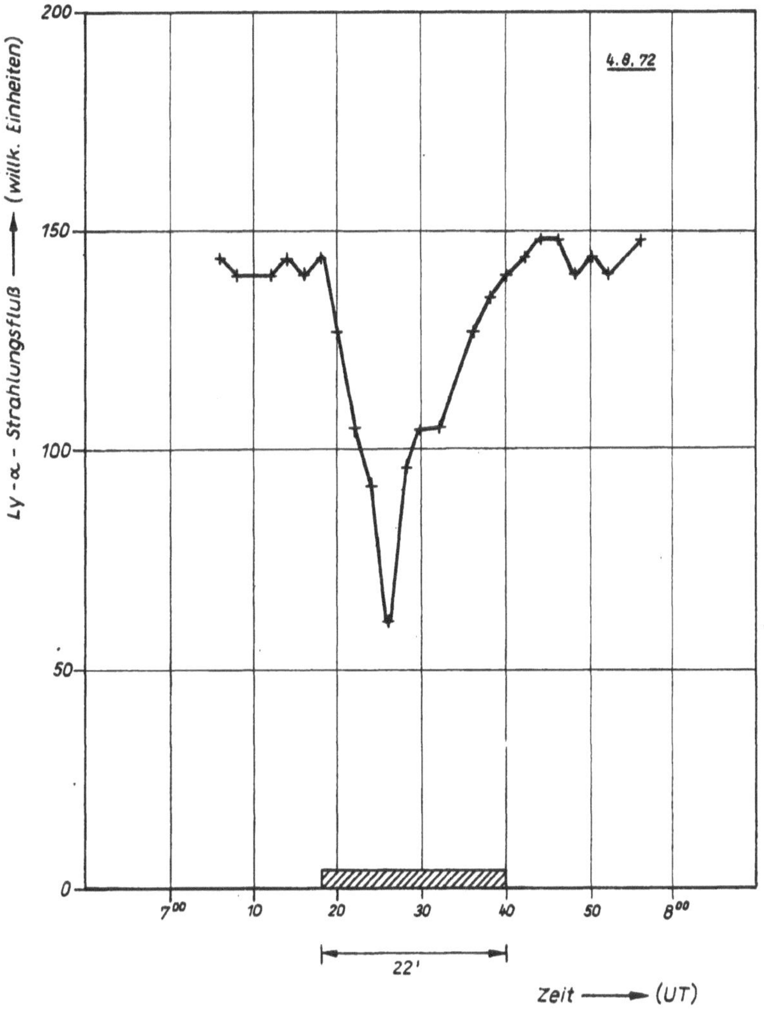

Abb. 104. Abschwächung der Ly-α-Strahlung

Tabelle 12
Ly-α-Intensitätsabfälle (IK-7) und 3-cm-Radiostrahlungsdaten für die flares im August 1972

	4. 8. 1972	7. 8. 1972	11. 8. 1972
Ly-α-Strahlung			
Beginn (UT)	7 h 18 m	13 h 30 m	12 h 30 m
1. Minimum	7 h 26 m	13 h 42 m	12 h 36 m
2. Minimum			12 h 46 m
Dauer	22'	20'	24'
3-cm-Radiostrahlung			
Beginn	6 h 07 m	13 h 00 m	12 h 16,5 m
1. Maximum	6 h 30 m	15 h 25 m	12 h 35,8 m
2. Maximum			12 h 38,7 m
Dauer	>4 h	>3 h	41 min
max. Intensität (solar units)	>5300	>5300	130
flare importance	4 B	4 B	2 B

am atomaren Wasserstoff der Geocorona entstandenen Anteil der Ly-α-Strahlung empfangen [221, 222]. Das wird durch den Sachverhalt erklärt, daß das Ly-α-Photometer auch im Erdschatten Ly-α-Strahlung gemessen hat.

Im Durchschnitt wurden unmittelbar nach dem Satellitenuntergang Ly-α-Strahlungsintensitäten von 0,22 erg · cm^{-2} · s^{-1} registriert. Zum Meßpunkt gehörte stets ein solarer Zenitwinkel von etwas mehr als 90 Grad bei unterdrückter direkter Sonneneinstrahlung. Bei einem Öffnungswinkel des Gerätes von ungefähr ±60 Grad entspricht diesem Zahlenwert eine Einstrahlung von 55 kR. (1 kR entspricht $10^9/4\pi$ Photonen · cm^{-2} · s^{-1} · sr^{-1}).

Thomas [222] hat auf dem Satelliten OGO 4 bei einem solaren Zenitwinkel von 15 Grad eine Nadir-Streustrahlungsintensität von 60 kR gemessen.

8.2.2. Bestimmung des geocoronalen Wasserstoffes aus glow-Messungen der Ly-α-Strahlung

Die Resonanzstreuung der Strahlung der solaren Ly-α-Linie am atomaren Wasserstoff in der Thermosphäre und Exosphäre wird seit langem genutzt, um die Wasserstoff-Corona der Erde zu erforschen. Im allgemeinen werden die gemessenen Ly-α-Streuintensitätswerte und ihre Abhängigkeit vom solaren Zenitwinkel benutzt, um Höhenprofile der Dichten des atomaren Wasserstoffes in der Geocorona zu ermitteln.

Mit Hilfe der geophysikalischen Rakete „Vertikal 3" — gestartet am 2. 09. 1975 um 7.40 Uhr Moskauer Zeit bei einem solaren Zenitwinkel $\chi = 67° \, 20'$ auf dem Raketensondierungspunkt „Wolgograd" (44° 21′ östl. Länge, 48° 41′ nördl. Breite) mit einer maximalen Flughöhe von $h_{max} = 502{,}1$ km – wurden Ly-α-Streustrahlungsmessungen durchgeführt. Das Photometer hatte einen sehr empfindlichen Meßkanal, der es gestattete, die Streustrahlung ausreichend genau zu messen. Vor dem Start war das Photometer absolut geeicht worden, so daß die solare Ly-α-Strahlung in absoluten Einheiten bestimmt werden konnte.

Die Eichkonstanten des Photometers für $\lambda = 121{,}6$ nm betrugen für den unempfindlichen Ausgang:

$$E = 1{,}73 \cdot 10^{-4} \, \mathrm{mW} \cdot \mathrm{cm}^{-2} \cdot \mathrm{V}^{-1}$$

und für den empfindlichen Ausgang:

$$E = 8{,}50 \cdot 10^{-6} \, \mathrm{mW} \cdot \mathrm{cm}^{-2} \cdot \mathrm{V}^{-1} \, .$$

Es ergab sich im Empfindlichkeitsbereich des Photometers eine geocoronale Streuintensität von 17,9 kR bei einem Gerätezenitwinkel von 90 Grad. Die Geometrie der Beobachtung ist in Abb. 105 unter Berücksichtigung des Öffnungswinkels des Photometers von ±33,8 Grad auf die Beobachtungsebene projiziert dargestellt. Direkte Sonnenstrahlung hat der Detektor in dieser Meßphase nicht gemessen. Die Größe der Streuintensität setzt sich zusammen aus einem Ly-α-Anteil (121,6 nm) und einem OI-Anteil (130,4 nm). Unter Berücksichtigung eines Empfindlichkeitsverhältnisses des Photometers von:

$$\frac{E_{121,6}}{E_{130,4}} = 4$$

ergibt sich eine Ly-α-Streuintensität von 14,3 kR, wenn man nach OGO-5-Messungen von THOMAS [222] ein Intensitätsverhältnis von:

$$\frac{I_{121,6}}{I_{130,4}} = 1$$

voraussetzt. Legt man nach früheren Messungen von FASTIE u. a. [223] ein Intensitätsverhältnis von:

$$\frac{I_{121,6}}{I_{130,4}} = 1{,}6$$

zugrunde, so erhöht sich der Anteil der Ly-α-Streustrahlung auf 15,2 kR. Dieser Wert für die Ly-α-Streuintensität wurde auch von MEIER und MANGE [224] auf den Satelliten OGO-4 und OSO-4 bei einem solaren Zenitwinkel von 67 Grad sowohl in Zenitnähe als auch im Nadir bestimmt. Oberhalb einer Höhe von 135 km änderte sich bis zur Gipfelhöhe der Rakete von 502 km der Maximalwert nicht. Zwischen 130 und 170 km Höhe trat eine Abnahme in der Helligkeit ein (Abb. 106) [223, 225]. Sie war zurückzuführen auf die echte Absorption der Strahlung dieses Wellenlängenbereiches in der Atmosphäre. Der relativ frühe, aber flache Abfall in der Helligkeit der Streustrahlung könnte eine Folge beginnender Absorption der Strahlung bei $\lambda = 130{,}4$ nm in größeren Höhen infolge ihres größeren Absorptionsquerschnittes gegenüber Ly-α sein ($\sigma_{130,4} = 4{,}6 \cdot 10^{-19} \, \mathrm{cm}^2$, $\sigma_{121,6} = 1{,}0 \cdot 10^{-20} \, \mathrm{cm}^2$). Beim Abfall der Helligkeit lag der Geräteazimut im Bereich +100° ... −60°.

Aus der gemessenen Ly-α-Streustrahlung und der direkten solaren Ly-α-Bestrahlungsstärke von $7{,}2 \cdot 10^{-4} \, \mathrm{mW} \cdot \mathrm{cm}^{-2}$ war unter Zugrundelegung des CHAMBERLAIN-Modells die Berechnung der Wasserstoffdichte möglich. Bei einer Exosphärentemperatur $T_{ex} = 1100$ K und einer entsprechenden Dopplerbreite von $D = 1{,}752 \cdot 10^{-3}$ cm folgt nach MEIER [226] eine Wasserstoffdichte von:

$$n_{\mathrm{H,\,100\,km}} = 6{,}0 \cdot 10^{7} \, \mathrm{cm}^{-3} \, .$$

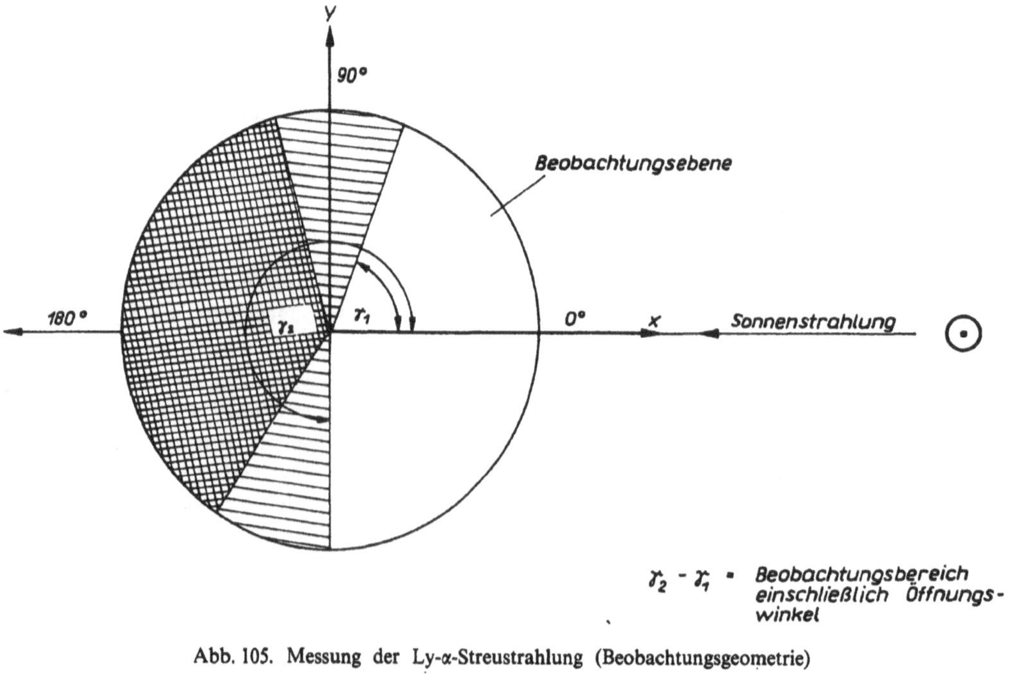

Abb. 105. Messung der Ly-α-Streustrahlung (Beobachtungsgeometrie)

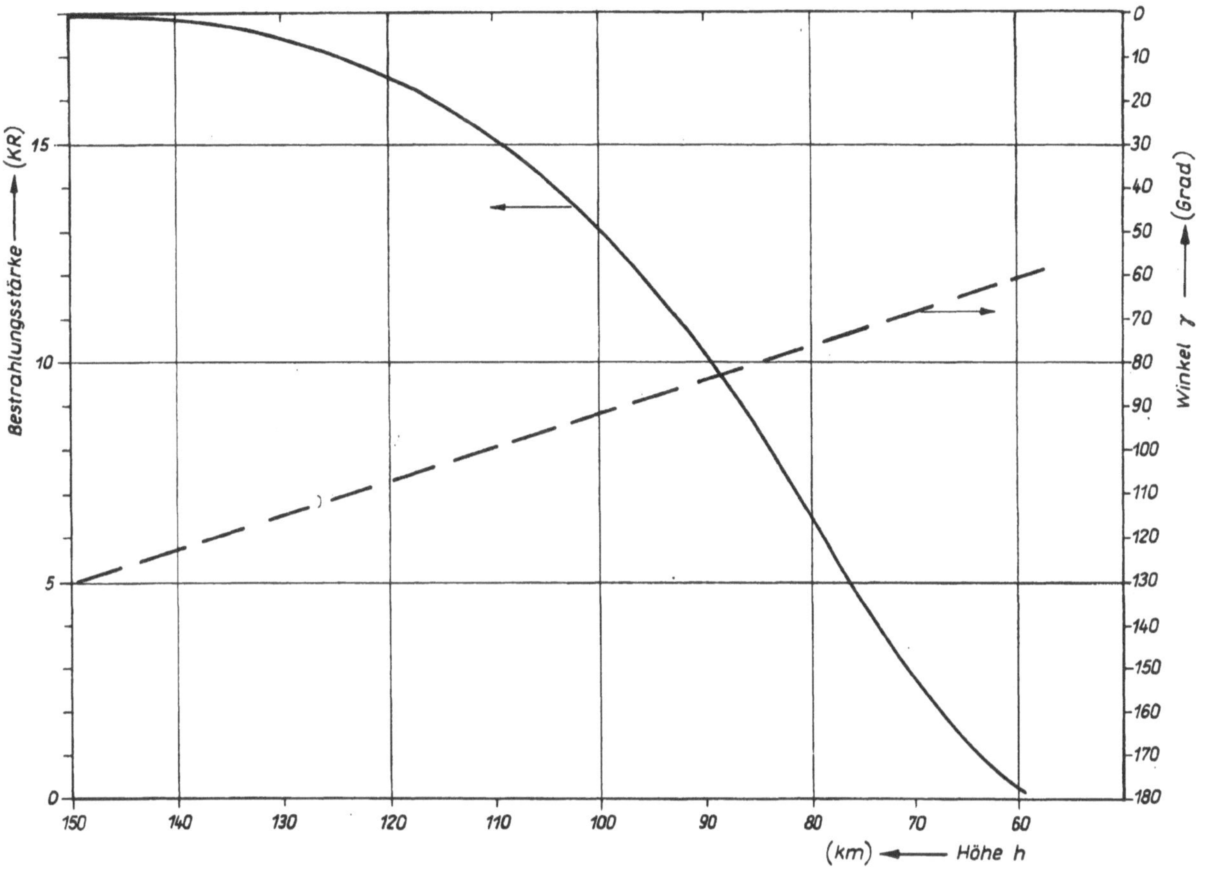

Abb. 106. Ly-α-Streustrahlung

8.2.3. Problematik des zweiten Ly-α-Absorbers

Auf den Satelliten IK-4, IK-7 und IK-11 war bei Sonnenokkultationsmessungen mit dem Ly-α-Photometer im Höhenbereich oberhalb 110 km im Winter eine auffallend höhere Strahlungsabsorption zu verzeichnen [227, 228]. In Abb. 107 ist dazu ein Vergleich einiger typischer, gemessener Ly-α-Absorptionsprofile für Sommer- und Winteratmosphären dargestellt. Die zugehörigen Messungen wurden auf den Satelliten IK-7 und IK-11 mit nahezu identischen Ly-α-Photometern durchgeführt.

Die „übliche" und über viele Jahre praktizierte Annahme ist, daß in der Thermosphäre die Absorption der Ly-α-Strahlung allein nur durch den molekularen Sauerstoff bewirkt wird. Unter Berücksichtigung aller Einflüsse bei der Berechnung der Gasdichteprofile, wie z. B. die ungleichmäßige Quellenverteilung auf der Sonne, die Variation des Absorptionsquerschnittes über die Breite der Ly-α-Linie, die Helligkeitstemperaturen und die Variation der Skalenhöhe entlang des Absorptionsweges [229] folgt eindeutig als Ergebnis für die resultierenden O_2-Dichteprofile während des Sommers eine gute Parallelität mit den Modelldichtewerten CIRA-1972, während für die Winterprofile eine Parallelität mit den Modelldichtewerten CIRA-1972 nur bis in Höhen von 110 km zu verzeichnen ist. Oberhalb dieser Höhe weichen die errechneten O_2-Dichteprofile stark von der realen O_2-Verteilung ab (Abb. 108). Die Winterprofile deuten auf zusätzliche Ly-α-Absorber hin.

Als atmosphärische Konstituenten mit großem Absorptionsquerschnitt für die Ly-α-Strahlung könnten Stickoxid (NO) oder Wasserdampf als mögliche potentielle Absorber gedeutet werden. Für Wasserdampf spricht das errechnete mittlere Molekulargewicht von 16,8 (M_{H_2O} = 18). Eine resultierende NO-Dichte, die 40mal höher als der Modelldichtewert ist, scheint nach Messungen von Swider [230] nicht unmöglich. Eine simultane Absorptionsmessung im Bereich des Schumann-Runge-Kontinuums und im Bereich der Ly-α-Linie auf dem Satelliten IK-11 gab die Möglichkeit des Vergleiches zwischen einer nur durch O_2-Absorption beeinflußten Messung und der Messung im Bereich der Ly-α-Linie [228]. Der Unterschied der zugehörigen O_2-Dichteprofile speziell im Anschlußbereich zwischen 110 km und 125 km Höhe macht die Existenz eines zusätzlichen Absorbers bei Ly-α besonders glaubwürdig. Das Ergebnis ist in Abb. 109 gezeigt.

8.2.4. Ozondichtebestimmungen

Das Ozon ist ein wichtiger Bestandteil der Erdatmosphäre. Infolge seiner starken Absorption im Wellenlängenbereich unter 350 nm (Abb. 4) schützt es trotz seiner nur geringen Konzentration — das O_3/Luft-Mischungsverhältnis übersteigt niemals die Größe 20 µg je g — das Leben auf der Erde vor einer Überdosis biologisch wirksamer UV-Strahlung bei Wellenlängen kleiner als 320 nm. Dazu bewirkt die durch das Ozon ab-

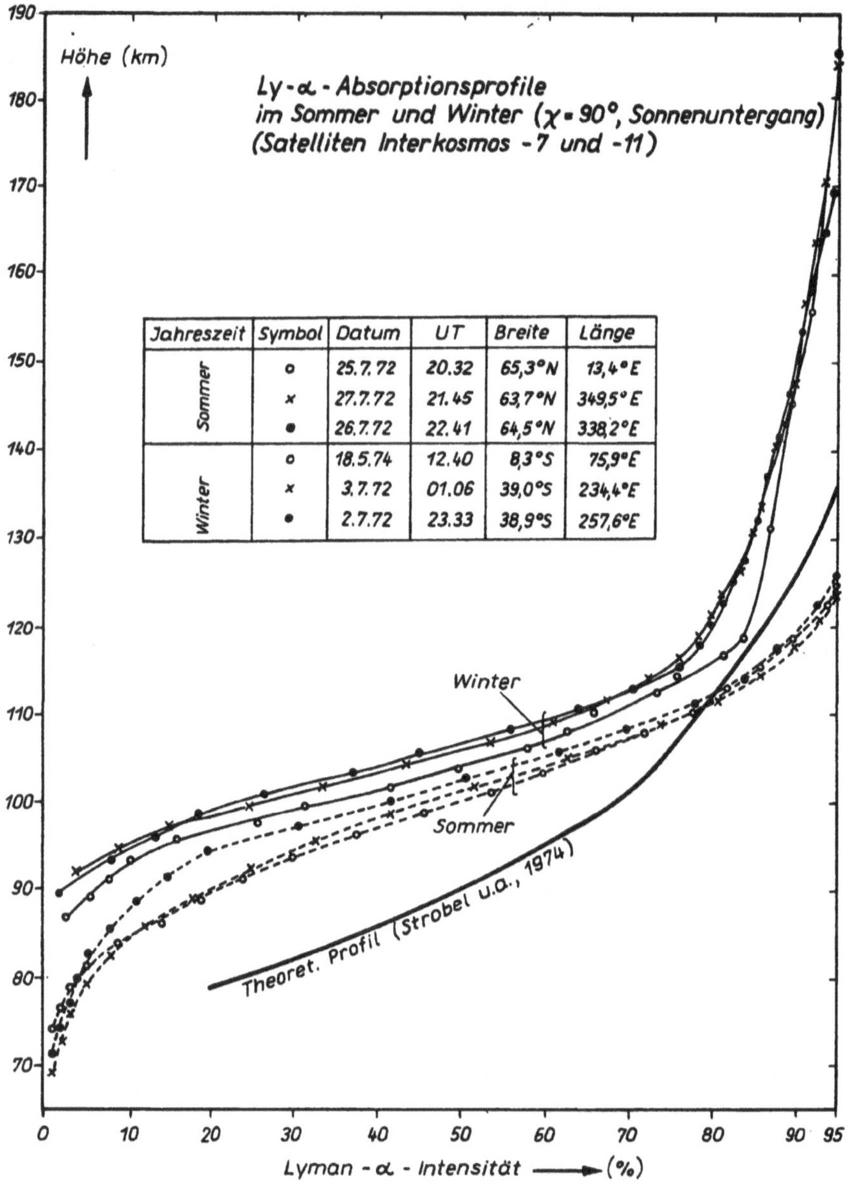

Abb. 107. Ly-α-Absorptionsprofile

sorbierte Strahlungsenergie eine beträchtliche Erwärmung der Stratosphäre und hat damit Einfluß auf die allgemeine atmosphärische Zirkulation. Die Verteilung des Ozons im Bereich der Hochatmosphäre stellt sich durch ein komplexes Zusammenwirken von ozonbildenden und ozonzerstörenden Reaktionen unter Mitwirkung der solaren UV-Strahlung ein, wobei etwa noch 30 Spurengase an den photochemischen Reaktionen beteiligt sind [231, 232, 233].

Wegen der großen Bedeutung des Ozons für das menschliche Leben und weil in letzter Zeit verstärkt Vermutungen geäußert wurden, daß durch anthropogene Einflüsse wie Überschallflugzeuge, Kernwaffenexplosionen in der Atmosphäre, das Düngemittelproblem und die Chlor-Fluor-Methane (CFM) in der Atmosphäre die Ozonschicht stark beeinträchtigt werden könnte, wurde in den letzten Jahren der globalen Überwachung der Ozonosphäre verstärkte Aufmerksamkeit gewidmet.

Als Beitrag zu den weltweiten Aktivitäten zu dieser Problematik wurde vom damaligen Institut für Elektronik der AdW der DDR ab 1974 eine Serie von Strahlungsexperimenten im QUV-Bereich mit IK-Satelliten und -Raketen durchgeführt mit dem Ziel, aus gemessenen Strahlungsflüssen und deren Absorption Ozondichteprofile im Bereich der Strato- und Mesosphäre abzuleiten. Das ist möglich, weil Ozon als einziger Bestandteil im Bereich der Stratosphäre und Mesosphäre Strahlung meßbar im QUV-Bereich absorbiert. In der Tabelle 10 sind alle Ozon-Spektralphotometer-Experimente des IKF aufgeführt.

8.2.4.1. Ozondichtebestimmungen auf Satelliten

Die Ozonexperimente auf den Satelliten IK-11 und IK-16 wurden mit Spektralphotometern durchgeführt, deren Empfindlichkeitsbereich zwischen 255 ... 271 nm lag. Messungen in diesem Spektralbereich ermöglichen

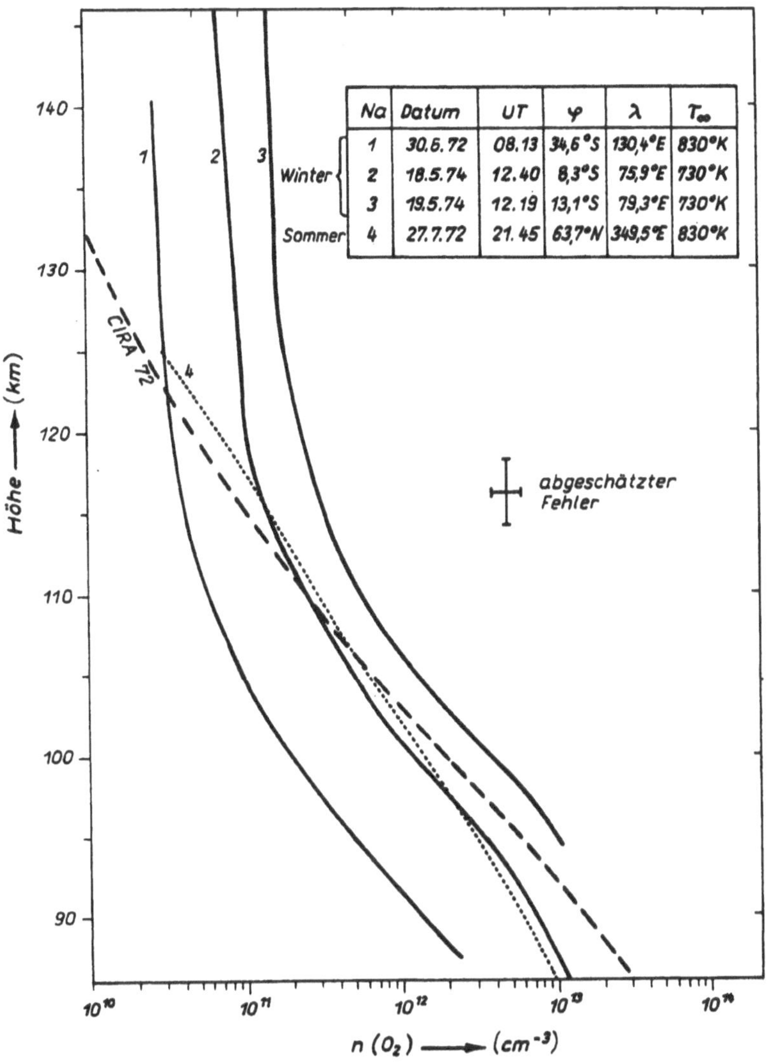

Abb. 108. O_2-Dichteprofile

infolge des spezifischen Absorptionsquerschnittes von O_3 (Abb. 23) die Bestimmung der Ozondichte im Höhenbereich 50 ... 85 km. Das anfallende Datenmaterial zu diesen beiden Satelliten ist so umfangreich, daß eine umfassende Bearbeitung noch nicht abgeschlossen ist. Bereits vorliegende Dichteprofile zeigen jedoch eine teilweise gute Übereinstimmung mit den Modelldichtewerten nach Park und London [232] und denen nach Shimazaki [234]. In Abb. 110 sind für den 20. 5. 1974 für etwa 30° nördlicher Breite aufeinanderfolgende O_3-Dichteprofile, gewonnen auf dem Satelliten IK-11, dargestellt [235]. Zum Vergleich sind die Modelldichtewerte nach Park und London [232] in das Bild eingezeichnet. Es zeigt sich im Höhenbereich 60 ... 77 km eine gute Übereinstimmung zwischen experimentellen Werten und Modelldichtewerten. In Höhen kleiner als 60 km werden die experimentellen Dichtewerte scheinbar besser durch die Modellwerte von Shimazaki [234] angenähert (Abb. 111). Im Mesopausenbereich wurden jedoch zwischen verschiedenen O_3-Dichteprofilen markante Dichtevariationen bis zu etwa 1 Größenordnung Unterschied festgestellt [235, 236].

8.2.4.2. Ozondichtebestimmungen auf Raketen in mittleren und äquatorialen geographischen Breiten

Die Messungen der Strahlungsabsorption im QUV-Bereich in mittleren geographischen Breiten wurden an Bord der sowjetischen meteorologischen Raketen M-100 und MR 12 bei Wolgograd, UdSSR (48° 36′ nördl. Breite, 45° 45′ östl. Länge) durchgeführt. Die aktuellen Daten zu den einzelnen Starts sind in der Tabelle 10 aufgestellt. Die Empfindlichkeitskurven der Photometer sind der in Abb. 101 angegebenen Empfindlichkeitsverteilung gleich. Die Höhenauflösung beträgt etwa 100 m bei einem absoluten Höhenfehler von ±5 m.

Abb. 112 zeigt ein Mittelwertprofil der Ozondichte aus 7 Ozondichtemessungen am Meßpunkt Wolgograd im Zeitraum 1974—1978. Die Unterschiede der mittleren Ozondichte zu den Ozondichtewerten des Krueger-Minzner-Modells im Höhenbereich 30—63 km sind gering [237].

Die Ozondichtebestimmungen im Bereich des Äquators wurden im Rahmen des Monsun-Experimentes (Monex-1979) im Indischen Ozean im Bereich der geo-

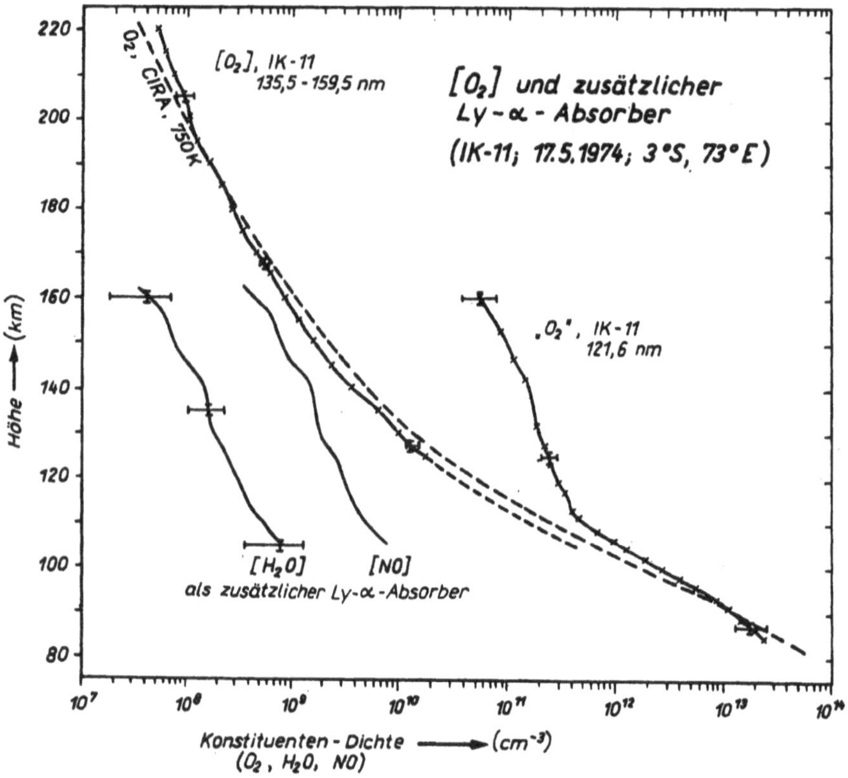

Abb. 109. O_2-Dichteprofile (aus Ly-α- und SR-Absorptionsmessung)

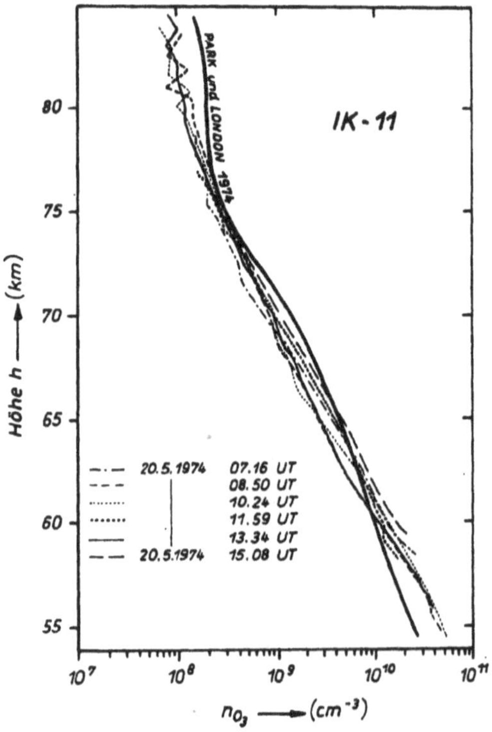

Abb. 110. O_3-Dichteprofile

graphischen Breite 0° ... 6,5° N durchgeführt. Die Messungen waren spektral erweitert und erfolgten in drei Spektralbereichen bei $\lambda = 260$ nm, 290 nm und 310 nm. Um den Einfluß von Aerosol-Extinktion auszuschließen, wurden nur Ozondichtewerte in Höhen $h \geqq 33$ km berücksichtigt. In Abb. 113 sind die Ozondichte-Mittelwerte aus 12 Raketenaufstiegen (4 DDR, 8 SU) und 34 Ballonaufstiegen dargestellt [238]. Zusätzlich sind die KRUEGER-MINZNER-Modelldichtewerte und Ballonmeßwerte für 9° nördlicher Breite von WILCOX und BELMONT [239] in das Bild eingetragen. Die gute Übereinstimmung zwischen den experimentellen O_3-Dichtewerten am Äquator und den jährlichen O_3-Dichtemittelwerten nach KRUEGER und MINZNER für mittlere Breiten sowie die gute Kongruenz der Wolgograder O_3-Dichtewerte für mittlere Breiten mit den Modelldichte-Werten (Abb. 112) deuten im Einklang mit der Theorie von PARK und LONDON [232] auf eine nur geringe Saisonabhängigkeit der Ozondichte-Mittelwerte für äquatoriale und mittlere Breiten hin. Darüber hinaus haben die äquatorialen O_3-Dichtemessungen auch keine wesentlichen tageszeitlichen Unterschiede in der O_3-Dichte im Höhenbereich 33 ... 65 km ergeben, was auf die Gültigkeit des KRUEGER-MINZNER-Modells für alle Tageszeiten hindeutet.

8.2.5. Sauerstoffdichtebestimmung

8.2.5.1. Allgemeines

Die Absorption durch molekularen Sauerstoff beginnt mit merklicher Effektivität an der ersten Dissoziationsgrenze bei 242,4 nm und ist nur für Wellenlängen kleiner als diese Grenzwellenlänge von Bedeutung. Im HERZBERG-Kontinuum ist der Absorptionsquerschnitt von der Größe $\sigma \sim 10^{-24}$ cm². Er steigt zu kürzeren Wellenlängen fortschreitend schnell an und erreicht maxi-

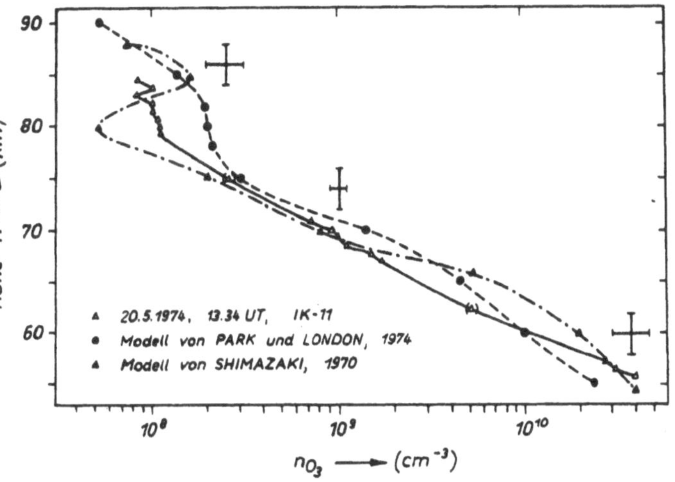

Abb. 111. Vergleich zwischen gemessenen und berechneten O_3-Dichtewerten

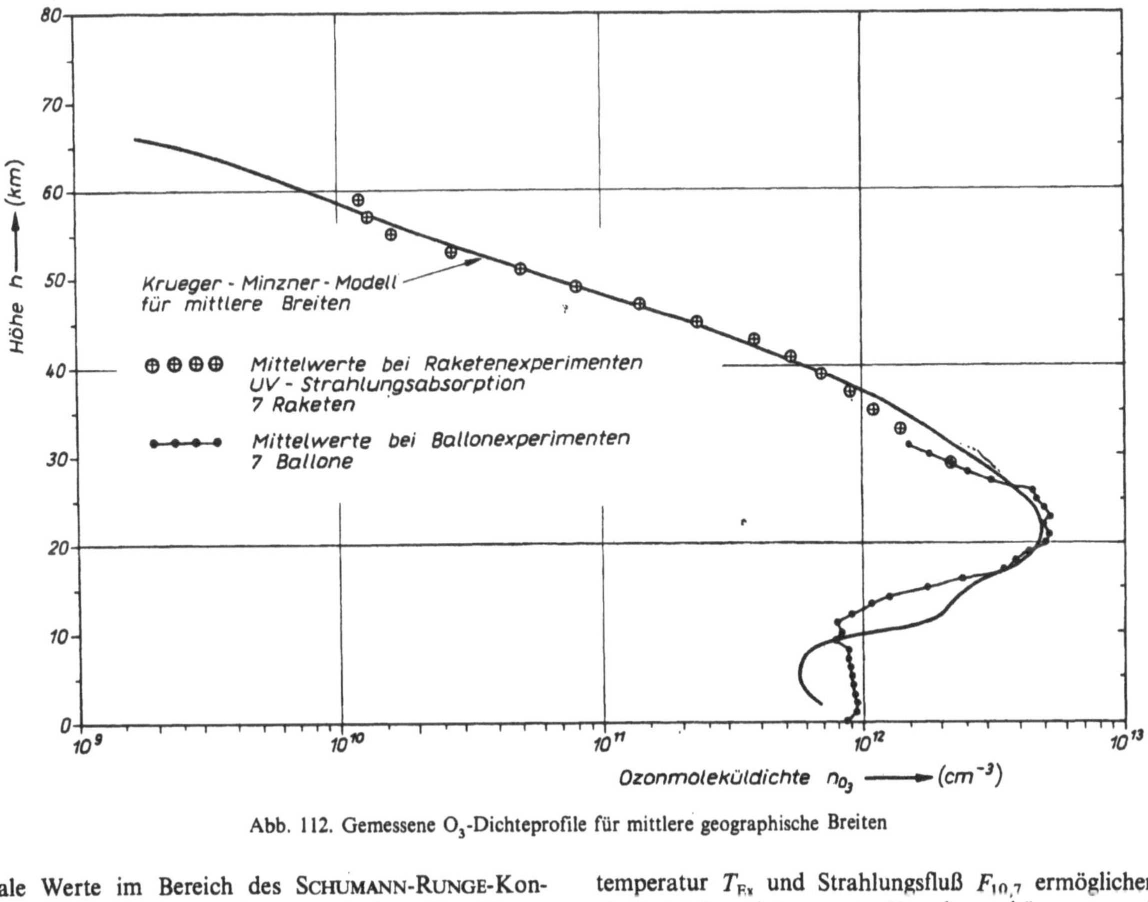

Abb. 112. Gemessene O_3-Dichteprofile für mittlere geographische Breiten

male Werte im Bereich des SCHUMANN-RUNGE-Kontinuums und bei Wellenlängen zwischen 50 ... 80 nm von $\sigma > 1 \cdot 10^{-17}$ cm^2. Strahlungsabsorption des molekularen Sauerstoffs ist dadurch im Bereich der Thermosphäre bis zu Höhen von 170 km die Hauptwärmequelle [240].

Bestimmungen der Sauerstoffdichte im Höhenbereich 70 ... 200 km, in dem ein wesentlicher Teil solarer Strahlungsenergie durch Strahlungsabsorption des Sauerstoffes in die Atmosphäre „gepumpt" wird, in Verbindung mit Temperaturbestimmungen des Neutralgases und gleichzeitig gemessenen solar-terrestrischen Parametern wie Sonnenfleckenrelativzahl R_Z, Exosphärentemperatur T_{Ex} und Strahlungsfluß $F_{10,7}$ ermöglichen die Feststellung interessanter Kopplungsphänomene zwischen Vorgängen im unteren Teil der Hochatmosphäre und mesosphärischen bzw. thermosphärischen Störungen. Darüber hinaus ist die Untersuchung des Einflusses solarer Aktivität auf das atmosphärische Neutralgas besonders im Höhenbereich oberhalb 100 km von größter Wichtigkeit. Allein die Erforschung dieser wichtigen Phänomene, die nicht nur erkenntnistheoretisch von Wert sind, sondern auch große praktische Bedeutung besitzen, verleihen auch isolierten O_2-Dichtebestimmungen über einen großen Höhenbereich ihren richtigen Stellenwert.

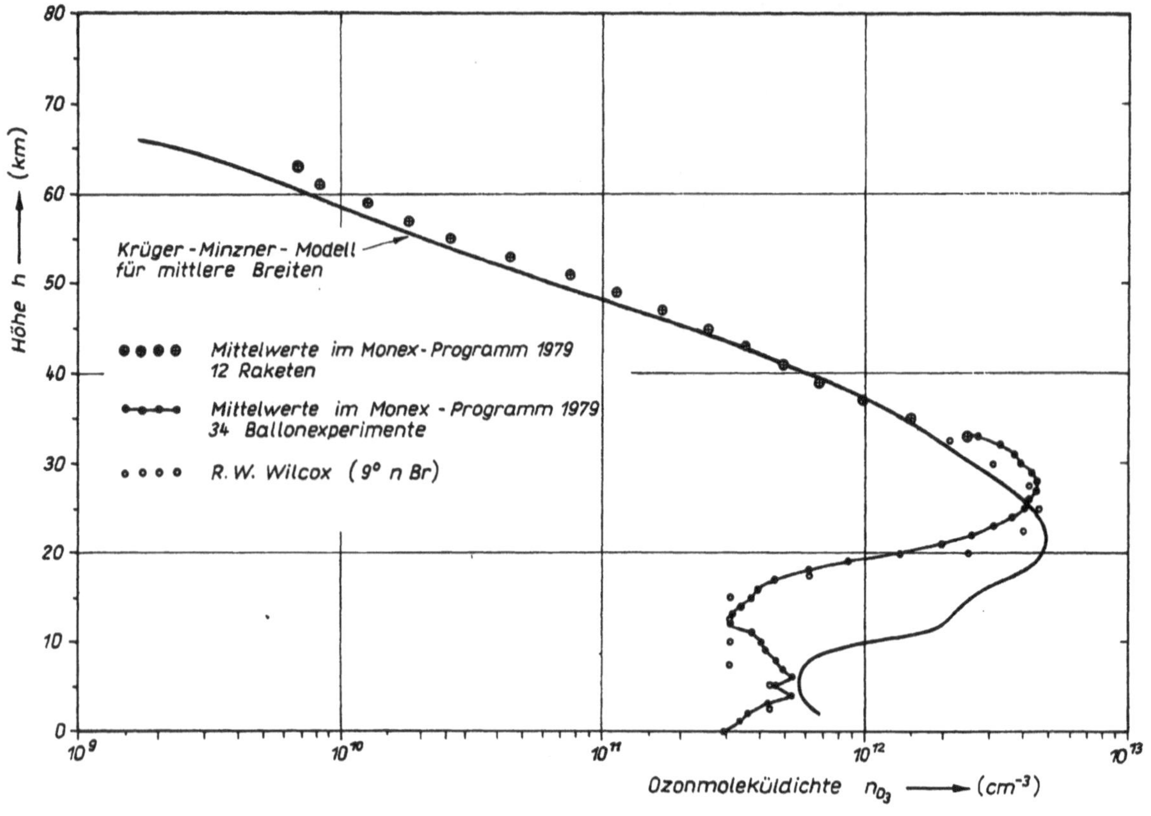

Abb. 113. O_3-Dichteprofile für äquatoriale Breiten

8.2.5.2. Wellenähnliche Strukturen im O_2-Dichteverlauf

Bei einer Reihe von Experimenten (Vertikal-3, Vertikal-4, MR-12) zeigt sich in den abgeleiteten O_2-Dichteprofilen eine deutlich ausgeprägte wellenähnliche Struktur. Diese Erscheinungen liegen in ihrer Amplitude deutlich über den Fehlern der abgeleiteten Dichtewerte und können aus diesem Grunde als reale Variationen angesehen werden. Dieser wellenähnliche Charakter des Dichteverlaufes wurde sowohl aus Ly-α-Meßprofilen in Höhen um 100 km (Abb. 114) als auch aus SCHUMANN-RUNGE-Meßprofilen im Höhenbereich 110 ... 180 km abgeleitet (Abb. 115). Ähnliche Strukturen im O_2-Dichteverlauf wurden in gleichen Höhenbereichen von WEEKS [241, 242] durch Raketenmessungen gefunden. Die Wellenlängen der Strukturen sind in den verschiedenen Höhenbereichen unterschiedlich. Während die Welle im Höhenbereich um 100 km in Übereinstimmung mit WEEKS [241] eine Länge von etwa 15 km hat, zeigen die O_2-Dichtewellen in größeren Höhen beträchtlich größere Wellenlängen mit wachsender Amplitude bei steigender Höhe.

Eine ähnliche Struktur hat das O_2-Dichteprofil für den Start der Rakete „Vertikal-4" am 14. 10. 1976 (geographische Koordinaten wie bei „Vertikal-3"). Der wellenähnliche Charakter des Dichteprofils für diesen Start bildet sich deutlicher im Temperaturprofil (Abb. 116) ab, das aus dem O_2-Dichteprofil berechnet worden ist.

Die Ergebnisse sind in guter Übereinstimmung mit Messungen von tidalen Oszillationen durch MARCOS und CHAMPION [243]. Auch SUBBARAYA u. a. [244] und FAIRE u. a. [245] haben ähnliche Wellenerscheinungen in ihren Dichtedaten im Bereich der Mesopause mit sich in größere Höhen fortsetzender Tendenz gefunden. FAIRE u. a. [245] haben aus Vergleichen der meteorologischen Daten unterhalb 60 km Höhe sowie aus theoretischen Überlegungen geschlossen, daß „innere gravity waves" die Quelle solcher Anomalien sein könnten.

8.2.6. UV-Strahlungsabsorption als thermosphärische Wärmequelle

Absorption von solarer UV-Strahlung ist eine der Hauptenergiequellen der Thermosphäre. Nach CHANDRA und SINHA [1] (Abb. 3) wird der Wärmeumsatz im Bereich der Thermosphäre bis zu 300 km Höhe durch Strahlungsabsorption im Wellenlängenbereich $\lambda < 175$ nm bis in den EUV-Bereich hinein beherrscht. Dabei stellt im Höhenbereich oberhalb 160 km die Photoionisation der atmosphärischen Gase durch Strahlung $\lambda < 102{,}5$ nm die Hauptwärmequelle dar. Der Höhenbereich unterhalb 160 km wird beherrscht durch die Photodissoziation des molekularen Sauerstoffes im SCHUMANN-RUNGE-Kontinuum bei 130 ... 175 nm (Abb. 3). Andere Wärmequellen wie Plasma-Neutralteilchen-Wechselwirkungen oder chemische Energiequellen leisten zwar nicht zu vernachlässigende Energieanteile, doch spielen sie im Rahmen der hier diskutierten Problematik nur eine untergeordnete Rolle. Der Wärmewirkungsgrad als der Teil der absorbierten UV-Strahlungsenergie, der letztlich als Wärmeenergie zur Verfügung steht, ist eine Funk-

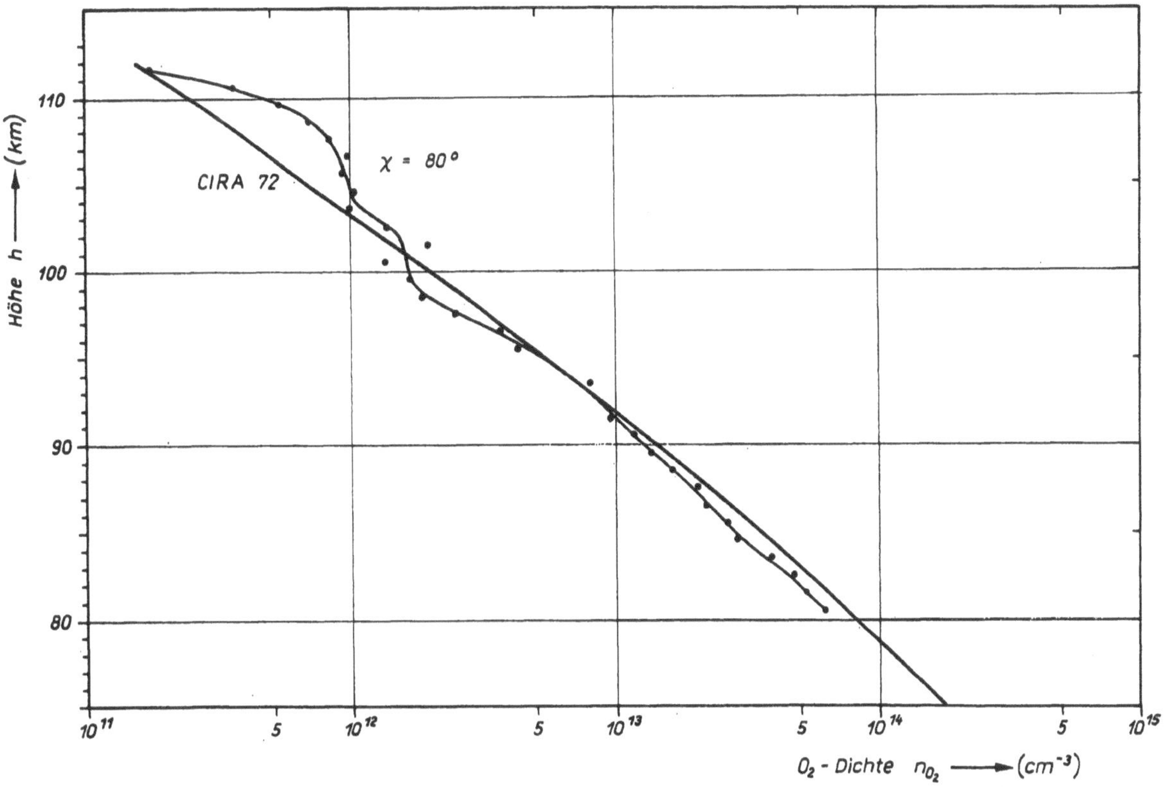

Abb. 114. Wellenähnlicher Verlauf eines O_2-Dichteprofils (Ly-α- Messung)

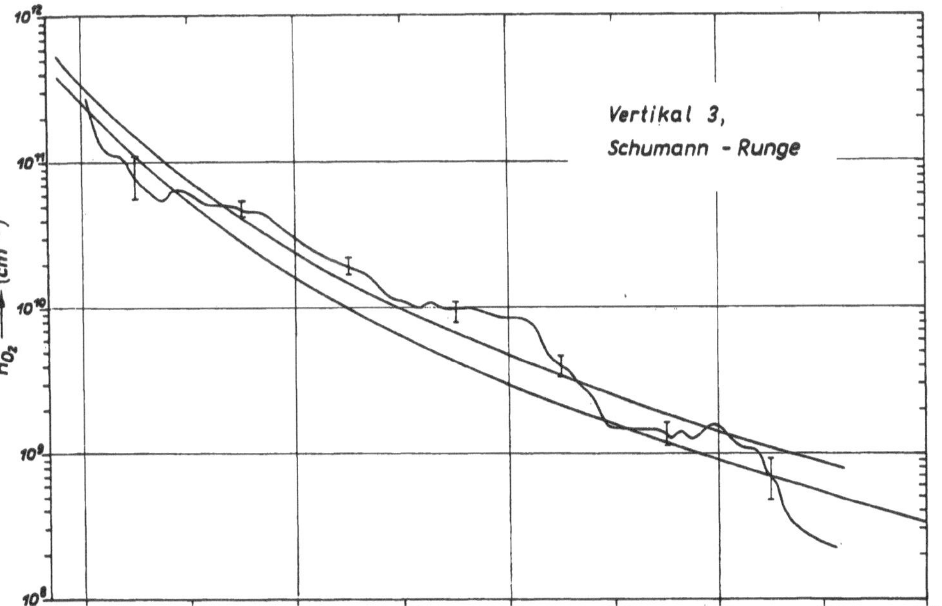

Abb. 115. Wellenähnlicher Verlauf eines O_2-Dichteprofils (SR-Messung)

tion der Wellenlänge. Im Dissoziationsbereich des Sauerstoffs beträgt er nach CHANDRA und SINHA [1] in guter Übereinstimmung mit Rechnungen von ISAKOV und MOROZOV [246, 247] 30%. Im Wellenlängenbereich der Photoionisation ist es sehr schwierig, den Wirkungsgrad abzuschätzen, da die UV-Strahlung gleichzeitig durch atomaren Sauerstoff, molekularen Sauerstoff und molekularen Stickstoff absorbiert wird und der anschließende Prozeß der Energieübertragung sehr komplex ist. Die Resultate differieren deshalb auch deutlich und reichen von 30% [248] bis 60% [1].

Auf der Rakete „Vertikal-4“ (14. 10. 76, 13.50 Uhr Moskauer Zeit, χ = 65,5°) wurde das O_2-Dichteprofil in Abb. 117 bestimmt und daraus die im Strahlungsabsorptionsbereich in Wärme umgewandelte Energie berechnet.

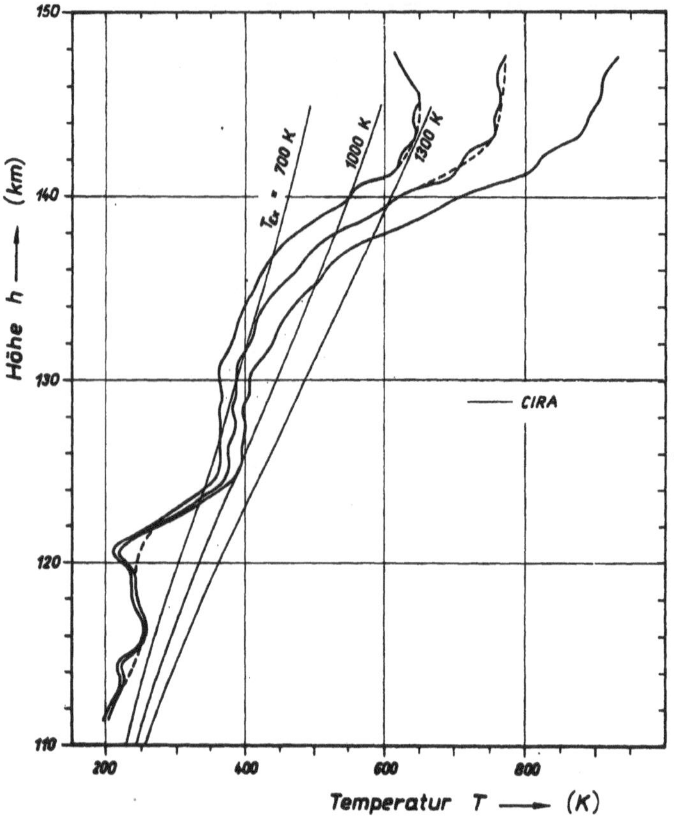

Abb. 116. Temperaturprofil (berechnet aus einem O_2-Dichteprofil)

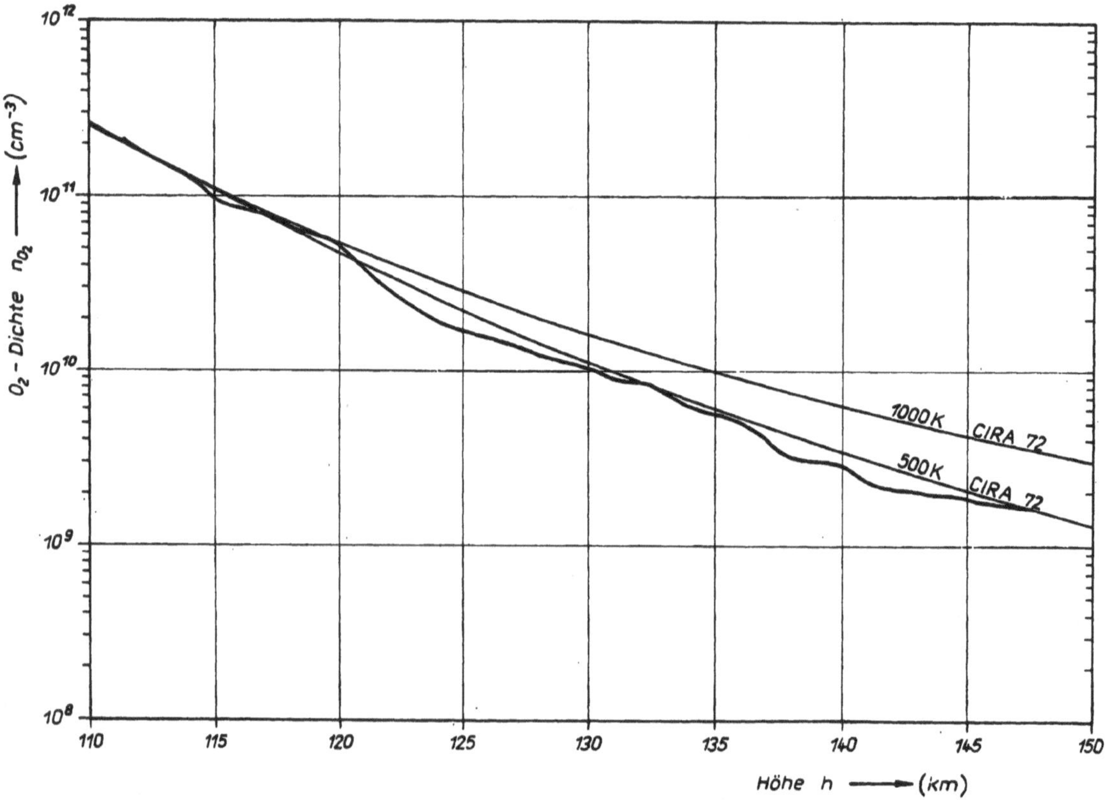

Abb. 117. O_2-Dichteprofil (gemessen auf der Rakete „Vertikal-4")

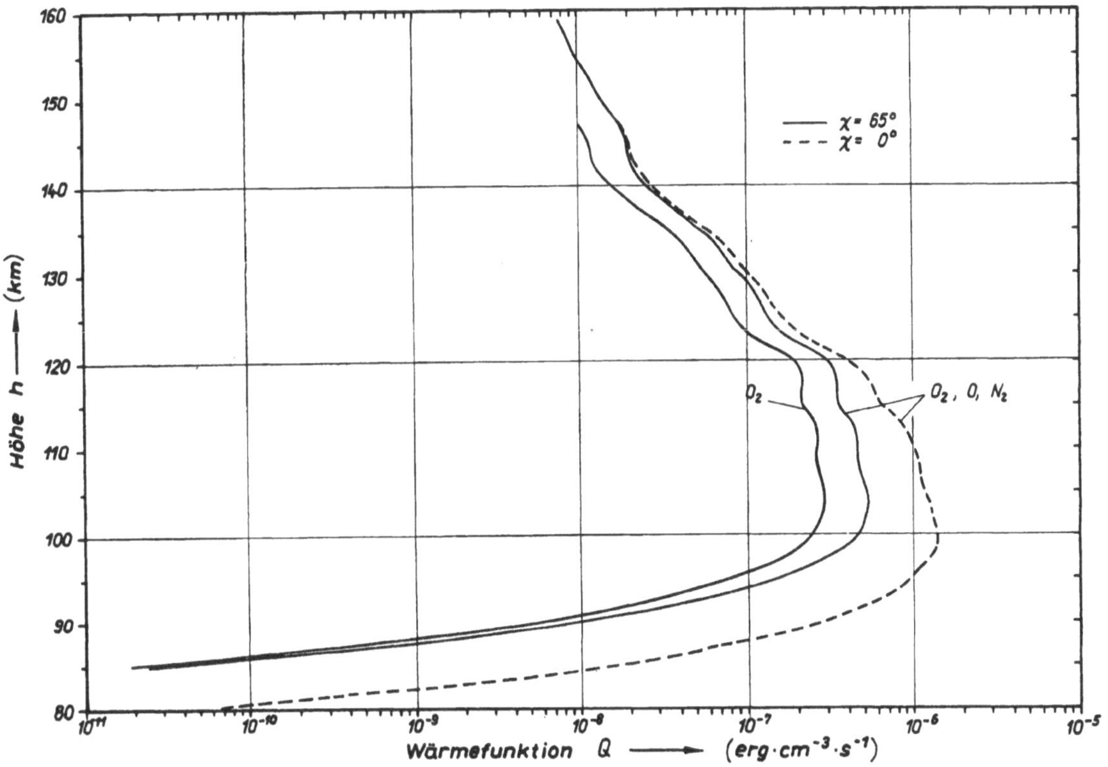

Abb. 118. Aus Absorptionsmessung berechnete Wärmefunktion

In Abb. 118 sind die berechneten Wärmemengen für den aktuellen Fall des solaren Zenitwinkels $\chi = 65°$ und für den Fall „overhead sun" $\chi = 0°$ unter Berücksichtigung der Konstituenten O_2, N_2 und O gegenübergestellt. Dabei zeigt sich, daß im Höhenbereich 95 ... 150 km etwa 60% der erzeugten Wärmemenge auf den molekularen Sauerstoff und 40% auf den molekularen Stickstoff übertragen werden. Der atomare Sauerstoff ist bei diesem Prozeß wirkungslos. Im Höhenbereich unterhalb 90 km wird die gesamte Wärmemenge quasi auf den molekularen Sauerstoff übertragen.

9. Bemerkungen zu einer wünschenswerten und möglichen Erweiterung des bisherigen Meßprogramms

Einzelmessungen bei ausgewählten Wellenlängen zur Bestimmung atmosphärischer Parameter haben durchaus ihre Berechtigung und ihren Platz im Rahmen einer möglichst komplexen Erforschung der Erdatmosphäre. Der gegenwärtige Erkenntnisstand hat jedoch einen Grad erreicht, der bewirkt, daß Einzelmessungen im allgemeinen kaum noch einen Erkenntnisgewinn erwarten lassen. Zu viele Parameter bleiben unter diesen Bedingungen offen, so daß eine Einsicht in die inneren komplexen Prozesse in der Hochatmosphäre nicht möglich ist. Der internationale Trend wird deshalb auch schon seit einigen Jahren durch ein komplexes Herangehen an die Lösung der noch offenen Fragen bestimmt. Die solarterrestrische Physik befindet sich gegenwärtig in der Phase der integrierenden Erkenntnis. Beispiele dafür stellen die Atmospheric Explorer Satellites AE-C, AE-D und AE-E der NASA (USA) [249] dar.

Mit Hilfe dieser Satelliten-Serien wurden in kombinierten Solar-Aeronomie-Experimenten sehr erfolgreich und eindrucksvoll die Solarstrahlung und ihre Wirkung auf die obere Atmosphäre quasi zeitgleich untersucht. Dabei kam es darauf an, möglichst viele solare und atmosphärische Parameter zu erfassen. Ein besonders wichtiger Gesichtspunkt bei der Konzipierung der Projekte war, daß jedes Experiment die Messungen der anderen Experimente in der Weise zu ergänzen hat, daß eine weitgehend integrierte Auswertung möglich ist. Als Beispiel für die Ausführung eines solchen Experimentes mit integrierter Auswertung ist in Abb. 119 die Auswahl der Geräte auf den Satelliten AEROS-A und AEROS-B gezeigt [250]. Dabei ist es wichtig, bei den hohen Kosten eines solchen Projektes und im Interesse einer möglichst hohen Funktionssicherheit eine weitgehende Redundanz der Einzelexperimente durch die Messung der verschiedenen Parameter mit Hilfe verschiedener Meßmethoden zu erreichen. Die Erforschung der Wechselwirkung der atmosphärischen Parameter untereinander übernimmt die integrierte Auswertung. Dabei steht bei solchen komplexen Missionen nicht unbedingt die Summe der Einzelexperimente im Vordergrund, der Missionserfolg wird vielmehr an den Beiträgen der Einzelexperimente zur gemeinsamen Auswertung gemessen.

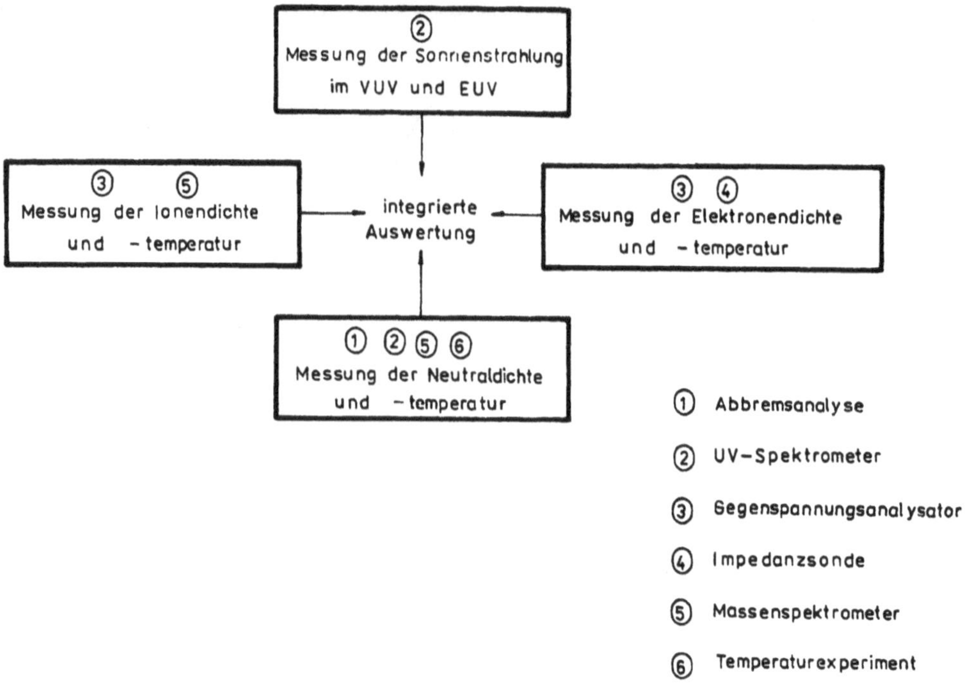

Abb. 119. Gerätekomplex auf den Satelliten AEROS-A und -B

Methodische, aber auch in zunehmendem Maße ökonomische Gründe führen dazu, daß im Rahmen einer komplexen Bearbeitung der „Bilanzgleichungen der Hochatmosphäre" nicht alle notwendigen Parameter zur Lösung dieser Gleichungen gemessen werden können. Die Lösung stellt unter solchen Umständen dann immer nur eine Näherung dar. Zur Widerspiegelung der wahren Verhältnisse kommt es darauf an, eine möglichst optimale, sinnvoll zusammengestellte Auswahl von Experimenten bei möglichst hohen Genauigkeitsanforderungen zu treffen.

Vom IKF wurde auf einer einfacheren Fassung von FELSKE [251] fußend ein Experimentvorschlag zu einem Satellitenexperiment „Bilanzgleichungen der Hochatmosphäre" gemacht [252]. Ausgehend von der Tatsache, daß das allgemeine Verhalten der Atmosphäre gegenwärtig weitgehend bekannt ist, ist es das Ziel dieses Experimentes, die bisher noch nicht vollständig bekannten Kopplungsvorgänge zwischen unterschiedlichen Schichten der Atmosphäre, den geographischen Breiten und den Hemisphären zu untersuchen. Wichtig ist in diesem Zusammenhang, den Einfluß von Störungen oder Irregularitäten, die z. B. aus dynamischen Vorgängen in der Atmosphäre oder durch externe Einflüsse, wie hohe Sonnenaktivität, entstehen können, auf das Verhalten der Atmosphäre zu erfassen. Um hier möglichst vollständige Aussagen machen zu können, muß die Aufgabenstellung einen großen Durchgriff der einzelnen physikalischen Größen durch die Atmosphärenschichten beinhalten und darüber hinaus eine möglichst vollständige globale Überdeckung mit Meßdaten bei einer großen Lebensdauer des Satelliten garantieren. Bodengebundene, simultane Messungen der Plasmaparameter erhöhen dabei die Komplexität des Experimentes.

Ausgehend von der Notwendigkeit der Messung folgender atmosphärisch-physikalischer Größen:

- solare UV-Strahlung im Wellenlängenbereich 16 bis 134 nm,
- Neutralgasparameter,
- Parameter des ionosphärischen Plasmas,
- dynamische Größen

müßten zu einer Minimalausstattung des Satelliten folgende Geräte gehören:

- UV-Spektrometer zur Absolutmessung des Sonnenspektrums und der Bestimmung der Neutralgasparameter wie Konstituentendichte, Komposition und Temperatur aus gemessenen Absorptionsprofilen,
- Ionenmassenspektrometer zur Bestimmung der Ionenkonzentration,
- Gegenspannungsanalysator zur Messung der Elektronendichte, der Ionendichte, der Elektronentemperatur, der Ionentemperatur und der Ionenpartialdichten,
- Langmuirsonde als ergänzendes Gerät zum Gegenspannungsanalysator mit Redundanzcharakter der aus den Messungen abgeleiteten Elektronendichte und Elektronentemperatur,
- Gerät zur Messung der Ost-West-Komponente des elektrischen Feldes (Feldstärke),
- Röntgenphotometer für die Bestimmung des Neutralgases und der Röntgenstrahlung in den Wellenlängenbereichen 0,8–1,6 nm und 3,1–4,1 nm, die für die Ionisation der niederen Ionosphäre verantwortlich ist.

Mit bodengebundenen Geräten für ionosphärische Sondierungen im Rahmen der Mission ist die Messung der Signale geostationärer Satelliten zur Bestimmung der TEC sowie die Bestimmung einzelner Plasmaparameter mit Hilfe der Funkwellenausbreitung unbedingt notwendig. Dabei sollte aber besonders darauf geachtet werden, die Bodenbeobachtungsprogramme mit globalem Charakter durchzuführen.

10. Das UV-Spektrometer im Rahmen des Experimentes „Bilanzgleichungssystem" (BISY)

Das UV-Spektrometer hat im Rahmen der BISY-Mission eine besondere Bedeutung. Es hat die Aufgabe, den Energieinput für die Atmosphäre in Form solarer UV-Strahlungsenergie zu messen. Die Absorption dieser Strahlung stellt den Motor für ein komplexes System von eng gekoppelten Prozessen dar, die letztlich den Wärmezustand der irdischen Atmosphäre bestimmen. Darüber hinaus ist es möglich, aus Okkultationsmessungen mit dem UV-Spektrometer Neutralgas-Dichteverläufe und daraus Temperaturprofile zu bestimmen.

10.1. Mögliche Lösungsvarianten für ein geeignetes UV-Spektrometer

Die Lösung einer solchen Meßaufgabe ist wesentlich durch zwei Varianten herbeizuführen:

1. Variante

Das ungeschwächte Sonnenspektrum wird lückenlos im Wellenlängenbereich 16 ... 170 nm scanniert. In der Phase der Sonnenauf- und Sonnenuntergänge werden in einem speziellen Operationsprogramm mittels Mikrorechnersteuerung bei ausgewählten Wellenlängen Absorptionsprofile gemessen. Das geforderte Auflösungsvermögen liegt im Bereich 0,1 ... 0,5 nm. Diese Variante wurde von Delaboudiniere und Miller [253] im „Solar EUV-Experiment" an Bord des Satelliten D2B Aura angewandt.

2. Variante

Es werden 2 unabhängige Spektrometer benutzt, wobei das eine Spektrometer ein scannierendes Absolutgerät (absolut geeichtes Gerät mit beweglichem Gitter) zur Messung der ungeschwächten Solarstrahlung ist, während das zweite Spektrometer als Polychromator mit feststehendem Gitter und festen Spalten arbeitet. Der Polychromator hat dabei die Aufgabe der Messung von Absorptionsprofilen zur Bestimmung von Neutralgasdichten. Da hierbei nur relative Intensitätsverläufe nötig sind, muß dieses Teilgerät nicht unbedingt absolut geeicht sein. Eine erweiterte Version dieser Spektrometerart mit einer größeren Zahl von Einzelspektrometern für die Absolutmessung des Sonnenspektrums stellt das von Hinteregger u. a. [254] auf den Satelliten „Atmospheric Explorer" AE angewandte Spektrometer EUVS dar.

Für das System der Bilanzgleichung des Plasmas ist die Messung der Solarstrahlung im Wellenlängenbereich 16 ... 134 nm nötig. Unterhalb 17 nm fällt der Strahlungsfluß der Solarstrahlung stark ab. Mit der oberen Grenze erfaßt man noch die Ionisation des NO im Bereich der niederen Ionosphäre. Durch Messung im Wellenlängenbereich 125 ... 175 nm mißt man den solaren Energieinput in die Atmosphäre. Der Meßbereich des Spektrometers sollte also im Wellenlängenbereich 16 ... 175 nm liegen. Eine Wellenlängenauflösung von ~0,5 nm unter 125 nm und ~1,0 nm oberhalb 125 nm ist ausreichend. Da im allgemeinen bei VUV- und EUV-Experimenten im Kosmos Veränderungen der Empfindlichkeit der Spektrometer zu erwarten sind, sollte eine in-flight-Eichung vorgesehen werden, die jederzeit eine Überwachung von Empfindlichkeitsänderungen gestattet und so über die gesamte Missionsdauer Solarflux-Werte mit konstanter Genauigkeit garantiert [255].

Wegen des stark reduzierten Reflexionsvermögens der optischen Materialien für Wellenlängen $\lambda < 90$ nm bei Normalinzidenz sollte für Messungen im Wellenlängenbereich $\lambda < 90$ nm eine Aufstellung mit streifendem Einfall ($\alpha > 80°$) (grazing incidence) gewählt werden. Damit teilt sich das Gerät in zwei Teilgeräte: ein Normalinzidenz-Spektrometer für die Messung im Wellenlängenbereich $\lambda > 90$ nm und ein grazing incidence-Spektrometer für den Wellenlängenbereich $\lambda < 90$ nm. Mit Hilfe des Aeronomie-Spektrometers wird angestrebt, aus einer Reihe sinnvoll ausgewählter Spektrallinien bzw. Spektralbereiche eine optimale Information über die Hochatmosphäre zu erlangen. Speziell bedeutet das, im Rahmen der atmosphärischen Komplexuntersuchung über einen möglichst großen Höhenbereich Kenntnis zu erlangen über den Dichteverlauf eines einzelnen Absorbers. Sie gestattet die Durchführung einer genauen Temperaturanalyse und liefert Informationen über vertikale dynamische Prozesse. Zum anderen sollen diese Messungen Kompositionsuntersuchungen der Hauptkonstituenten über einen möglichst großen Höhenbereich gestatten, die wichtig sind für das Bilanzsystem des Plasmas der hohen Ionosphäre, für die Bestimmung der Dichteskalenhöhen und für die Ableitung des Verhältnisses von atomaren zu molekularen Bestandteilen. Darüber hinaus ist es von allergrößter Wichtigkeit, zusätzlich O_3 und H_2O zu bestimmen, da diese Konstituenten im Bereich der Stratosphäre, Mesosphäre und unteren Thermosphäre die Grundlage photochemischer Analysen bilden.

10.2 Auswahl der Wellenlängen für die Spektrometermessungen im Rahmen der Mission „Bilanzgleichungssystem"

Eine gut konditionierte Matrix zur Bestimmung der Hauptkonstituenten O_2, N_2 und O nach der Methode der Multikonstituentenbestimmung liegt vor mit den Wellenlängen:

$$\lambda = 58{,}4\ \text{nm} \pm 0{,}25\ \text{nm} \quad \text{oder} \quad \lambda = 30{,}4\ \text{nm} \pm 0{,}25\ \text{nm}$$
$$\lambda = 86{,}1\ \text{nm} \pm 0{,}05\ \text{nm}\,,$$
$$\lambda = 142{,}5\ \text{nm} \pm 1{,}0\ \text{nm}\,.$$

Eine besser konditionierte Matrix hat man mit den Wellenlängen:

$$\lambda = 30{,}4\ \text{nm} \pm 0{,}25\ \text{nm}\,,$$
$$\lambda = 84{,}15\ \text{nm} \pm 0{,}1\ \text{nm}\,,$$
$$\lambda = 142{,}5\ \text{nm} \pm 1{,}0\ \text{nm}\,.$$

Der in der Literatur häufig zitierte Gebrauch der Linien O II 83,45 nm und C III 97,7 nm ist wegen der „Strahlungserhärtung" ungünstig und sollte für die Bestimmung atmosphärischer Gaskonstituenten vermieden werden. Eine O_2-Bestimmung mit großem atmosphärischem Durchgriff speziell für eine genaue Temperaturanalyse oder für die Untersuchung planetarer Wellen sollte mit Hilfe der Wellenlängen:

λ = 121,6 nm ± 0,08 nm (H Ly-α),
λ = 142,5 nm ± 1,0 nm,
λ = 210 nm ± 0,2 nm (HERZBERG-Kontinuum),

möglich sein. Mit Hilfe dieser drei Wellenlängen ist eine O_2-Bestimmung von etwa 250 km Höhe bis in den Höhenbereich der Stratopause möglich.

Messungen im Bereich der HARTLEY-Banden bei etwa 260 nm und im Bereich der HUGGINS-Bande bei 310 nm ermöglichen Ozon-Bestimmungen im Höhenbereich 30 ... 85 km. Die Messungen bei λ = 260 nm werden leicht durch O_2 maskiert.

Eine weitere große Bedeutung des Spektrometers liegt in der Möglichkeit, eine Entscheidung über den 2. Ly-α-Absorber zu fällen. Dabei müßte eine Wellenlänge, bei der H_2O sehr stark und O_2 sehr schwach absorbieren (wie z. B. H Ly-α) im positiven Falle zu einem Exzeß in der Absorption führen. Es muß gelten:

$$10^2 < \frac{\sigma(X = H_2O)}{\sigma(O_2)} \sim 10^3 .$$

Neben λ = 142,5 nm und λ = 121,6 nm zur O_2-Bestimmung erscheint zur Erfüllung dieser Bedingung die Si III-Linie bei λ = 110,8 nm am günstigsten. Sie ist nicht besonders ausgeprägt und eventuell für die Ionisation von $O_2(a^1\Delta_g)$ in der D-Region verantwortlich, was unter Umständen für niedere Höhen beachtet werden muß. In ihrem Bereich befindet sich das breiteste und tiefste Absorptionsminimum von O_2 (Abb. 120). Nicht vollkommen ideal liegt $\sigma(H_2O)$. Es steigt zur langwelligen Seite hin stark an und liegt etwa in der Mitte dieser Flanke mit $\sigma = 6 \cdot 10^{-18}$ cm². Eine Ausweichmöglichkeit bietet sich in der Messung bei λ = 118,7 nm, bei der die oben genannte Forderung mit $\sim 5 \cdot 10^2$ erfüllt ist und darüber hinaus infolge geringerer Variabilität von σ_{H_2O} die Bandbreitenforderungen nicht so streng sind.

10.3. Das UV-Gitterspektrometer UFS als mögliche Gerätevariante für die BISY-Mission

10.3.1. Allgemeines

Das UV-Gitterspektrometer UFS ist für einen Einsatz in einer Satelliten-Langzeitmission vorgesehen. Durch eine Vergrößerung der Zahl der Meßwellenlängen, eine Erweiterung des Meßprogramms und eine Verlängerung der Lebensdauer des Gerätes durch die Wahl von Kanalelektronen-Vervielfachern als Strahlungsempfänger und den Wegfall von „erblindenden" Materialien wird quasi eine neue Qualität der Messungen erreicht.

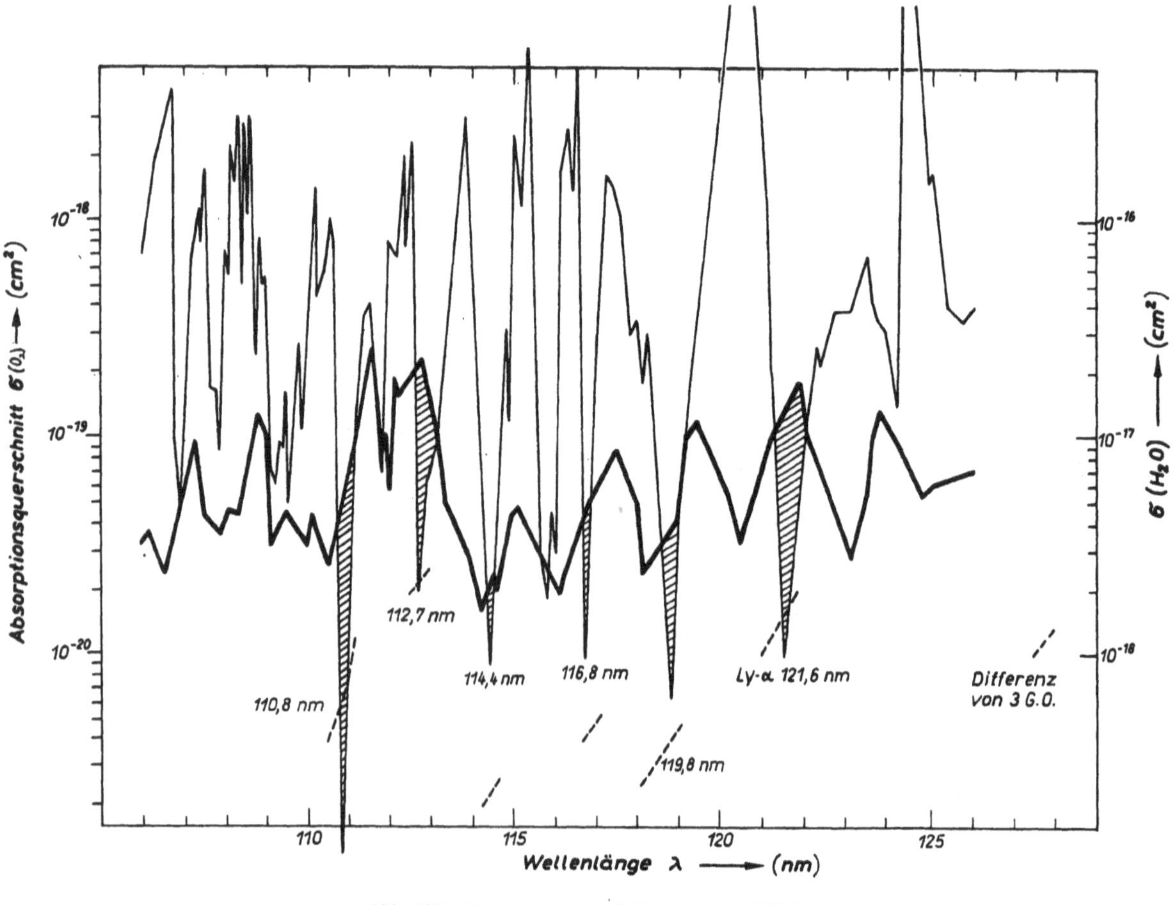

Abb. 120. Absorptionsquerschnitt von O_2 und H_2O

Diese neue Qualität spiegelt sich wider in dem Ziel der Mission, durch ein Komplexexperiment Kompositionsuntersuchungen über einen großen Höhenbereich zu erreichen und aus Konstituentenbestimmungen bei großer Längen- und Breitenvariabilität der Daten Aussagen über dynamische Vorgänge in der Atmosphäre machen zu können. Darüber hinaus ist in dem Gerät eine Möglichkeit zur Untersuchung des zweiten Ly-α-Absorbers vorgesehen.

10.3.2. Aufbau, Funktionsweise und Eichung des UFS

Das UV-Spektrometer UFS besteht aus zwei Teilgeräten:
- dem Geberblock zur Meßdatenerfassung und Meßdatenumwandlung,
- dem Elektronikblock zur Meßdatenaufbereitung für die Telemetrie und zur Energieversorgung.

Der Geberblock ist für die Aufstellung auf der Meßplattform außerhalb des Satelliten unter einem Thermoschutzschild konzipiert, der Elektronikblock befindet sich im Innern des Satelliten in einer Inertgas-Atmosphäre. Die Daten zum Spektrometer sind in der Tabelle 13 zusammengestellt.

Tabelle 13
Parameter des UFS-Gitterspektrometers

Parameter	Numerische Werte
Gitter	
Gitterradius	500,6 mm
reziproke Gitterkonstante	$1200\ mm^{-1}$
wirksame Gitterfläche	$50 \times 40\ mm^2$
lineare Dispersion	$0{,}65\ nm \cdot mm^{-1}$ bei $\lambda = 58{,}4$ nm
theoret. Auflösungsvermögen	$6{,}0 \cdot 10^4$
blaze-Wellenlänge (Littrow)	320 nm
blaze-Wellenlänge ($\alpha = 82°$)	105 nm
reflektierende Schicht	Al + MgF_2 (15 nm)
Montierung	
grazing incidence-Polychromator	
Einfallswinkel α	82°
Dispersionswinkel β_i	38,2° ... 66,9°
Eintrittsspalt	1,0 mm
Austrittsspalte	bandbreitenabhängig, 0,1 – 2,0 mm
Sonnenabbildung mittels asphär. Spiegel auf den Eintrittsspalt	$f = 43{,}0$ mm
Öffnungsverhältnis	$f/12{,}5$
Gesichtsfeld	1°
effektive Apertur	$122{,}7\ mm^2$
Wellenlängen	58,4 nm ± 0,25 nm
	86,2 nm ± 0,07 nm
	91,9 nm ± 0,07 nm
	110,84 nm ± 0,1 nm
	121,6 nm ± 0,1 nm
	142,5 nm ± 0,8 nm
	260,0 nm ± 2,5 nm
	310,0 nm ± 2,00 nm

Das Gitterspektrometer UFS ist für Messungen bis zu Wellenlängen von etwa 30 nm konzipiert. Für Strahlung im Wellenlängenbereich 30 nm bis 90 nm ist das Reflexionsvermögen optischer Schichten für Normalinzidenz stark reduziert. Hinzu kommt, daß bei Sonnenmessungen in diesem Wellenlängenbereich gegenüber Messungen im mittleren UV- und sichtbaren Spektralbereich mit Strahlungsflüssen gerechnet werden muß, die um einige Größenordnungen kleiner sind. Diese Faktoren zusammen haben bewirkt, daß im Interesse einer höheren Effektivität des Gerätes gerade für diesen Wellenlängenbereich eine grazing incidence-Aufstellung des verwendeten Konkavgitters gewählt wurde.

Die Sonnenstrahlung fällt über ein System von Aperturblenden zur Einstellung des Spektrometer-Öffnungswinkels und ein Baffle für die Streulichtreduzierung auf einen mit Aluminium und Magnesiumfluorid beschichteten Spiegel, der die Sonne in den Eintrittsspalt abbildet. Durch das Dispersionsgitter werden anschließend die Meßwellenlängen selektiert und die gebeugte Strahlung durch eine als Baueinheit ausgebildete Kombination Austrittsspalt — Detektor gemessen (Abb. 121).

Grazing incidence-Aufstellungen dieser Art zeigen einen starken Astigmatismus. Die Länge des astigmatischen Bildes des Eintrittsspaltes in der Austrittsspaltebene ist gegeben durch [256]:

$$z = l \cdot \frac{\cos \beta}{\cos \alpha} + L \cdot (\sin^2 \beta + \sin \alpha \cdot \operatorname{tg} \alpha \cdot \cos \beta)\ ; \qquad (71)$$

l Länge des Eintrittsspaltes,
L Höhe der auf dem Gitter ausgeleuchteten Fläche,
α Einfallswinkel,
β Dispersionswinkel.

Die astigmatischen Bildlängen liegen dabei zwischen 30 ... 70 mm. Diese aus Gründen der Auflösung und wegen energetischer Nachteile normalerweise unerwünschte Eigenschaft wird im UFS ausgenutzt, um die relativ große Zahl von Meßwellenlängen bei der begrenzten Größe des Gerätes und der gegebenen Dispersion realisieren zu können. Dabei sind die einzelnen Empfängerbaueinheiten schachbrettartig beiderseits des Montageblockes befestigt. Auf diese Weise wurde eine gegenseitige platzmäßige Beeinflussung ausgeschlossen.

Als Detektoren werden Kanalelektronen-Vervielfacher verwendet. Die Empfänger werden sowohl in der Gleichstrom- als auch in der Impulsmode betrieben. Abb. 122 zeigt das elektronische Schema des Gerätes. Danach werden die Signale der Empfänger im Gleichstrombetrieb über Analogverstärker und im Impulsbetrieb über einen Schwellwert-Diskriminator dem Elektronikblock zugeleitet. Im Elektronikblock wird das Analogsignal nachverstärkt und in Zeitabständen von 5 Minuten mit 3 Eichspannungen 0 V, 3 V und 6 V jeweils mit einer Dauer von 3 Sekunden versehen. Über Ausgangsstufen werden dann die Analogsignale der Telemetrie zugeführt. Die vom Schwellwert-Diskriminator kommenden Impulssignale werden im Elektronikblock in einem Zähler gezählt und über einen Zwischenspeicher zur Telemetrie gegeben. Der Schwellwert-Diskriminator wird in Abständen von 5 Minuten kurzzeitig auf einen Schwell-

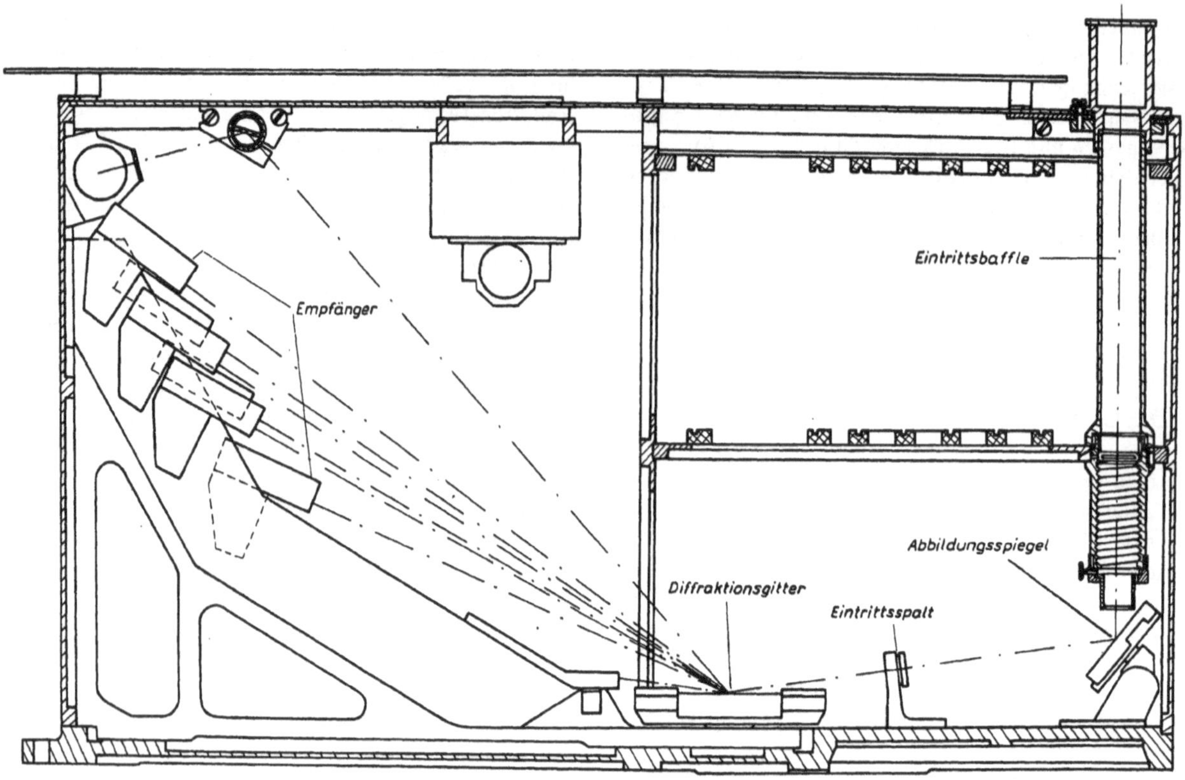

Abb. 121. UV-Spektrometer UFS (schematisch)

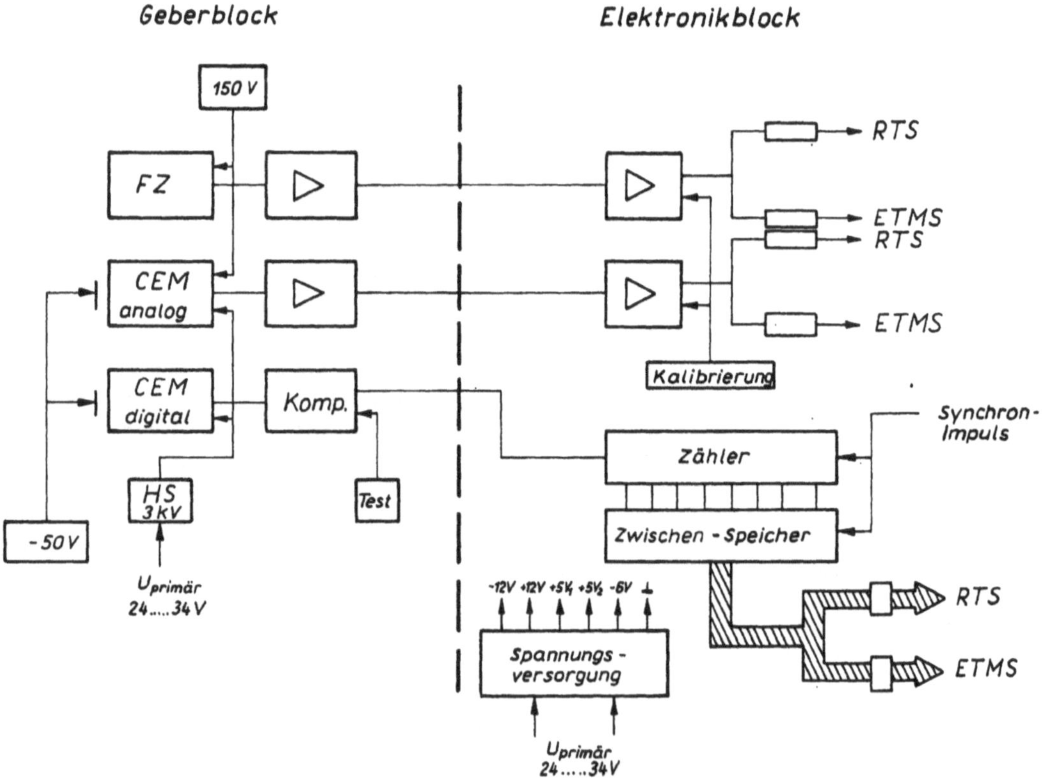

Abb. 122. Blockschaltbild des UV-Spektrometers UFS

wert von 50% des Normalwertes umgeschaltet. Aus dem Zählratenverhältnis kann auf eventuelle Empfindlichkeitsänderungen der Empfänger geschlossen werden. Die Abtastfrequenz der Meßkanäle des Telemetriesystems ist abhängig vom Arbeitsregime des Bordspeichers.

Für den Meßbetrieb des UV-Spektrometers UFS sind Absolutbestimmungen der Solarstrahlung vorgesehen. Die dafür notwendige Absoluteichung des Spektrometers wird nach 2 voneinander unabhängigen Methoden durchgeführt. Eine Eichung verwendet das im

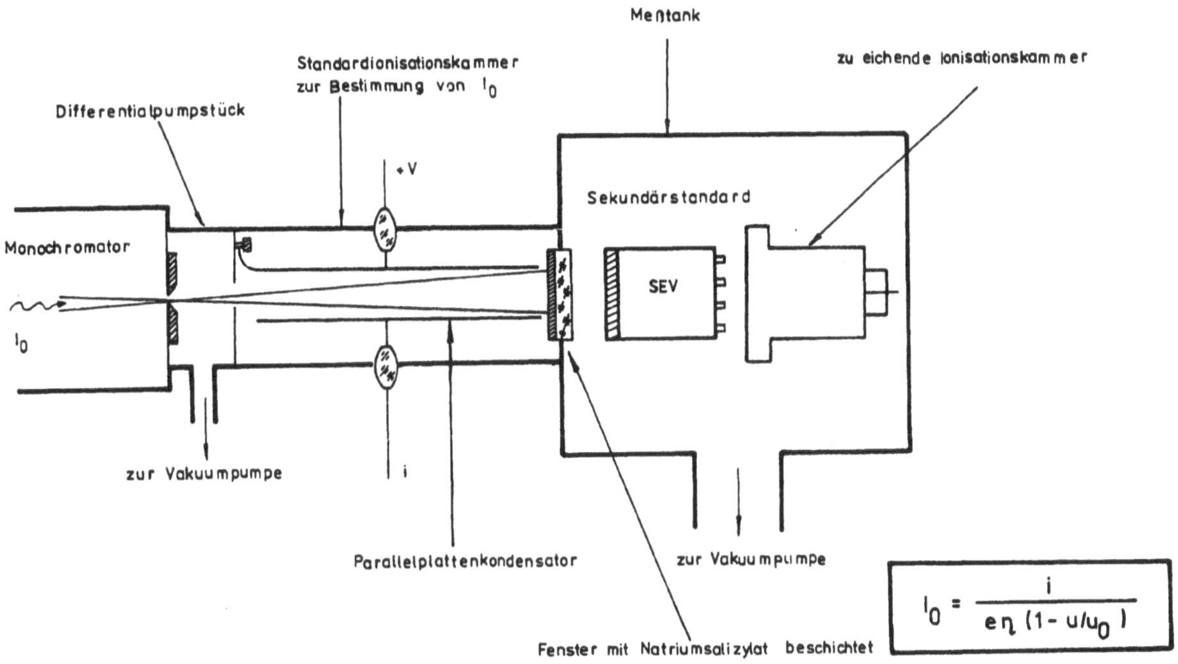

Abb. 123. Eichapparatur für den UV-Bereich (schematisch)

Kapitel 6.2.2. beschriebene Verfahren der Bestimmung der absoluten Strahlungsintensität mittels Edelgasionisation mit Hilfe der in Abb. 123 dargestellten Apparatur. Die Kontrolleichung wird mit Hilfe von Synchrotron-Strahlung (Abb. 76) am Speicherring VEPP-2M des Synchrotrons des Institutes für Kernphysik der sowjetischen Akademie der Wissenschaften in Nowosibirsk durchgeführt. Dabei wird die Synchrotron-Strahlung durch ein Diffraktionsgitter, dessen wellenlängenabhängige Effektivität bekannt ist, selektiert und fällt dann als bekannter Strahlungsfluß in das zu eichende Spektrometer. Die Effektivität des Spektrometers wird berechnet nach dem Ausdruck:

$$\eta(\lambda) = \frac{S(\lambda)}{I(\lambda) \cdot K(\lambda)}\,; \qquad (72)$$

$S(\lambda)$ Spektrometersignal,
$I(\lambda)$ Intensität der Synchrotron-Strahlung,
$K(\lambda)$ Effektivität des Diffraktionsgitters am Synchrotron.

11. Notwendige Verbesserungen der Okkultationsmethode

Zur Bestimmung der atmosphärischen Neutralgasdichten und der Dichten ionisierter Komponenten sind in den letzten 25 Jahren eine Reihe von experimentellen Techniken zur Anwendung gekommen. So haben sich z. B. Massenspektrometer-Messungen zur Bestimmung der Neutralgaskomposition und der Dichte atmosphärischer Konstituenten bewährt [257]. Sie haben jedoch den Nachteil, daß sie als in situ-Messungen wegen der großen Flughöhe der Satelliten nur auf Raketen einen Sinn haben. Hinzu kommt, daß die im Massenspektrometer zur Messung kommende Neutralgaskomponente ionisiert werden muß, wobei wesentliche Fehlmessungen zustande kommen können. Darüber hinaus sind Massenspektrometer sehr aufwendige Meßgeräte, bei denen im Interesse einer ausreichenden Genauigkeit des Meßergebnisses höchste Vakuumhygiene der Umgebung gefordert wird. Andere Meßmethoden wie „backscatter ultraviolet", Messung fallender Kugeln oder Schallausbreitungsmessungen liefern nur die Gesamtluftdichte in relativ niedrigen Höhen.

Die hier dargelegte Methode der Absorptionsspektrometrie mittels Okkultation eines astronomischen Objektes durch die absorbierende Erdatmosphäre stellt eine Methode dar, der die oben genannten Schwächen weitgehend nicht inhärent sind. Sie gestattet bei vertretbarem experimentellem Aufwand und sinnvoller Wahl der Meßwellenlängen z. B. in Polychromatoren oder Monochromatoren in Verbindung mit geeigneten Strahlungsempfängern die Erforschung einer Vielzahl atmosphärischer Neutralgasbestandteile und anderer Parameter der Atmosphäre im Höhenbereich 30 ... 450 km. Es muß jedoch bemerkt werden, daß dieser Methode einige Schwächen anhaften, die auch zu Fehlern führen können.

Eine wesentliche Schwäche der Methode liegt darin, daß Inhomogenitäten längs des Strahlungsweges nicht geortet werden können. Sie machen sich als fehlerhafter Dichtewert in der „grazing height" bemerkbar. TRINKKELLER [258] hat festgestellt, daß jedoch bei Messungen im Höhenbereich oberhalb 200 km Inhomogenitäten außerhalb des Strahlungsweges von $\sim \pm 320$ km

Länge symmetrisch zur „grazing height“ unwirksam sind. In Höhen unterhalb 100 km reduziert sich dieser Wert auf ~270 km Länge. Allerdings liegt er nicht mehr symmetrisch zur „grazing height“, sondern ist stark asymmetrisch zur Sonnenseite hin verschoben. Dieser grundlegende Makel der absorptionsspektrometrischen Methode ist weder durch eine Verbesserung der Auswertemethode noch durch meßtechnische Veränderungen abzustellen. Eine Inhomogenität längs des wirksamen Absorptionsweges ist grundsätzlich im Rahmen der Methode selbst mit der ausgefeiltesten und genauesten Meßtechnik nicht zu orten.

Weiterhin ist an der Okkultationsmethode der Sonne zu bemängeln, daß sie Dichtebestimmungen nur in den Phasen des Sonnenaufganges und Sonnenunterganges zuläßt. Das kann von Nachteil besonders für die Bestimmung des Ozons sein, dessen Dichteverhalten beträchtlichen tageszeitlichen Schwankungen unterworfen ist, die besonders stark in der Dämmerungsphase ausgeprägt sind. Wird bei Satellitenmessungen die ganze Sonnenscheibe als Strahlungsquelle verwendet, so hat z. B. bei einem 500 km hoch fliegenden Satelliten in der „grazing height“ der erfaßte Höhenbereich eine Breite von 20 km. Dieser Sachverhalt erfordert die im Kapitel 7.3. beschriebene Korrektur auf eine punktförmige Sonne. Vorausgesetzt wird dabei die Kenntnis der Strahlungsverteilung über die Sonnenscheibe. Bei Meßwellenlängen größer als 100 nm — die Strahlung der Ly-α-Linie jedoch ausgenommen — kann man weitgehend von einer homogenen Strahlungsverteilung über die Sonnenscheibe ausgehen. Je kurzwelliger die Strahlung wird, desto stärker werden die Abweichungen von dieser Voraussetzung. Das erfordert eine äußerst sorgfältig durchgeführte Korrektur. Durch die gleichzeitige Aufnahme von Spektroheliogrammen, die Informationen über die Strahlungsverteilung auf der Sonne liefern, kann diese Problematik entscheidend verbessert werden. Die auf diese Weise verbesserte Korrektur ist aber nur bei Wellenlängen befriedigend, die sich durch eine annähernd konstante Skalenhöhe der zu bestimmenden Konstituente auszeichnen. Ist das nicht der Fall, stellt die Korrektur auf eine punktförmige Sonne nur eine grobe Näherung auf eine punktförmige Strahlungsquelle dar (vergleiche dazu Gleichung (52)). Spektroheliographen in Verbindung mit der dazu notwendigen räumlichen Scannierungsvorrichtung sind zudem außerordentlich aufwendige Geräte. Als Ausweg aus diesem Dilemma bieten sich zwei Varianten an:

1. Variante: unter Verzicht von Strahlungsleistung eine drastische Reduzierung des Öffnungswinkels des Meßgerätes in den Bogensekundenbereich hinein vorzunehmen,
2. Variante: anstelle der Sonne als Strahlungsquelle die Benutzung eines Sterns zu wählen.

Als wesentliche Verbesserungen der Methode durch diese Varianten sind zu nennen:

- Reduzierung der Strahlkegelausdehnung in der „grazing height“ auf 100 m und weniger,
- Möglichkeit der Erforschung der Nachtatmosphäre,
- Möglichkeit mehrerer Beobachtungen während eines Orbits,
- Unabhängigkeit von der inhomogenen Strahlungsverteilung auf der Sonne,
- Wegfall aufwendiger Korrekturen,
- Erhöhung der Genauigkeit der abgeleiteten Dichteprofile.

Allerdings bringen diese Verbesserungen auch einen nicht zu übersehenden gerätetechnischen Mehraufwand mit sich, der nicht verschwiegen werden soll:

- Notwendigkeit der Verwendung von Teleskopen als Strahlungskollektoren wegen der stark reduzierten Strahlungsleistung [259, 260],
- hohe notwendige Orientierungsstabilität des Satelliten im Bogensekundenbereich,
- bei Verwendung von breitbandigen Photometern muß die spektrale UV-Strahlungsverteilung des Sterns bekannt sein.

Die Okkultation von Sternen bietet auch die Möglichkeit, bei Benutzung geeigneter Sterne unter der Bedingung besonderer Konstellationen die Erforschung der Atmosphären anderer Planeten zu betreiben.

Unter Ausnutzung verbesserter Methoden in der Absorptionsspektroskopie der Hochatmosphäre sollte in der Zukunft der Erforschung angeregter Spezies besondere Aufmerksamkeit gewidmet werden. Das ist begründet durch die Tatsache, daß angeregte Spezies infolge ihrer beträchtlichen Konzentration und der offensichtlich großen Ratenkonstanten eine hohe Aktivität besitzen. Darüber hinaus gibt es über die Photodissoziation und chemische Reaktionen enge Verbindungen zwischen den angeregten Spezies und den atmosphärischen Minorkonstituenten wie O, O_3, H, OH, N und NO [261, 262]. Diese Reaktionen haben große Bedeutung für den Zustand der Ionosphäre und den Wärmehaushalt der oberen Atmosphäre. Erfolge in der Erforschung angeregter Spezies in der Hochatmosphäre setzen aber voraus, daß durch Labormessungen zuverlässig ihre Wirkungsgrade in exothermen Reaktionen, in dissoziativen Rekombinationen und in Ion-Molekül-Reaktionen bestimmt werden.

Um letztlich zur Aufstellung eines Modells zu kommen, das sowohl die Minorkonstituenten als auch die Konstituenten angeregter Spezies enthält, ist es unumgänglich, über die Messung atmosphärischer Emissionen und durch eine extrem hochauflösende Absorptionsspektrometrie auf die mengenmäßige Verteilung dieser Konstituenten zu schließen. ATREYA [263] hat H_2 und Cl mit extrem niedrigen Bandbreiten von 0,004 nm bei den Wellenlängen $\lambda = 110{,}8128$ nm und $\lambda = 118{,}8775$ nm bestimmt. Diese extrem hohen Auflösungen sind notwendig, da gewöhnlich die Absorption durch die Minorkonstituenten stark von der Absorption durch die Majorkonstituenten maskiert wird. Es ist äußerst problematisch, „Fenster“ in der Absorption durch die Majorkonstituenten zu finden, wo eine Absorptionslinie der zu bestimmenden Minorkonstituenten eine größere oder vergleichbare optische Tiefe im Verhältnis zur Majorkonstituente hat. Das ist mit Ausnahme von O_3 nur durch eine extrem hohe Auflösung zu erreichen. Da sich die Absorptionsquerschnitte angeregter Spezies gewöhnlich nicht ausreichend von denen nichtangeregter unterscheiden [264], um einen deutlich sichtbaren Unterschied im

Absorptionsverhalten hervorzurufen, liegt hier in der Entwicklung verfeinerter und empfindlicherer Meßmethoden ein weites Anwendungsfeld spektrometrischer Meßtechnik.

Für die Untersuchung atmosphärischer Zusammenhänge ist es in der Zukunft unerläßlich, hochstabile, absolut geeichte Strahlungsmeßgeräte zur Verfügung zu haben, die im Wellenlängenbereich des UV und VUV absolute Strahlungsflußbestimmungen mit Genauigkeiten von besser als 5% über einen großen Zeitraum zulassen. Es sollte sogar angestrebt werden, ein internationales Standardisierungs- und Eichsystem aufzubauen, das Vergleichsmöglichkeiten der einzelnen Beobachtungen zuläßt.

12. Abschließende Betrachtungen

Absorptionsspektroskopische Messungen in der Hochatmosphäre stellen eine leistungsfähige Methode zur Bestimmung atmosphärischer Gasbestandteile dar. Dabei wird in ausgewählten Spektralbereichen des UV die Absorption von Solar- bzw. Sternstrahlung durch die atmosphärischen Gasbestandteile gemessen. Aus dem gemessenen Absorptionsverlauf kann dann bei Kenntnis der Absorptionseigenschaften der absorbierenden Gase auf den Dichteverlauf geschlossen werden. Wichtig für die Qualität des Dichteprofils ist neben der genauen Kenntnis des Absorptionsquerschnittes des absorbierenden Gases die Frage der gewählten Meßbandbreite und der Temperatur des Absorbers.

Die Solarstrahlung und ihre Variabilität ist für den Energiehaushalt der Erde und den Zustand der Atmosphäre von entscheidender Bedeutung. Es werden deshalb neue solare Strahlungsflußdaten und ihre Variabilität angegeben und die experimentellen Möglichkeiten der Messung des solaren Strahlungsflusses ausführlich diskutiert. Dabei wird besonders auf die Konzipierung von hochauflösenden Spektrometern eingegangen.

In der jüngeren Vergangenheit werden von Sonnenphysikern und Aeronomen energisch genaue solare Strahlungsflußdaten in absoluten Einheiten gefordert. Aus diesem Grunde wird die Problematik der Absoluteichung von UV-Strahlungsmeßgeräten besonders hervorgehoben und auf ihre Spezifik gegenüber der Eichung in anderen Wellenlängenbereichen hingewiesen.

Im Anschluß an die Darstellung der experimentellen Möglichkeiten für absorptionsspektrometrische Messungen im Bereich des VUV und EUV werden Ergebnisse vorgestellt, die aus absorptionsspektrometrischen Messungen auf IK-Satelliten und -Raketen erzielt wurden. Dabei werden auch die eingesetzten UV-Photometer und ihr Verhalten unter kosmischen Bedingungen diskutiert.

Ein herausragendes Ergebnis ist die Feststellung eines zweiten Ly-α-Absorbers in der Winterhemisphäre, die aus einer anomalen Strahlungsabsorption oberhalb 110 km Höhe abgeleitet wurde. Die errechneten O_2-Dichteprofile weichen in diesem Höhenbereich stark von der realen O_2-Dichteverteilung ab. Als zusätzliche Absorber können Wasserdampf und Stickoxid gedeutet werden.

Bei einer Reihe von Experimenten wurden O_2-Dichteprofile mit wellenähnlichen Strukturen oberhalb 110 km Höhe abgeleitet, die eine Folge von durchlaufenden „inneren gravity waves" sein könnten.

Aus glow-Messungen im Bereich der Ly-α-Linie konnte der geocoronale Wasserstoff bestimmt werden.

Aus der Vielzahl von QUV-Strahlungsmessungen wurden Ozondichte-Profile in mittleren geographischen und äquatorialen Breiten im Höhenbereich 30 ... 100 km abgeleitet. Sie zeigen eine nur geringe jahreszeitliche Abhängigkeit der Ozondichte-Mittelwerte für äquatoriale und mittlere Breiten. Die äquatorialen Ozondichte-Messungen lassen keine wesentlichen tageszeitlichen Unterschiede in der O_3-Dichte für Höhen 30 ... 65 km erkennen. Die Gültigkeit des KRUEGER-MINZNER-Modells für alle Tageszeiten wurde weitgehend bestätigt.

Es werden weiter Bemerkungen gemacht zu wünschenswerten und möglichen Erweiterungen des Meßprogramms und der angewandten Meßmethode. Ausgehend von einem Experimentvorschlag „Bilanzgleichungssystem der Hochatmosphäre", dessen Ziel eine möglichst komplexe Erforschung der hochatmosphärischen Vorgänge ist, wird ein UV-Gitterspektrometer als wesentliches Teilgerät für die Erfüllung der Teilaufgaben dieses Experimentes vorgestellt. Angeregte Spezies stellen sehr aktive Konstituenten der oberen Atmosphäre dar. Ihre Existenz ist eng verbunden mit einer großen Zahl photochemischer Prozesse und dem Zustand der Ionosphäre. Es wird auf die Notwendigkeit ihrer experimentellen Verifizierung hingewiesen.

13. Zusammenfassung

Fällt elektromagnetische Strahlung z. B. der Sonne oder eines Sterns durch die Atmosphäre der Erde, so wird sie unter anderem durch die Absorption der atmosphärischen Gasbestandteile geschwächt. Infolge der Strukfur der Gase findet diese Absorption wesentlich im ultravioletten Spektralbereich unterhalb 300 nm statt. Mißt man diese Absorption in Abhängigkeit von der Höhe in der Atmosphäre, so lassen sich Dichte-Höhen-Profile der Gasbestandteile ableiten. Die für die Messungen notwendigen Bandbreiten liegen entsprechend der Aufgabenstellung zwischen 0,1 nm und 20—30 nm. Für Messungen im unteren Grenzbereich sind hochauflösende Spektrometer nötig. Im oberen Grenzbereich ist die Verwendung von Spektralphotometern mittlerer Bandbreite ausreichend.

Die gemessenen Dichteprofile von O_2 und O_3 zeigen

nicht in jedem Falle ein „reguläres" Verhalten. Wellenähnliche Strukturen deuten in einigen Fällen auf das Durchlaufen „innerer gravity waves" hin, und das Auftreten einer anomalen Strahlungsabsorption der Ly-α-Strahlung oberhalb 110 km Höhe könnte durch einen zusätzlichen Absorber — entweder NO oder H_2O — hervorgerufen werden.

Die abgeleiteten Ozondichte-Profile im Höhenbereich 30—100 km zeigen eine nur geringe jahreszeitliche Abhängigkeit. Darüber hinaus wurde für äquatoriale Breiten infolge einer nur unwesentlichen Tagesvariation der O_3-Dichte für Höhen 30—65 km die Gültigkeit des Krueger-Minzner-Modells für alle Tageszeiten weitgehend bestätigt.

Summary

Electromagnetic radiation from the sun or from a star transmitted through the atmosphere is absorbed by atmospheric gaseous constituents. The absorption essentially occurs in the UV spectral range lower than 300 nm. It is possible to determine density profiles from measured absorption profiles. The necessary bandwidths for measurements of absorption are from 0.1 nm to 20—30 nm. For this purpose spectrometers with high resolution or spectrophotometers are used.

Some density profiles show wavelike structures. Anomalous Ly α absorption at higher altitudes than 110 km could be the consequence of the presence of the second absorber (either water vapour or nitrogen oxide).

The ozone profiles at altitudes between 30 and 100 km show only a small seasonal dependence. The validity of the Krueger-Minzner-model for ozone density at altitudes from 30 to 65 km has been confirmed for equatorial latitudes.

Резюме

Электромагнитные волны космического происхождения, например электромагнитные излучения Солнца или звезды, проходя через атмосферу Земли, изменяют свою спектральную интенсивность в результате абсорбции излучения в атмосфере. В следствии структуры газов существенная абсорбция наблюдается в ультрафиолетовой области электромагнитных излучений с длиной волн ниже чем 300 нм. Измерения интенсивности абсорбции в зависимости от высоты позволяют установить компетентно-плотностной газовый профиль атмосферы. Для этих измерений необходимая полоса пропускания, в зависимости от поставленной задачи, лежит между 0,1 нм и 20—30 нм. Для измерений в нижней области требуются спектрометры с большим спектральным разрешением. В верхней частотной области достаточны спектральные фотометры со средним спектральным резрешением.

Измеренные плотностные профили атмосферы для O_2 и O_3 не позволяют судить о наличии регулярности. Наличие в некоторых измерениях волновой регулярности можно объяснить присутствием „внут-Ly-α поглощения на высотах выше 110 км можно ренних волн тяжести", а аномальные спектральные отнести к компонентной абсорбции или NO, или H_2O.

Рассчитанные азотно-плотностные профили на высотах 30—100 км показывают незначительные годовые зависимости. Кроме того слабые дневные колебания в экваториальной области плотности O_3 на высотах 30—65 км подтверждают правильность модели Krueger-Minzner (a) в течении всех суток.

14. Literaturverzeichnis

[1] Chandra, S. and Sinha, A. K., Planet. Space Sci. **21** (1973) 593.

[2] Webb, W. L., Structure of the Stratosphere and Mesosphere. Academic Press, New York—London 1966.

[3] Banks, P. M. and Kockarts, G., Aeronomy. Academic Press, New York 1973.

[4] Ratnasiri, P. A. J. and Sechrist, Jr., C. F., An Investigation of the Solar Zenith Angle Variation of D-Region Ionization. Aeronomy Report No. 67 (1975), NASA Grant NGR-14-005-181.

[5] Ditchburn, R. W. and Young, P. A., J. Atm. Terr. Phys. **24** (1962) 127.

[6] Stolarski, R. S., Hays, P. B. and Roble, R. G., J. Geophys. Res. **80** (1975) 2266.

[7] Изаков, М. Н., О функции нагревания термосферы. I. Геомагнетизм и Аэрономия X (1970) 284.

[8] Изаков, М. Н. и Морозов, С. К., О функции нагревания термосферы. II. Геомагнетизм и Аэрономия X (1970) 630.

[9] Izakov, M. N. and Morozov, S. K., The Heating Function of Thermosphere by Solar Radiation in Schumann-Runge Continuum. Report COSPAR, Leningrad, May 1970.

[10] Stark, B., Martini, L. and Trinkkeller, B., Publ. Debrecen Heliophys. Observ.3 (1977) 263.

[11] Herman, J. R. and Chandra, S., Planet. Space Sci. **17** (1969a) 1247.

[12] Herman, J. R. and Chandra, S., Planet. Space Sci. **17** (1969b) 815.

[13] Stubbe, P. and Chandra, S., Planet. Space Sci. **19** (1971) 731.

[14] Lindzen, R. S. and Blake, D., J. Geophys. Res. **75** (1970) 6868.

[15] Cole, K. D., Planet. Space Sci. **19** (1971) 59.

[16] REES, M. H., Neutral Wind Structure in the Thermosphere During Quiet and Disturbed Geomagnetic Periods in Physics and Chemistry of Upper Atmospheres. Ed.: MCCORMAC, B. M., D. Reidel Publishing Company, Dordrecht — Holland, 1973.
[17] COLE, K. D., J. Geophys. Res. **70** (1965) 1689.
[18] SWIDER, W., J. Geophys. Res. **79** (1974) 3221.
[19] NICOLET, M., Aeronomic Reactions of Hydrogen and Ozone in Mesospheric Models and Related Experiments. Ed.: FIOCCO, D. Reidel Publishing Comp., Dordrecht 1971.
[20] NBS Special Publications 513, Reaction Rate and Photochemical Data for Atmospheric Chemistry — 1977.
[21] BREIG, E. L., J. Geophys. Res. **78** (1973) 5718.
[22] HUDSON, R. D., Rev. of Geophys. and Space Phys. **9** (1971) 305.
[23] ALLISON, A. C., DALGARNO, A. and PASACHOFF, N. W., Planet. Space Sci. **19** (1971) 1463.
[24] EVANS, J. S. and SCHEXNAYDER, JR., C. J., NASA-Techn. Rep. R-92, 1961.
[25] HUDSON, R. D., CARTER, V. L. and STEIN, J. A., J. Geophys. Res. **71** (1966) 2295.
[26] HUDSON, R. D. and CARTER, V. L., J. Geophys. Res. **58** (1968) 1621.
[27] REID, R. H. G. and WITHBROE, G. L., Planet. Space Sci. **18** (1970) 1255.
[28] GARRIOTT, O. K., NORTON, R. B. and TIMOTHY, J. G., J. Geophys. Res. **82** (1977) 4973.
[29] WATANABE, K. and INN, E. C. Y., J. Opt. Soc. Am. **43** (1953) 32.
[30] SAMSON, J. A. R., J. Opt. Soc. Am. **54** (1964) 6.
[31] DITCHBURN, R. W. and YOUNG, P. A., J. Atmos. Terr. Phys. **24** (1962) 127.
[32] BLAKE, A. J., CARVER, J. H. and HADDAD, G. N., J. Quant. Spectrosc. Radiat. Transfer **6** (1966) 451.
[33] siehe [19].
[34] NICOLET, M. and MANGE, P., J. Geophys. Res. **59** (1954) 15.
[35] ACKERMAN, M., BIAUMÉ, F. and KOCKARTS, G., Planet. Space Sci. **18** (1970) 1639.
[36] BLAKE, A. J., J. Geophys. Res. **84** (1979) 3272.
[37] METZGER, P. H. and COOK, G. R., J. Quant. Spectrosc. Radiat. Transfer **4** (1964) 107.
[38] OGAWA, M. and YAMAWAKI, K. R., Appl. Opt. **9** (1970) 1709.
[39] WATANABE, K., In: Advances in Geophysics **5**, ed. by H. E. LANDSBERG and VAN MIGHAM, J., Academic Press, N.Y. 1958.
[40] ALBERTI, F., ASHBY, R. A. and DOUGLAS, A. E., Can. J. Phys. **46** (1968) 337.
[41] OGAWA, S. and OGAWA, M., Can. J. Phys. **53** (1975) 1845.
[42] HUNTEN, D. M. and MCELROY, M. B., J. Geophys. Res., Space Physics **73** (1968) 2421.
[43] OGAWA, M., J. Geophys. Res. **73** (1968) 6759.
[44] CARVER, J. H., GIES, H. P., HOBBS, T. J., LEWIS, B. R. and MCCOY, D. G., J. Geophys. Res. **82** (1977) 1955.
[45] SHARDANAND, P. and OGAWA, M., NASA Techn. Note, TN D-4225, 1967.
[46] PRESTON, W. M., Phys. Rev. **57** (1940) 887.
[47] TANAKA, Y., J. Chem. Phys. **20** (1952) 1728.
[48] HALL, J. E., J. Atmos. Terr. Phys. **34** (1972) 1337.
[49] MATSUNAGA, F. M. and WATANABE, K., Sci. Light **16** (1967) 31.
[50] SAMSON, J. A. R. and CAIRNS, R. B., J. Geophys. Res. **69** (1964) 4583.
[51] SAMSON, J. A. R. and CAINS, R. B., J. Opt. Soc. Am. **55** (1965) 1035.
[52] WAINFAN, N., WALKER, W. C. and WEISSLER, G. L., Phys. Rev. **99** (1955) 542.
[53] CODLING, K. and MADDEN, R. P., J. Chem. Phys. **42** (1965) 3935.
[54] HUFFMAN, R. E., LARRABEE, J. C. and TANAKA, Y., J. Chem. Phys. **40** (1964) 356.
[55] COOK, G. R. and METZGER, P. H., J. Chem. Phys. **41** (1964) 321.
[56] WATANABE, K. and MARMO, F. F., J. Chem. Phys. **25** (1956) 965.
[57] HICKS, G. T. and CHUBB, T. A., J. Geophys. Res., Space Phys. **75** (1970) 6233.
[58] PRINZ, D. K. and MEIER, R. R., J. Geophys. Res. **76** (1971) 6146.
[59] HERZBERG, G. and HERZBERG, L., Nature **161** (1948) 283.
[60] HUFFMAN, R. E., TANAKA, Y. and LARRABEE, J. C., J. Chem. Phys. **39** (1963) 910.
[61] HUDSON, R. D. and CARTER, V. L., Can. J. Chem. **47** (1969) 1840.
[62] LAWRENCE, G. M., MICKEY, D. L. and DRESSLER, K., J. Chem. Phys. **48** (1968) 1989.
[63] HUDSON, R. D. and CARTER, V. L., J. Geophys. Res., Space Phys. **74** (1969) 393.
[64] COOK, G. R., OGAWA, M. and CARLSON, R. W., J. Geophys. Res. **78** (1973) 1663.
[65] OGAWA, M. and CAIRNS, R. B., Planet. Space Sci. **12** (1964) 656.
[66] SAMSON, J. A. R. and CAIRNS, R. B., J. Geophys. Res. **69** (1964) 4583.
[67] HUFFMAN, R. E., Can. J. Chem. **47** (1969) 1823.
[68] OGAWA, M. and TANAKA, Y., Can J. Phys. **40** (1962) 1593.
[69] COOK, G. R. and OGAWA, M., Can. J. Phys. **43** (1965) 256.
[70] CODLING, K., Astrophys. J. **143** (1966) 552.
[71] WATSON, W. S., LANG, J. and STEWART, D. T., J. Phys. B. **6** (1973) L 148.
[72] SAMSON, J. A. R., Adv. At. Mol. Phys. **2** (1966) 177.
[73] DALGARNO, A., HENRY, R. J. W. and STEWART, D. T., Planet. Space Sci. **12** (1964) 235.
[74] HUFFMAN, R. E., LARRABEE, J. C. and TANAKA, Y., J. Chem. Phys. **46** (1967) 2213.
[75] HUFFMAN, R. E. and LARRABEE, J. C., J. Geophys. Res., Space Phys. **73** (1968) 7419.
[76] COMES, F. J., SPEIER, F. und ELZER, A., Z. Naturf. **23a** (1968) 125.
[77] CAIRNS, R. B. and SAMSON, J. A. R., Phys. Rev. **139** (1965) A1403.
[78] HAMPSON, JR., R. F. and GARVIN, D., NBS Special Publication 513, U.S. Department of Commerce/National Bureau of Standards.
[79] TANAKA, Y., INN, E. C. Y. and WATANABE, K., J. Chem. Phys. **21** (1953) 1651.
[80] INN, E. C. Y. and TANAKA, Y., J. Opt. Soc. Am. **43** (1953) 870.
[81] GRIGGS, M., J. Chem. Phys. **49** (1968) 857.
[82] HEARN, A. G., Proc. Phys. Soc. London **78** (1961) 932.
[83] DELHORE, W. B. and RAPER, O., J. Phys. Chem. **68** (1964) 412.
[84] MARMO, M. M., J. Opt. Soc. Am. **43** (1953) 1186.
[85] THOMPSON, B. A., HARTECK, P. and REEVES, R. R., J. Geophys. Res. **68** (1963) 6431.
[86] BARTH, C. A., Planet. Space Sci. **14** (1966) 623.
[87] WATANABE, K., MATSUNAGA, F. M. and SAKAI, H., Appl. Opt. **6** (1967) 391.
[88] METZGER, P. H., COOK, G. R. and OGAWA, M., Can. J. Phys. **45** (1967) 203.
[89] LEE, L. C., CARLSON, R. W., JUDGE, D. L. and OGAWA, M., J. Quant. Spectrosc. Radiat. Transfer **13** (1973) 1023.
[90] SONNEMANN, G., FELSKE, D., KNUTH, R., MARTINI, L. and STARK, B., Space Res. XVII (1977) 265.

[91] KNUTH, R., FELSKE, D. and LIPPERT, W., J. Atmos. Terr. Phys. **37** (1975) 31.
[92] SCHÜRGERS, M. und WELGE, K. H., Z. Naturf. **23a** (1968) 1508.
[93] WATANABE, K. and JURSA, A. S., J. Chem. Phys. **41** (1964) 1650.
[94] WATANABE, K. and ZELIKOFF, M., J. Opt. Soc. Am. **43** (1953) 753.
[95] JOHNS, J. W. C., Can. J. Phys. **41** (1963) 209.
[96] METZGER, P. H. and COOK, G. R., J. Chem. Phys. **41** (1964) 642.
[97] HOPFIELD, J. J., Phys. Rev. **77** (1950) 560.
[98] STROBEL, D. F., Radio Sci. **7** (1972) 1.
[99] OGAWA, M., J. Chem. Phys. **54** (1971) 2550.
[100] INN, E. C. Y., WATANABE, K. and ZELIKOFF, M., J. Chem. Phys. **21** (1953) 1648.
[101] HEIMERL, J., J. Geophys. Res. **75** (1970) 5574.
[102] NAKATA, R. S., WATANABE, K. and MATSUNAGA, F. M., Sci. Light **14** (1965) 54.
[103] COOK, G. R., METZGER, P. H. and OGAWA, M., J. Chem. Phys. **44** (1966) 2935.
[104] CAIRNS, R. B. and SAMSON, J. A. R., J. Geophys. Res. **70** (1965) 99.
[105] siehe [1].
[106] siehe [6].
[107] SCHMIDTKE, G., Planet. Space Sci. **26** (1978) 347.
[108] KAYSER, D. C., J. Geophys. Res. **85** (1980) 695.
[109] HARTMANN, R., Solar Phys. **21** (1971) 246.
[110] COOK, J. W., BRUECKNER, G. E. and VAN HOOSIER, M. E., Variability of the Solar Flux in the far Ultraviolet 1175 to 2100 Å. E. O. Hulburt Center for Space Research, NRL Washington, D.C. Skylab/ATM Preprint.
[111] BRUECKNER, G. E., The Variability of the Sun's Ultraviolet Radiation. Vortrag COSPAR-Meeting, Budapest 1980.
[112] SHEELEY, N. R., Astrophys. J. **147** (1967) 1106.
[113] HINTEREGGER, H. E., Representations of Solar EUV Fluxes for Aeronomical Application. Preprint for XXIII COSPAR-Meeting, Budapest, 1980 Identification number C.1.1.6.
[114] MOUNT, G. H., ROTTMAN, G. J. and TIMOTHY, J. G., J. Geophys. Res. **85** (1980) 4271.
[115] MADDEN, R. P., Nucl. Instr. and Methods **172** (1980) 103.
[116] TORR, M. R., TORR, D. G. and HINTEREGGER, H. E., J. Geophys. Res. **83** (1980) 6063.
[117] SCHMIDTKE, G., Geophys. Res. Lett. **3** (1976) 573.
[118] SCHMIDTKE, G. und KNOTHE, M., Das EUV-Spektrometer im AEROS-Programm Forschungsbericht W 80-010, Dezember 1980. Bundesministerium für Forschung und Technologie.
[119] STARK, B., MARTINI, L. and TRINKKELLER, B., Publ. Debrecen Heliophys. Obs. **3** (1977) 263.
[120] HEROUX, L. and SWIRBALUS, R. A., J. Geophys. Res. **81** (1976) 436.
[121] ACKERMAN, M. and SIMON, P. C., Solar Phys. **30** (1973) 345.
[122] SAMAIN, D., BONNET, R. M., GAYET, R. and LIZAMBERT, C., Astr. Astrophys. **39** (1975) 71.
[123] DELABOUDINIÈRE, J. P., DONELLY, R. F., HINTEREGGER, H. E., SCHMIDTKE, G. and SIMON, P. C., Intercomparison/Compilation of Relevant Solar Flux Data Related to Aeronomy (Solar Cycle 20). COSPAR, Technique Manual Series, Manual No. 7 (1978).
[124] HINTEREGGER, H. E., BEDO, D. E., HANSON, J. E. and SKILLMAN, D. R., Space Res. XVII (1977) 533.
[125] FRIEDMAN, J., LICHTMAN, S. W. and BYRAM, E. T., Phys. Rev. **83** (1951) 1025.
[126] VIDAL-MADJAR, A., The Solar Spectrum at Lyman α. In: The Solar Output and Its Variation. Ed.: WHITE, O. E., Colorado Ass. Univ. Press. Boulder, Colorado 1977.
[127] VIDAL-MADJAR, A., Solar Phys. **40** (1975) 69.
[128] SMITH, L. G., J. Atm. Terr. Phys. **34** (1972) 601.
[129] SIMON, P. C., Planet. Space Sci. **26** (1978) 355.
[130] TORR, M. R., TORR, D. G. and ONG, R. A., Geophys. Res. Lett. **6** (1979) 771.
[131] HEROUX, L. and HINTEREGGER, H. E., J. Geophys. Res. **83** (1978) 5305.
[132] siehe [119].
[133] siehe [120].
[134] HINTEREGGER, H. E., J. Atm. Terr. Phys. **38** (1976) 791.
[135] siehe [116].
[136] DELABOUDINIÈRE, J. P., DONNELLY, R. F., HINTEREGGER, H. E., SCHMIDTKE, G. and SIMON, P. C., Intercomparison/Compilation of Relevant Solar Flux Data Related to Aeronomy. First Report to the Working Group IV of COSPAR, May 1976.
[137] WATANABE, K., NAKAYAMA, T. and MOTTL, J., J. Quant. Spectrosc. Radiat. Transfer **2** (1962) 369.
[138] CARVER, J. H. and MITCHELL, P., J. Opt. Soc. Am. **57** (1967) 738.
[139] SOMMER, A. H., RCA Review **28** (1967) 75.
[140] DUNKELMAN, L., J. Quant. Spectrosc. Radiat. Transfer **2** (1962) 533.
[141] DUNKELMAN, L., FOWLER, W. B. and HENNES, J., Appl. Opt. **1** (1962), 695.
[142] METZGER, P. H., J. Phys. Chem. Solids **26** (1965) 1879.
[143] CANFIELD, L. R., JOHNSTON, R. G. and MADDEN, R. P., Appl. Opt. **12** (1973) 1611.
[144] DEKKER, A. J., Solid State Physics. Macmillan and Co., Ltd., London 1958.
[145] APKER, L. and TAFT, E., Phys. Rev. **79** (1950) 964.
[146] CAIRNS, R. B. and SAMSON, J. A. R., J. Opt. Soc. Am. **55** (1966) 1568.
[147] HASS, G., J. Opt. Soc. Am. **39** (1949) 532.
[148] TIMOTHY, J. A. and LAPSON, L. B., Appl. Opt. **13** (1974) 1417.
[149] LAPSON, L. B. and TIMOTHY, J. G., Appl. Opt. **15** (1976) 1218.
[150] JOHNSON, M. C., Rev. Sci. Instr. **40** (1969) 311.
[151] BOSQUED, J. M. et RAME, H., SPARMO-Bulletin, Tom II, No. 3 et 4 (1967) 41.
[152] TIMOTHY, J. G., Space Sci. Instr. **2** (1976) 289.
[153] WOLF, M., Physik in unserer Zeit **12** (1981) Nr. 3, 90.
[154] HEATH, D. F. and SACHER, P. A., Appl. Opt. **5** (1966) 937.
[155] Harshaw Optical Crystals, Brochure 1967, The Harshaw Chemical Company, Division of Kewanee Oil Company, Crystal-Solid, State Department.
[156] WARNECK, P., J. Opt. Soc. Am. **55** (1965) 921.
[157] KAUFMAN, J. V. R. and CLARK, C. D., J. Chem. Phys. **38** (1963) 1388.
[158] HUNTER, W. R. and MALO, S. A., J. Phys. Chem. Solids **30** (1969) 2739.
[159] TAYLOR, R. G., CHUBB, T. A. and KREPLIN, R. W., J. Opt. Soc. Am. **55** (1965) 1078.
[160] PATTERSON, D. A. and VAUGHAN, W. H., J. Opt. Soc. Am. **53** (1963) 851.
[161] MALITSON, I. H., DODGE, M. J. and GONSHERY, M., J. Opt. Soc. Am. **55** (1965) 1583.
[162] NAMIOKA, T., J. Opt. Soc. Am. **49** (1959) 446.
[163] JAMES, J. F. and STERNBERG, R. S., The Design of Optical Spectrometers. Chapman and Hall, Ltd. II New Fetter Lane, London EC 4, 1967.
[164] SAMSON, J. A. R., Techniques of Vacuum Ultraviolet Spectroscopy. John Wiley and Sons, Inc., New York—London—Sydney 1968.
[165] STARK, B. und DEGEN, K.-H., Feingerätetechnik **30** (1981) 406.

[166] EVANS, J. C. and SMITH, L. G., Aeronomy Report No. 66, March 1 (1975).
[167] KUNDE, M. W., ZETZSCHE, A. und DÜNNEBIER, G., Jahresbericht ZfK – 315 (1976) 147.
[168] KUNDE, M. W., SCHMIDT, B. und DÜNNEBIER, G., Jahresbericht ZfK – 350 (1978) 168.
[169] DÜNNEBIER, G., Feingerätetechnik **30** (1981) 170.
[170] THEKAEKARA, M. P., Appl. Opt. **13** (1974), 518.
[171] WALKER, W. C., RUSTGI, O. P. and WEISSLER, G. L., J. Opt. Soc. Am. **49** (1959) 471.
[172] HUNTER, W. R., Optica Acta **9** (1962) 255.
[173] JACOBUS, G. F., MADDEN, R. P. and CANFIELD, L. R., J. Opt. Soc. Am. **53** (1963) 1084.
[174] HASS, G., JACOBUS, G. F. and HUNTER, W. R., J. Opt. Soc. Am. **57** (1967) 758.
[175] HUNTER, W. R., OSANTOWSKI, J. F. and HASS, G., Appl. Opt. **10** (1971) 540.
[176] HASS, G. and TOUSEY, R., J. Opt. Soc. Am. **49** (1959) 593.
[177] KORTÜM, G., Kolorimetrie, Photometrie und Spektrometrie. Springer-Verlag; Berlin—Göttingen—Heidelberg, 1962.
[178] BOLDT, G., J. Quant. Spectrosc. Radiat. Transfer **5** (1965) 91.
[179] TOMBOULIAN, D. H. and BEDO, D. E., J. Appl. Phys. **29** (1958) 804.
[180] CODLING, K. and MADDEN, R. P., J. Appl. Phys. **36** (1965) 380.
[181] SCHWINGER, J., Phys. Rev. **75** (1949) 1912.
[182] GLUSKIN, E. S., TRAKHTENBERG, E. M. and FELDMANN, J. G., Space Sci. Instr. **5** (1980) 129.
[184] siehe [30].
[183] GOLAY, M. J. E., Rev. Sci. Instr. **18** (1947) 347.
[185] siehe [164].
[186] MATSUNAGA, F. M., JACKSON, R. S. and WATANABE, K., J. Quant. Spectrosc. Radiat. Transfer **5** (1965) 329.
[187] SAMSON, J. A. R., The Measurement of the Photoionization Cross Section of the Atomic Gases. In: Advances in Atomic and Molecular Physics. Ed.: BATES, D. R. and ESTERMANN, I., New York, Academic Press 1966, Vol. II.
[188] STARK, B., Exp. Techn. Phys. **29** (1981) 41.
[189] WATANABE, K. and INN, E. C. Y., J. Opt. Soc. Am. **43** (1953) 32.
[190] JOHNSON, F. S., WATANABE, K. and TOUSEY, R., J. Opt. Soc. Am. **41** (1951) 702.
[191] BRUNER, JR., E. C., Thesis, University of Colorado, Colorado, 1964.
[192] SEYA, M. and MASUDA, F., Sci. Light **12** (1963) 9.
[193] MAY, B. R., Planet. Space Sci. **19** (1971) 27.
[194] SONNEMANN, G., Proceedings of the Joint Symposium on Atmospheric Ozone, Dresden 1976; **1** (1977) 193.
[195] TRINKKELLER, B., Dissertation, AdW DDR, IKF 1982.
[196] MARTINI, L., TRINKKELLER, B., STARK, B., Publications of Debrecen Heliophysical Obs. **3** (1977) 279.
[197] SWIDER, JR., W., Planet. Space Sci. **12** (1964) 761.
[198] WEEKS, L. H. and SMITH, L. G., J. Geophys. Res., Space Phys. **73** (1968) 4835.
[199] FELSKE, D. and SONNEMANN, G., Space Res. XVI (1976) 241.
[200] THOMAS, L., VENABLES, F. H. and WILLIAMS, K. M., Planet. Space Sci. **13** (1965) 807.
[201] HAYS, P. B. and ROBLE, R. G., J. Atm. Sci. **25** (1968) 1141.
[202] HAYS, P. B. and ROBLE, R. G., Planet. Space Sci. **16** (1968) 1197.
[203] ROBLE, R. G. and HAYS, P. B., Submitted to Planet. Space Sci. **20** (1972) 1727.
[204] STARK, B., MARTINI, L. TRINKKELLER, B., Publications of Debrecen Heliophysical Observatory **3** (1977) 263.
[205] WILKES, M. V., Proc. Phys. Soc. **B67** (1954) 304.
[206] STROBEL, D. F., J. Geophys. Res. **83** (1978) 6225.
[207] STOBER, A. K., Ceramic Vacuum Ultraviolet Ion Chambers. NASA Technical Note D-1180, March 1962.
[208] WARNECK, P., J. Opt. Soc. Am. **55** (1965) 921.
[209] CIBA-Instruction Sheet No. A, 22a.
[210] ALTHOF, W., Metallklebungen in Satelliten und Raumfahrzeugen; Festigkeitsverhalten. 7. Lehrgang für Raumfahrttechnik, Braunschweig, 7.—11. 10. 1968.
[211] YEAGER, R. E., Development of adhesive systems for extreme environments. Appl. polymer symposia No. 3. In: Structural adhesives bonding, Ed.: BODNER, M. J. New York, London, Sidney: Interscience publishers, J. Wiley and Sons, 1966.
[212] siehe [204].
[213] siehe [196].
[214] SCHMELOVSKY, K.-H. und GÖRSCH, R., Nachrichtentechnik-Elektronik **31** (1981) 497.
[215] WILDMAN, P. J. L., KERLEY, M. J. and SHAW, M. S., J. Atm. Terr. Phys. **31** (1969) 951.
[216] siehe [154].
[217] МАРТИНИ, Л., БИШОФФ, К.-Г., ПФАУ, Г., ШТАРК, Б. УЛЬРИХ, З., Космические исследования XIII (1974) 736.
[218] HHI-Solar-Data, August 1972.
[219] FOSSI, B. C., POLETTO, G., TAGLIAFERRI, G. L., Space Res. X (1970) 903.
[220] TOHMATSU, T., Space Res. X (1970) 608.
[221] MEIER, R. R., Space Res. X (1970) 572.
[222] THOMAS, G. E., Space Res. X (1970) 602.
[223] FASTIE, W. G., CROSWHITE, H. M. and HEATH, D. F., J. Geophys. Res. 69 (1964) 4129.
[224] MEIER, R. R. und MANGE, P., Planet. Space Sci. **18** (1970) 803.
[225] DONAHUE, T. M., Ann. Geophys. **22** (1966) 175.
[226] MEIER, R. R., Space Res. X (1970) 572.
[227] SONNEMANN, G., FELSKE, D., KNUTH, R., MARTINI, L. and STARK, B., Space Res. XVII (1977) 265.
[228] KNUTH, R., SONNEMANN, G., FELSKE, D., MARTINI, L. and STARK, B., Space Res. XVI (1976) 245.
[229] FELSKE, D. and SONNEMANN, G., Space Res. XVI (1976) 241.
[230] SWIDER, W., J. Geophys. Res. **83** (1978) 4407.
[231] BISWAS, A. K., The Ozone Layer. Pergamon Press, Oxford, 1979.
[232] PARK, J. H. and LONDON, J., J. Atm. Sci. **31** (1974) 1898.
[233] FABIAN, P., Naturwissenschaften **67** (1980) 109.
[234] SHIMAZAKI, T. and LAIRD, A. R., J. Geophys. Res. **75** (1970) 3221.
[235] LIPPERT, W., MARTINI, L., SONNEMANN, G. and TRINKKELLER, B., Proceedings of the Joint Symposium on Atmospheric Ozone, Dresden 1976; **2** (1977) 37.
[236] siehe [194].
[237] KRUEGER, A. J. and MINZNER, R. A., J. Geophys. Res. **81** (1976) 4477.
[238] MARTINI, L., ZIMMERMANN, G. und TRINKKELLER, B., Z. Meteor. **32** (1982) 51.
[239] WILCOX, R. W. and BELMONT, A. D., Ozone Concentration by Latitude, Altitude, and Month, Near 80° W. Techn. Rep. FAA-AEQ-77-13. Department of Transportation Federal Aviation Administration, High Altitude Pollution Program, Washington, DC 20591.
[240] siehe [1].
[241] WEEKS, L. H., J. Geophys. Res. **80** (1975) 3655.
[242] WEEKS, L. H., J. Geophys. Res. **80** (1975) 3661.
[243] MARCOS, F. A. and CHAMPION, K. S. W., Space Res. XII (1972) 791.
[244] SUBBARAYA, B. H., PRAKASH, S., KUMAR, V. and PAREEK, P. N., Space Res. XIV (1974) 173.
[245] FAIRE, A. C., MURPHY, E. A. and THIELE, O. W., Space Res. X (1970) 188.

[246] siehe [8].
[247] siehe [9].
[248] siehe [6].
[249] Report on Active and Planned Spacecraft and Experiments NSSDC/WDC-A-R & S 81-10, August 1981.
[250] Schmidtke, G. und Knothe, M., Das EUV-Spektrometer im AEROS-Programm. Bundesministerium für Forschung und Technologie BMFT-FB-W 80-010, Dez. 1980.
[251] Felske, D., Dissertationsschrift B, AdW der DDR, Berlin 1977.
[252] Sonnemann, G. und Jakowski, N., Studie „Bilanzgleichungssystem der Hochatmosphäre" IKF, AdW der DDR 1981.
[253] Delaboudiniere, J. P. and Millier, F., Space Res. XVII (1977) 519.
[254] Hinteregger, H. E., Bedo, D. E. and Monson, J. E., Radio Science **8** (1973) 349.
[255] Schmidtke, G., Solar XUV Measurements with In-flight Calibration Needed for Aeronomy. Contributed Paper B.1.4. at the XVIIIth COSPAR Meeting in Varna, Bulgaria, May to June 1975.
[256] Namioka, T., J. Opt. Soc. Am. **49** (1959) 446.
[257] Hedin, A. E. and Nier, A. O., J. Geophys. Res. **71** (1966) 4121.
[258] siehe [195].
[259] Hays, P. B. and Roble, R. G., Planet. Space Sci. **21** (1973) 339.
[260] Riegler, G. R., Atreya, S. K., Donahue, T. M., Liu, S. C. and Wasser, B., Geophys. Res. Lett. **4** (1977) 145.
[261] Vlasov, M. N., Space Res. XVII (1977) 235.
[262] Vlasov, M. N., J. Atmos. Terr. Phys. **38** (1976) 807.
[263] Atreya, S. K., Space Res. XXI (1981) 1.
[264] Ogawa, S. and Ogawa, M., Can. J. Phys. **53** (1975) 1845.

FSC
www.fsc.org
MIX
Papier | Fördert gute Waldnutzung
FSC® C083411

Kolibri 360 GmbH
Ferdinand-Jühlke-Straße 7
99095 Erfurt, Deutschland
produktsicherheit@kolibri360.de